ボタニカルイラストで見る
園芸植物学百科
BOTANY
for
GARDENERS
The Art and Science of Gardening
Explained and Explored

◆著者略歴
ジェフ・ホッジ（Geoff Hodge）
ガーデニングと園芸を専門とするライター、編集者。ラジオやテレビのキャスターもつとめている。イギリス在住。レディング大学から応用植物学の学士号を取得し、王立園芸協会オンラインのウェブ編集者のほか、イギリス屈指の週刊ガーデニング誌「ガーデン・ニューズ」のガーデニング担当編集者、月刊誌「ガーデン・アンサーズ」の技術ライターをしていたこともある。多数のガーデニング関係の出版物の執筆、編集、チェックをしてきた。最近の著書に、『剪定（Pruning）』、『市民農園ハンドブック（The RHS Allotment Handbook）』、『市民農園日誌（The RHS Allotment Journal）』、『増殖技術（RHS Propagation Techniques）』、『剪定と整枝（RHS Pruning & Training）』などがある。

◆訳者略歴
上原ゆうこ（うえはら・ゆうこ）
神戸大学農学部卒業。農業関係の研究員をへて翻訳家。広島県在住。おもな訳書に、『癒しのガーデニング』、『消費伝染病「アフルエンザ」』（以上、日本教文社）、『ヴィジュアル版世界幻想動物百科』、『図説世界史を変えた50の鉱物』、『ヴィジュアル版植物ラテン語事典』、『世界の庭園歴史図鑑』（以上、原書房）、共訳書に『自然から学ぶトンプソン博士の英国流ガーデニング』（バベルプレス）がある。

BOTANY FOR GARDENERS:
The Art and Science of Gardening Explained and Explored
by Geoff Hodge
Copyright © Quid Publishing 2013
Text Copyright © Quid Publishing 2013
Japanese translation rights arranged with Quid Publishing Ltd., London
through Tuttle-Mori Agency, Inc., Tokyo

ボタニカルイラストで見る
園芸植物学百科
●

2015年6月10日　第1刷

著者………ジェフ・ホッジ
訳者………上原ゆうこ
装幀………川島進（スタジオ・ギブ）
本文組版………株式会社ディグ

発行者………成瀬雅人
発行所………株式会社原書房
〒160-0022　東京都新宿区新宿1-25-13
電話・代表 03(3354)0685
http://www.harashobo.co.jp
振替・00150-6-151594
ISBN978-4-562-05140-3

©Harashobo 2015, Printed in China

ボタニカルイラストで見る
園芸植物学百科

BOTANY
for
GARDENERS
The Art and Science of Gardening
Explained and Explored

ジェフ・ホッジ　　上原ゆうこ 訳
Geoff Hodge　　Yuko Uehara

原書房

目次

本書の使い方	6
植物学小史	8

第1章　植物界

藻類	12
セン類とタイ類	14
地衣類	18
シダ類とその近縁植物	19
裸子植物──針葉樹とその近縁植物	22
被子植物──顕花植物	25
単子葉植物と双子葉植物	28
植物の命名法と普通名	29
植物の科	31
属	34
種	36
雑種と栽培品種	39

第2章　成長、形態、機能

植物の成長と発達	44
芽	51
根	56
茎	62
葉	66
花	71
種子	74
果実	78
鱗茎とそのほかの地下の養分貯蔵器官	82

第3章　体内の営み

細胞と細胞分裂	86
光合成	89
植物の栄養	91
栄養素と水の分配	96
植物ホルモン	98

第4章　生殖

栄養生殖	102
有性生殖	110
植物の育種──栽培下での進化	118

第5章　生命のはじまり

種子と果実の発達	124
種子の休眠	125
種子の発芽	126
播種と種子の保存	132

Dahlia × hartensis
ダリア

第6章　外的要因

土壌	138
土壌の肥沃度	145
土壌水分と雨水	148
栄養素と施肥	152
地上の生活	153

第7章　剪定

なぜ剪定するのか	160
大きさと形のための剪定	170
見せるための剪定	172

第8章　植物と感覚

光を見る	178
香りを感じる	184
振動を感じる	186

第9章　有害生物、病気、障害

害虫	190
そのほかの一般的な有害生物	194
菌類と菌類による病気	198
ウイルス病	203
細菌病	205
寄生植物	207
植物はどのようにして防御しているか	209
抵抗性育種	214
生理障害	215

参考文献	220
索引	221
図版出典	224

Aloe brevifolia
短葉のアロエ

植物学者とボタニカル・イラストレーター

グレゴール・ヨハン・メンデル	16
バーバラ・マクリントック	32
ロバート・フォーチュン	54
プロスペロ・アルピーニ	60
リチャード・スプルース	76
チャールズ・スプレイグ・サージェント	94
ルーサー・バーバンク	108
フランツ・アンドレアス・バウアーとフェルディナント・ルーカス・バウアー	116
マチルダ・スミス	130
ジョン・リンドリー	150
マリアン・ノース	168
ピエール＝ジョゼフ・ルドゥーテ	182
ジェームズ・サワビー	196
ヴェラ・スカース＝ジョンソン	218

本書の使い方

　本書はガーデニングに関心のある人々のために書いたものだが、植物の科学にも触れていきたい。とはいってもこの科学はそれほどむずかしいものではなく、植物学用語を使う場合はつねに説明をつける。さらに、実際にガーデニングをしている人たちの興味からけっして離れすぎないように注意しており、そのため、説明のために示した多くの例で、ガーデナーが知っていそうな植物、さらには自分で育てたことのあるような植物をとりあげる。本書のいたるところに「生きている植物学」のコラムをもうけ、ガーデナーがとくに興味をもっている実際的な事柄にかんする情報を示す。

　本書は9章からなり、それぞれガーデナーにとって意味のある植物学の重要な領域を扱っている。したがって、植物界と植物の命名法（第1章）、種子の発芽と成長（第5章）のほか、剪定の植物学的側面（第7章）についての章もある。

　第6章と第9章では、植物学の領域を越えて土壌学、植物病理学、昆虫学といった非常に関係の深い問題にふみこむ。本書は特定の順序で読むようにはできておらず、各章はほとんど独立してひとつのテーマを扱い、別の章の情報に言及する場合は参照個所を明示する。

　ところどころでさまざまな植物学者とボタニカル・イラストレーターの生涯と業績を紹介する。これにより読者は植物学の歴史的背景を知り、ガーデナーが多くのことを何世紀にもおよぶ植物学者の努力に負っていることに気づくだろう。15人の植物学者を選んだが、けっして決定的なリストとは考えておらず、植物学の歴史には膨大な数のすばらしい人物たちが存在し、彼らは同じようにすばらしい発見をし、なかには自分の考えを受け入れてもらうために苦闘した人もいる。これはさらに調査する価値のあるテーマである。

　本書はガーデナーに情報を提供することを目的としているが、示している実際的な例や実務にかんする助言は、包括的な説明を意図したものではない。第9章では多くの害虫や病気について論じ、いくつか対策を示す。同様に、第7章では多くの剪定法について説明する。こうした問題の実際的な側面をもっと詳しく知りたいガーデナーは、さらにその分野の書籍を読むことをお勧めする。本書が、このテーマについての理解を深め、知識にもとづくガーデニングを続けていくきっかけとなることを願っている。

Prunus persica
モモ

サクラ属（*Prunus*）は、サクラやプラムなど観賞用と食用の植物をふくむ大きな属である。小種名の*persica*はペルシア（現在のイラン）をさし、この植物はそこからヨーロッパにやってきた。

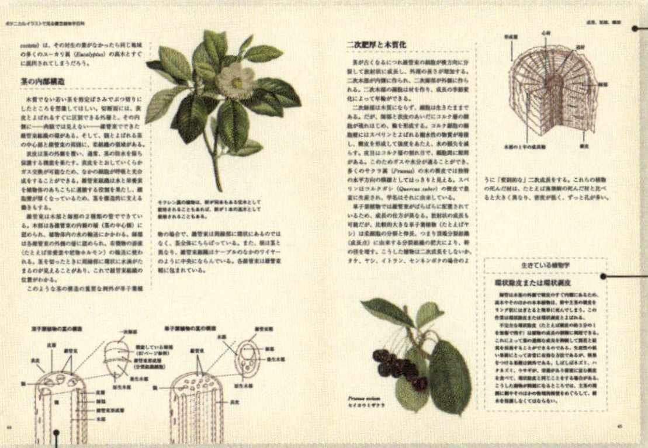

本書の使い方

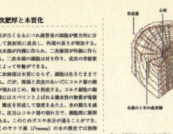

基本ページ
9つある章はすべて、この基本ページの内容によって進められる。明快な導入部と各節の見出しにより文章が理解しやすくなっており、そえられた植物の挿絵にはラテン名と普通名が記載されている。

生きている植物学
本書のあちこちにある短いコラムで、理論を実地に応用できる場面を説明し、ガーデナーに実際的なヒントをあたえる。

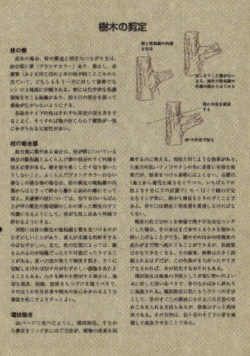

図解
何十点もの美しい植物図と銅版画のほか、本書には多数の簡単な注釈つきの図解があって、専門的内容を説明している。

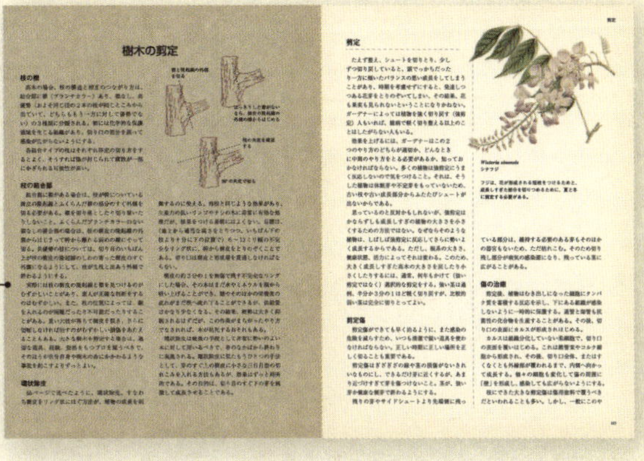

特集ページ
本書のあちこちにある網がけページは特集ページで、ガーデナーのためのさまざまな実際的事項について簡潔に説明する。たとえば剪定や種子の休眠打破などのページがある。

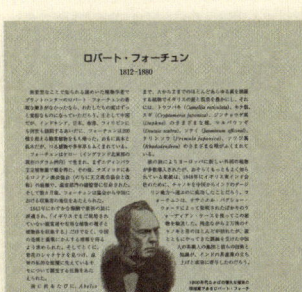

植物学者とボタニカル・イラストレーター
植物学史上、注目に値する男女の横顔を紹介し、彼らの生涯を探り、彼らの仕事にどのように影響をおよぼしたか説明する。

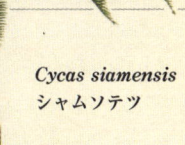

Cycas siamensis
シャムソテツ

Botany（植物学） 17世紀末にそれ以前の *botanic* から生まれた言葉で、ギリシア語で「植物」を意味する *botanē* から派生した *botanikos* をもとにするフランス語の *botanique* に由来する。
　植物の生理、構造、遺伝、生態、分布、分類、経済的重要性など、植物にかんする科学的研究をいう。

7

植物学小史

　植物にかんする最初の簡単な調査をはじめたのは初期の人類すなわち旧石器時代の狩猟採集民で、彼らは定住して農業をはじめた最初の人々である。調べたのは植物のもたらす基本的な作用で、どれが栄養があって食べることができ、どれが有毒か識別するための植物にかんする知識が、世代から世代へと伝えられた。さらに、そうした作用には、病気やそのほかの問題に対する薬草療法や治療薬としての植物の使用もふくまれていた。

　植物について最初の記録があるのは、コミュニケーション手段として文字が作られたおよそ1万年前からだが、ほんとうの意味で植物の研究をはじめたのはテオプラストス(前371-286)で、彼は植物学の父とよばれている。テオプラストスはアリストテレスの弟子で、植物の研究すなわち植物学をはじめた人物とみなされている。彼は多くの本を書いており、『植物誌(Historia de Plantis)』と『植物原因論(De Causis Plantarum)』という植物にかんする2組の著作が重要である。

　テオプラストスは双子葉植物と単子葉植物、被子植物と裸子植物(22-29ページ参照)の違いを理解していた。そして、植物を高木、低木、小低木、草本の4グループに分類した。また、発芽、栽培、繁殖といった重要な問題についても記述している。

　初期の植物学において重要なもうひとりの人物がペダニウス・ディオスコリデスである。彼は皇帝ネロの軍隊の医師で、植物学者でもあった。西暦50年から70年にかけて、植物の薬理学的利用法を扱った5巻からなる百科事典『薬物誌(De Materia Medica)』を著している。これは1600年代まできわめて大きな影響力をもちつづけ、のちの植物学者たちにとって重要な参考文献となった。

　中世ヨーロッパでは植物学という科学は目立たない存在になり、もっぱら植物の薬効がとりあげられて、本草書が植物について研究され書かれる標準的な著作物となった。おそらくもっともよく知られているのがカルペパーの『薬草大全(Complete Herbal & English Physician)』であろう。

　ヨーロッパにおいて植物学が復活して自然と自然界にかんする学問としての重要性を回復し、独立した科学として台頭したのは、14〜17世紀のルネサンス期になってからである。本草書にくわえ、ある地域や国に自生する植物についてもっと詳しい説明をする植物誌が登場した。1590年代には、顕微鏡の発明により植物の構造や有性生殖にかんする詳しい研究がうながされ、植物生理学の最初期の実験が行なわれた。

Lonicera × brownii
キバナノツキヌキニンドウ

半常緑のつる性スイカズラ――ツキヌキニンドウ(*Lonicera sempervirens*)と*L. hirsuta*の交配による雑種。

世界的な探検や遠く離れた国との交易がより広く行なわれるようになると、新しい植物が多数発見された。こうした植物はしばしばヨーロッパの庭園で栽培され、なかには新しく主食として食べられるようになったものもあり、正確に命名し分類することが非常に重要になった。

ダーウィンが『種の起源』を発表する1世紀あまり前の1753年、カール・リンネが生物学におけるきわめて重要な著作である『植物の種（Species Plantarum）』を出版した。リンネの著作には、当時知られていた植物の種が掲載されていた。彼は、植物の外見的特徴にもとづいてだれでも植物を特定し命名できるように、統一的な方法で植物を体系づける方法を考え出した。そして植物をグループ分けし、各植物にふたつの部分からなる名前をつけ、こうして今日でも使用されている普遍的な二名法の体系をはじめたのである。

しだいに多くの科学者がリンネの研究に貢献するようになり、ますます多くの発見がなされて、植物にかんする知識が格段に増えていった。こうした発見をしていた科学者たちはしだいに専門化し、さらなる発見につながった。

19〜20世紀には、もっと高度な科学技術や手法が使用されて植物にかんする知識が急激に拡大した。19世紀には、近代植物学の基礎が打ち立てられた。（たんに少数のエリート紳士の科学者の領域ではなく）学派、大学、学会によって研究報告が発表され、この新しい情報をずっと広範囲の読者が入手できるようになった。

1847年、太陽の放射エネルギーの捕捉における光合成の役割にかんする理論が、はじめて議論された。1903年に植物の抽出物から葉緑素が分離され、1940年代から1960年代にかけて光合成のメカニズムが完全に理解された。そして、経済植物学の実際的な分野——農業、園芸、林業——にくわえ、生化学、分子生物学、細胞説のような植物の構造と機能にかんするきわめて詳細な研究など、新しい研究分野がはじまった。

20世紀には、放射性同位体、電子顕微鏡、さ

Alyogyne hakeifolia（アオイ科アリオギネ属の低木）はオーストラリアの南部地域にみられる。アリオギネ属（*Alyogyne*）はフヨウ属（*Hibiscus*）に似ている。

らにはコンピュータをはじめとする数々の新技術が利用されるようになり、植物がどのようにして成長し環境の変化に対してどう反応するか理解されていった。20世紀が終わる頃には植物の遺伝子操作が熱く議論されるテーマになり、この技術は人類の未来において非常に重要な役割を演じそうである。

しかし、本書を執筆し調査しているうちに、植物についてまだ知られていないことがかなりあることが明らかになった。光合成の謎が解明されてからまだ60年しかたっていないというのはまぎれもない事実である。植物の種は何十万もあり、さらに数多くの秘密が明かされるのを待っている。

Lilium pensylvanicum
エゾスカシユリ

第1章
植物界

　自然にかんする研究を可能にするため、人類は長いあいだ、多種多様な生物を、類似する特徴をもつグループに分けようとしてきた。これが分類とよばれるもので、用いられる体系によって異なるが、あらゆる生物が界とよばれるいくつもの大きなグループに分けられている。

　ガーデナーの見方でいえば、植物の分類の出発点は「それは高木か、低木か、多年草か、それとも球根植物か」という疑問である。植物学者もこうしたグループは認識しているが、分類学（科学的分類）の基礎としては使わない。つまり、植物界の科学的な分類はこうしたやり方ではしないのである。

　植物界の生物は、より単純な藻類からはじまり、より高度に発達した顕花植物で終わる、進化論的なグループに分類される。少数の例外はあるが、植物界の生物は総じて、光合成によって太陽光から自分の栄養を生産する能力をもっている。

　一見すると、植物の分類は複雑に思えるかもしれない。しかし、植物がどのように分類されているのか知れば、自分の庭で育てているものについてより正しく理解する助けになり、さらに学習するための確かな基礎になるだろう。この章では、植物界に属する主要なグループについて論じる。

藻類

　ガーデナーは藻類にほとんど興味がないといわざるをえない。池の藻類、そしてじめじめしたデッキやテラスにたまるぬるぬるしたもの以外、こうした生物をガーデナーはほとんど気にしていないのである。

　しかし、藻類をこれでかたづけてしまう前に、植物界のかなりの部分がこの単純な生命体で構成され、藻類が世界の生態系において非常に重要な役割をはたしていることに言及しておく価値はあるだろう。藻類はほかの植物のように多くの異なる種類の細胞をもっておらず、根、葉、そのほか専門化した器官のような複雑な構造を欠くため、「単純」だとみなされている。

　このグループの生物は多様性に富んでいる。多細胞の藻類である海藻はたいていの人がよく知っているだろうが、単細胞の植物プランクトンも広

珪藻類はありふれた藻類である。池、沼地、湿ったコケなど、適度に光があたり湿っていれば、ほとんどどこにでも発生する。ごく一般的な植物プランクトンで、大半が単細胞である。

く存在しており、海に満ちあふれ、太陽のエネルギーを使って栄養を生み出し、それによってあらゆる海洋生物を支えている。藻類のうちでも興味をそそられるグループが珪藻類である。これは顕微鏡でやっと見えるほどの小さな単細胞の藻類で、水中の生息域にいつでも存在しているが、目には見えない。珪藻類はうっとりするほど美しい、珪素を基本とする細胞壁に包まれている。

　このように「単純な」生命形態をしていることから予想されるように、藻類の生殖戦略はもっと高等な植物でみられるものほど複雑ではない。たいてい藻類は、個々の細胞またはもっと大きな多細胞の単位が分裂することにより無性的に増殖し、有性生殖はふたつの移動性の細胞が出会って最終的に融合することにより達成される。

Ascophyllum nodosum
（ヒバマタ科の褐藻）

このよくみられる褐色の海藻は、ノルウェージャンケルプともよばれ、肥料や海藻粉の生産に使用されている。

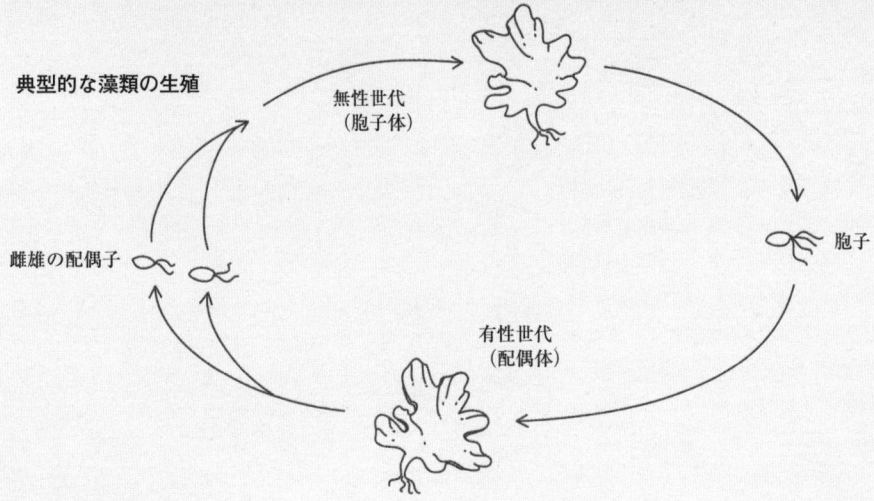

典型的な藻類の生殖
無性世代（胞子体）
胞子
有性世代（配偶体）
雌雄の配偶子

たいていの藻類は世代交代（14ページ参照）をし、二倍体の胞子体と一倍体の配偶体を作る。

庭の藻類

藻類の細胞は防水性のあるクチクラを生産せず、みずからを乾燥から守るそのほかの手段ももたないため、水中か湿った日陰の場所で見つかる。また、成長し繁殖するには水がたえず存在する必要がある。

庭では、藻類は池やそのほか溜り水や、つねに水分があるところでほとんど確実に見つかる。また、藻類は土壌中にもいる。

池の藻類

池はたいていのガーデナーが藻類を見かけるところで、とくに春に暖かくなる頃に大問題になることがある。条件が好適なら藻類がたちまち池の水を変色させ、糸状のものが見苦しく浮かんで水を覆ってしまう（ブランケットウィード）。そのままにしておくと、藻類が水から酸素を奪って、池のほかの生物に害をおよぼすかもしれない。

それにもかかわらず、藻類はウォーターガーデンの自然の食物連鎖の非常に重要な部分を占め、「バランス」がとれていれば、健康的な水環境の維持に役立つ。池が太陽光にさらされすぎるとき、温度があまりに激しく変動するとき（とくに小さ

> ### 生きている植物学
>
> #### 池の藻類を除去する
>
> 池の藻類を完全になくすことは非常にむずかしい。化学薬品による防除で藻類は死ぬが、それが腐り、さらに栄養が水中に蓄積して問題が悪化することになる。もっともよい方法は、フィルターを設置して栄養と藻を除くやり方である。

な池で問題になる）、そして栄養が多すぎるところで、問題が発生しやすい。栄養過多は、池の中や底の堆積物だけでなく、池に溶けこんだ肥料によっても発生する。

固体表面の藻類

藻類は、とくに涼しい日陰のところでは、湿った歩道、フェンス、庭園家具、そのほかの固体表面でも生育する。そのような条件では、セン類、地衣類、タイ類も生えているかもしれない。一般に思われているのと違って、藻類はそれが生育している固体表面を（汚れやしみを残すことはあっても）そこなうことはないが、表面が非常に滑りやすい危険な状態になることがある。このため、高圧洗浄機か歩道やテラス専用のクリーナーで除去を試みる価値はある。

セン類とタイ類

この植物群は植物学者からコケ植物類とよばれている。生育場所はたいてい湿った環境にかぎられ、多くが水生である。これらの植物は多細胞生物であるため、藻類より進んでいると考えられている。しかし、まだ細胞間の分化がほとんどない比較的単純な植物である。ただし、水の運搬に特化した組織をもつものもある。

ガーデナーにとってセン類はタイ類より重要といえよう。それはセン類がほとんどあらゆる庭でふつうに見られるものだからで、濡れていたりじめじめした日陰の場所で、かたまりあるいはマット状に生育する傾向がある。とくにミズゴケはガーデナーにかなりの恩恵をもたらしており、今でも鉢植えの培養土にさかんに使われているピートの主要構成要素である。タイ類はガーデナーにはそれほど注目されておらず、セン類とはまったく異なる外見をしており、平らな革のような体をしていて、切れこみが入っている場合もある。セン類はタイ類より複雑な構造をしていて、多くの場合、小さな「小葉」をつけた直立したシュートをもつ。藻類と同じように、コケ植物類も水が存在するところでしか有性生殖ができない。水という媒体がなければ雌雄の性細胞（精子と卵）が出会うことができないのである。

世代交代

コケ植物類の場合、「世代交代」とよばれる複雑な生活環のようすを見ることができるが、これは一定以上の複雑さをもつあらゆる植物にみられる現象である。生活環には配偶体と胞子体というふたつの世代がある。セン類とタイ類の場合、生活の大部分を配偶体のステージですごし、シダ類ともっと高等な植物はすべて胞子体のステージが優勢である。顕花植物の場合は配偶体のステージは非常に短くなっていて、そうした言葉ではよばれないことが多い（22ページ参照）。

配偶体のステージでは、一つひとつの細胞がすべてその生物の遺伝物質を半分しかもっていない。このため、一般にセン類やタイ類として知られている構造は、じつは対になっていない「半分の細胞」（一倍体）でできている。「完全な細胞」（二

コケ植物の本体は多細胞で組織化された構造をもつ。生殖器官はほかの細胞に覆われており、胞子嚢とよばれる構造のなかで形成される胞子によってコケ植物は広がる。

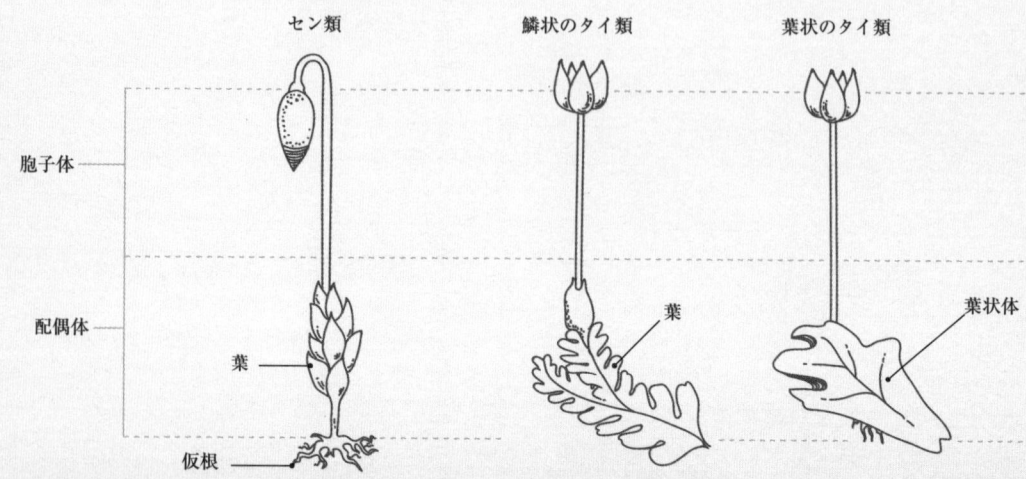

植物界

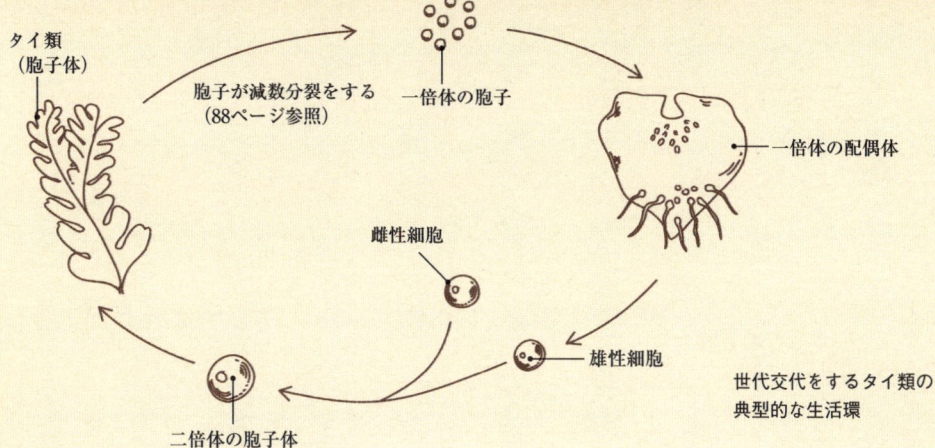

世代交代をするタイ類の典型的な生活環

倍体）ができるのは、一倍体の構造が精子と卵の細胞を放出し、それらが水の存在下で出会って融合したときだけである。これは胞子体世代になり、コケ植物の場合は、胞子体世代は単純な胞子生産体で配偶体についたままになっている。

名称が示しているように、二倍体の胞子体世代は胞子を放出するが、胞子は胞子体の細胞が分裂して生じる。このため胞子自体は一倍体で、放出されると雨や風によって分散し、その後、一部が成長して新たなセン類またはタイ類の配偶体になる。

エゾムチゴケ（*Bazzania trilobata*）はセン類である。この図では両方の世代が見える。

生きている植物学

庭のセン類とタイ類

セン類は芝生にはびこったり、樋をつまらせたり、舗装や木造建築物に見苦しく繁殖するなど、ガーデナーからは問題とみなされるほうが多いが、鑑賞目的に使われるものもある。日本式庭園ではセン類が古い構造物を飾るために用いられ、盆栽で土を覆うために広く使われているほか、ハンギングバスケットで水分保持材として使われる。また、屋上緑化の流行も、使用が広がる一因となっている。しかし、セン類は光、湿度、付着面の化学的条件にかんして非常に特殊な条件を要求することが多く、本来の生息場所から離れたところで維持し栽培するのはきわめてむずかしい場合がある。

セメント系人造石もふくめ、レンガ、木、コンクリートの表面はみな、セン類にとって好条件の面になる可能性がある。ミルク、ヨーグルト、肥料のような物質、あるいはこれら3つをすべて混合したものを使って、より好適な場所を準備することができる。

タイ類は日陰や鉢の土壌で問題になることがある。容認できない場合、というよりいよいよ無視できなくなった場合は、雑草とみなされる。

グレゴール・ヨハン・メンデル
1822–1884

グレゴール・メンデルは植物の形質の遺伝にかんする実験でよく知られている。

今では遺伝学の父、すなわち遺伝学の開祖とみなされているグレゴール・ヨハン・メンデルは、現在はチェコ共和国になっているが当時はオーストリア帝国のハインツェンドルフだったところで生まれ、ヨハン・メンデルと名づけられた。

家族の農場で暮らして働き、子ども時代はおもに庭ですごし、養蜂を学んだ。その後、オルミュッツ大学の哲学研究所に入り、そこで物理学、数学、実践および理論哲学を学んで、学問の面できわだった成績を上げた。この大学の自然史と農業の分野の学部長はヨハン・カール・ネスラーで、彼は植物と動物の遺伝的特性について研究をしていた。

卒業の年にメンデルは修道士になる勉強をはじめ、ブルノにある聖トマス修道院で聖アウグスチノ修道会の一員となって、ここでグレゴールの名をあたえられた。この修道院は一種の文化センターであり、メンデルはまもなく研究と会士の教育にたずさわるようになり、修道院の大規模な図書館と実験施設を利用できるようになった。

修道院で8年間すごしたのち、修道士メンデルは修道院の費用でウィーン大学に派遣され、科学の勉強を続けた。ここで彼は、顕微鏡を使い、ダーウィン以前の進化論の提唱者であるフランツ・ウンガーのもとで植物学を学んだ。

ウィーンでの勉強を修了するとメンデルは修道院に戻り、そこで中等学校の教師の地位をあたえられた。メンデルがその名を世に知らしめることになる実験をはじめたのはこの頃である。

メンデルは植物の雑種における遺伝的特性の伝達について調べはじめた。メンデルが研究していた当時、子孫の遺伝的特性は、親がどんな特性をもっていようと単純にその希釈された混合であるという考えが広く認められていた。また、一般に、いくつも世代をへると雑種はその最初の姿に戻るとされ、雑種が新しい種類のものを生み出すことはできないだろうと考えられていた。しかし、そのような研究の結果は、たいてい実験期間が短いために歪められたものであった。これに対しメンデルの調査は8年間も続き、数万個体の植物を扱った。

メンデルは実験にエンドウを使った。それはエンドウが多くのはっきりした特徴を示し、子孫をすばやく容易に作ることができるからである。彼は、背が高いものと低いもの、なめらかな種子としわのよった種子、緑色の種子と黄色の種子というように、あきらかに反対の特徴をもつエンドウを交配した。メンデルはその結果を分析して、エンドウ4株のうち1株が純粋な優性遺伝子、1株が純粋な劣性遺伝子をもち、残りの2株が中間で

「科学的研究はわたしに大きな満足をもたらしてきた。そしてわたしは、全世界がわたしの仕事の成果を認めるまでに長くはかからないと確信している」

グレゴール・メンデル

あることを明らかにした。

こうした結果により、メンデルはきわめて重要なふたつの結論に到達し、それはメンデルの遺伝法則とよばれるようになる。分離の法則は、親から子へランダムに伝えられる優性の形質と劣性の形質があると推測している。そして独立の法則は、こうした形質が親から子へほかの形質とは独立して伝えられるとしている。またメンデルは、この遺伝が初歩的な数学の統計の法則に従うという説を提示した。そして、実験ではエンドウを使ったが、これはあらゆる生物に適用できるという仮説を立てた。

メンデルは1865年に、ブルノの自然科学協会で自分の発見にかんする講演を2度行なっており、研究結果を「植物の雑種に関する実験」というタイトルでこの協会の雑誌に発表した。メンデルは自分の論文を宣伝することはほとんどなく、当時から彼の論文の引用が少ないことは、その大半が誤解されていたことを示している。メンデルは、雑種は最終的にもとの姿に戻るという当時すでに広く知られていたことを証明しただけだと、一般に考えられていた。変異性の重要性とそれがもつ意味が見すごされていたのである。

1868年、メンデルはそれまで14年間教えていた学校の修道院長に選出され、管理者としての職務が増えたことと視力がおとろえたことで、それ以上の科学研究はあきらめざるをえなくなった。彼の研究はまだよく知られておらず、彼が亡くなったときには、いくぶん不信の念をいだかれていた。

メンデルの発見の価値が十分に理解されて認められるようになり、メンデルの遺伝法則として言及されはじめたのは、植物の育種や遺伝現象、遺伝形質が重要な研究領域になった1900年代初めになってからである。

Lathyrus odoratus
スイートピー

メンデルの有名な遺伝実験で実験材料とされたエンドウは、いくつものはっきりした特徴を示し、苗を短期間で容易に作ることができる［スイートピーはエンドウ *Pisum sativum* によく似た花をつける］。

17

地衣類

地衣類がほんとうはなにか科学者が明らかにしたのは150年前にすぎない。地衣類は菌類と藻類の不思議な共同体で、両者が共生関係を保ちながら一緒に生きている。現在では地衣類はその菌類の部分によって分類されているため植物界の外に置かれているが、長いあいだ、植物学の対象だったため、ここで触れることにする。

地衣類は地球上のあらゆる場所で生育できるようで、極地気候の吹きさらしの岩の上のような極端な環境では、地衣類が生育できる唯一のものにみえる。2005年には科学者が、地衣類のふたつの種が宇宙の真空に15日間さらされても生きのびることができるという事実さえ発見した。もっとふつうに見られるのは、高木や低木、岩肌、壁、屋根、舗装道路、そして土壌の上に生えている地衣類である。正式ではないが、一般に地衣類は生育のようすによって、痂状、糸状、葉状、樹枝状、粉状、鱗片状、膠質の7グループに分けられる。

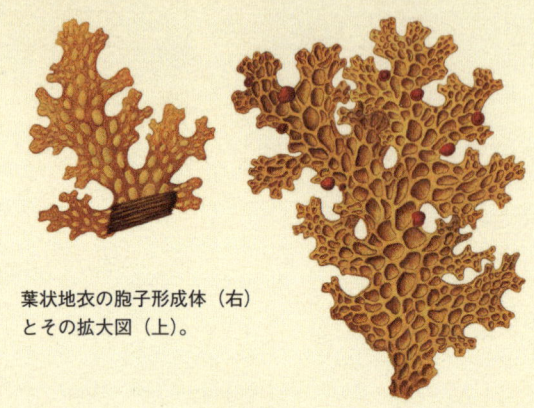

葉状地衣の胞子形成体（右）とその拡大図（上）。

庭の地衣類

地衣類に気づくのはたいてい芝生で、そこに地衣類が現れると、当然のことながらガーデナーは多くの場合、心配になる。地衣類により芝生の外観がそこなわれるだけでなく、日光がさまたげられてシバにとどかなくなり（そのためシバが死んでしまい）、表面が滑りやすくなることもある。

芝生でもっともふつうにみられる地衣類はツメゴケ（*Peltigera*）である。暗褐色か灰色、あるいは黒に近い色をしており、扁平な構造をしていて、芝生のなかを水平に成長する。通例、排水不良、堅く締まった土壌、日陰といった条件の芝生によく発生し、コケと同じような条件で生育するため、両者を一緒に見かけることが多い。興味深いことに、ツメゴケには空気中の窒素を固定する能力があり、このため土壌を肥沃にするのに一役かっている。

芝生での地衣類の発生を防ぐには、排水をよくして、まず地衣類の生育を許している根本的な条件をなくしてやる必要がある。ガーデナーが利用できる効果的な化学的防除法はあったとしても非常に少ないが、歩道やテラス用のクリーナーを使って硬い表面からこすり落とすことはできる。

地衣類にはさまざまな姿のものがある。葉のように見えるもの（葉状地衣）のほかに、かさぶた状のもの（痂状地衣）、低木状のもの（樹枝状地衣）、あるいはゼリー状のもの（膠質地衣）もある。

シダ類とその近縁植物

　進化の観点からいうと、シダ類とその近縁植物はかなり発達しており、この段階から植物は細胞分化を増大させはじめた。そして、最初の維管束系——水と栄養を植物体のあちこちに運ぶための管——にくわえ、植物体の支持に関与する構造がみられるようになる。シダ類とその近縁植物は、ほんとうの意味で陸上に進出した最初の植物でもある。

　植物学者はこの植物群をシダ植物類と分類し、ヒカゲノカズラ類、シダ類、トクサ類がふくまれる。ガーデナーならおそらくトクサ類のことを聞いたことがあり、シダ類については十中八九知っているだろうが、ヒカゲノカズラ類（イワヒバとよばれることもある）は1〜2種類栽培されているものさえあるにもかかわらず、ほとんど知られていない。ヒカゲノカズラ類は（英語でクラブモスとよばれるが）コケ植物ではなく、もっと進化した植物である。

Selaginella martensii（イワヒバ属の植物）は這い性の茎を生じ、湿った日陰の場所に適した地被植物になる。

　コケ植物類と同じようにシダ植物類でも明確な世代交代が認められるが、重要な違いは、シダ植物類がその生活環の大部分を胞子体の段階ですごすことである。これにより垂直な枝や葉を作ることが可能になり、場合によっては特殊化して胞子嚢とよばれる小さな隆起をつける。胞子嚢が裂けると胞子が放出され、これが発芽して配偶体世代になる。

　ガーデナーなら、胞子がたんに種子と同じものだと考えてもしかたがないだろう。両者

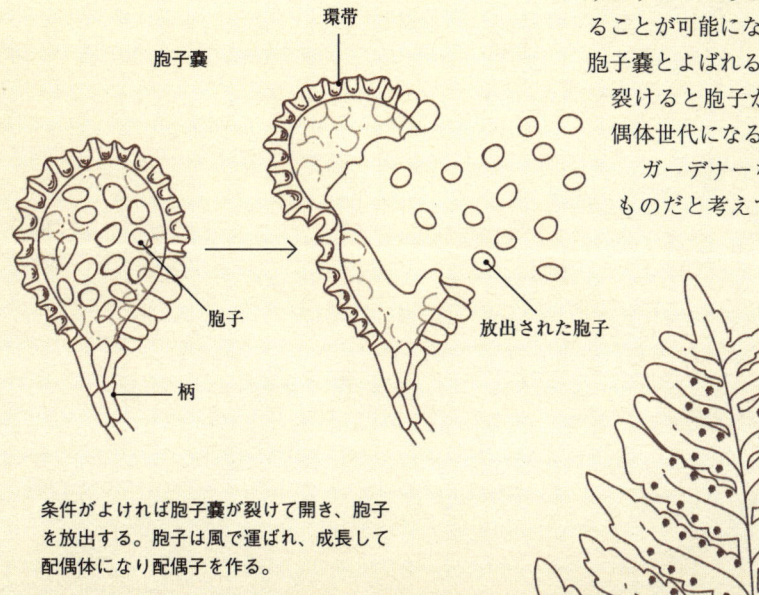

条件がよければ胞子嚢が裂けて開き、胞子を放出する。胞子は風で運ばれ、成長して配偶体になり配偶子を作る。

シダの葉の裏側、胞子を形成する胞子嚢が見える。

はどちらも植物がみずからを分散するための手段であり、培養についても類似点があるが、重大な違いがあることを心にとめておくことが大切である。胞子はたいてい種子よりずっと小さく、その生産に受精を必要としないのである。シダ類は種子を生産しない。

トレーにひと盛りの種子用培土にまいて十分な水分と必要な量の光と温度をあたえれば、シダの胞子は成長しはじめる。しかし、赤ちゃんシダになるのではなく、生活環の次のステージ、すなわち配偶体世代に入る。この奇妙な姿をした植物は前葉体とよばれ、湿度を保ち水を噴霧すれば、ゆっくりと育ちはじめて新しいシダになる。肉眼では見えないが、この間に前葉体が精子を生じてそれが卵細胞を受精させ（これが有性生殖のステージ）、受精卵は成長してシダの新たな胞子体世代になる。

庭のシダ類

およそ1万種のシダが存在し、大きさや生育の習性がきわめて多様で、堂々としたレガリスゼンマイ（*Osmunda regalis*）から、水に浮遊する水生シダのニシノオオアカウキクサ（*Azolla filiculoides*）までさまざまである。世界には、ニシノオオアカウキクサは繁殖力が強いためはびこって害をなすとみなしている地域もあれば、イネのような水中で育つ作物の成長速度を上げるとして農業の場で高く評価している地域もある。いずれにしても、*Azolla*（アカウキクサ属）は非常に「成功している」植物で、庭園の場合は徹底的に避ける必要がある。ワラビ（*Pteridium aquilinum*）も同じようによくはびこる陸生シダで、あらゆるシダのなかでもっとも広く世界中に分布していると考えられている。

さらに、庭園や室内用の観賞植物としてよく使われるシダの種が多数あり、植物育種家はそうしたシダから、さまざまな形や色の葉をもつ栽培品種を無数に選抜してきた。大半のシダ類は湿った日陰の森林に生え、庭でもそうした条件でもっともよく生育する傾向がある。

近年、庭園でとくに人気のあるシダ類のいくつかは、木生シダとよばれるものである。「幹」があって葉が地面より高いところにあるシダならいずれも木生シダとよぶことができ、冷涼な気候ではおそらくもっともよく知られている例が、オーストラリア原産の*Dicksonia antarctica*（ディク

Pteridium aquilinum
ワラビ

ワラビは耕作地にたやすくはびこる。
発癌性物質をふくみ、家畜が死ぬこと
もある。

植物界

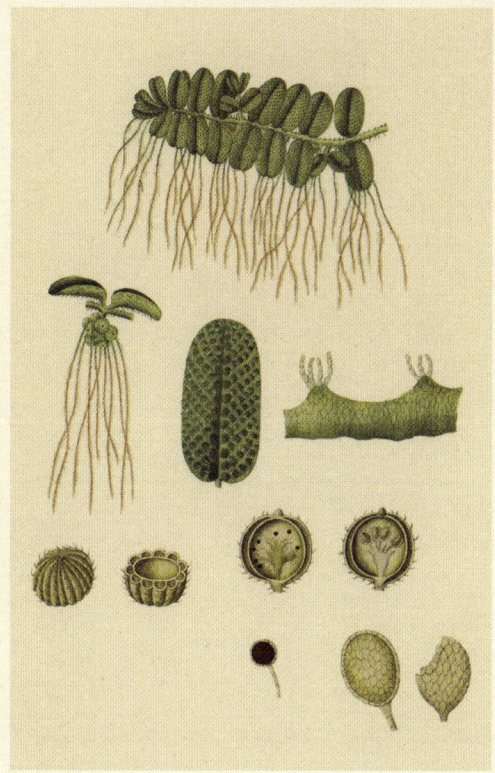

Azolla filiculoides
ニシノオオアカウキクサ

およそ4億年前に世界の森林の下層植生で優位を占めていたトクサ綱のうち、今日生存しているのはこの属のみである。石炭鉱床で発見される化石は、トクサ属のいくつかの種が高さ30メートルに達していたことを示している。

ヒカゲノカズラ類のひとつであるイワヒバ属（*Selaginella*）は、生物学の珍品とみなされている。砂漠植物のテマリカタヒバ（*Selaginella lepidophylla*）は乾燥すると丸まって、褐色または赤みをおびた締まったボールになるが、湿るとほどけてふたたび緑色になるため、復活草とよばれる。*S.kraussiana*［クッションモスの名で流通］は温暖な気候で観賞植物として栽培されている。多数の栽培品種があり、低く急速に広がる成長の仕方が高く評価され、日陰の地被植物として有用である。

Equisetum arvense
スギナ

スギナの根は深く入りこみ、いったん定着するとやっかいな雑草になり、防除がむずかしい。

ソニア属の木生シダ）である。「幹」は高木や低木の幹とは違い、じつはシダの上部が成長しつづけているうちに集まった繊維質の根のかたまりである。自然界では、森林伐採によって木生シダの多くの種が絶滅の危機に瀕している。

シダの近縁植物

シダ類の近縁植物でもっとも重要なのはトクサ類（*Equisetum*）だろう。トクサ（*E. hyemale*）やヒメドクサ（*E. scirpoides*）など一にぎりの種が観賞植物として栽培されているが、トクサ属でもっともよく知られているのは、世界の多くの地域で悪評高い雑草になっているスギナ（*E. arvense*）である。スギナは根絶するのが非常にむずかしく、庭に生えればしつこく傍若無人なやっかいものになる。

しかし、トクサ属にかんしてもっとも驚くべき事実は、その「生きた化石」としての地位である。

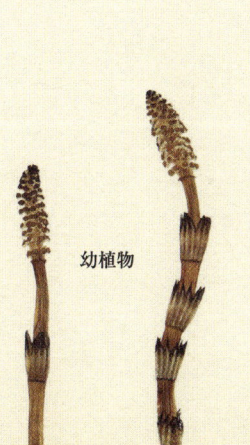

幼植物

成熟した植物

裸子植物——針葉樹とその近縁植物

これらの比較的複雑な植物は、種子を生産する植物をほぼすべてふくむ種子植物とよばれる、さらに大きな植物群に属す。裸子植物はすべて、複雑な維管束系と、支持のための木化した組織や、繁殖のための球果のような特殊化した構造を有する。種子植物には、すべての針葉樹とソテツ類（あわせて裸子植物とよばれる）にくわえ、顕花植物（被子植物）［花または球花をつける植物を（隠花植物の対語として）顕花植物ということもあるが、現在では顕花植物（flowering plant）を被子植物に限定して用いる立場が有力である］がふくまれ、被子植物については次の節で論じる（25ページ参照）。

種子には植物の進化における重要な発達過程が反映されている。シダ類のようなもっと下位の植

Ginkgo biloba
イチョウ

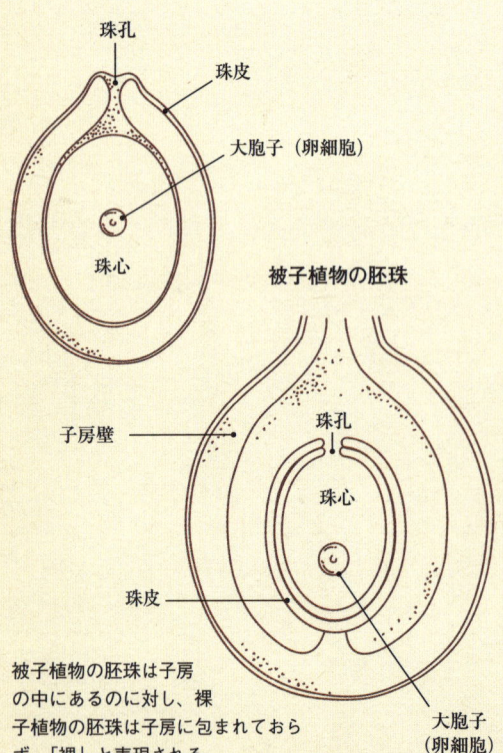

被子植物の胚珠は子房の中にあるのに対し、裸子植物の胚珠は子房に包まれておらず、「裸」と表現される。

物は、デリケートな配偶体世代の外部環境に対する脆弱さという大きな問題をかかえている。だが種子植物は、配偶体を特別な組織のなかで保護することによってこの問題を克服した。雌の生殖細胞は胚珠のなかで守られ、雄の精細胞は花粉粒のなかに入っているのである。両者が出会うと受精が起こり、胚珠が発達して種子になる。

裸子植物という言葉は「裸の種子」を意味する。これは顕花植物（被子植物）では胚珠が子房内にあるが、裸子植物ではそのようなものに覆われていないことをいっている。

ガーデナーは、一般的な裸子植物ならほとんどどんなものも、その外見だけで裸子植物とわかるだろう。そうしたものは針葉樹とソテツ類である。イチョウ（*Ginkgo biloba*）はおそらく唯一の例外で、落葉性の広い葉をもち、針葉樹とは似ても似つかない。

針葉樹

球果でよく知られている針葉樹だが、実際には

球果は2種類あり、ひとつは風で運ばれる花粉を大量に生産する雄の球果、もうひとつは胚珠と最終的には種子をつける比較的大きな雌の球果である。種子はさまざまな方法でまきちらされるが、通例、風か動物による。

針葉樹のなかにはさまざまな変わりものがいる。イチイ属（*Taxus*）、ビャクシン属（*Juniperus*）、イヌガヤ属（*Cephalotaxus*）の3つは「漿果をつける」裸子植物の例である。それぞれ球果がたいへん変わっていて、1個しかふくまれていない種子が肉質の仮種皮あるいは鱗片が変形したものに包まれていて、それが発達して軟らかい漿果状の構造になる場合がある。これに引きつけられた鳥やそのほかの動物が食べて、種子を散布する。

顕花植物（被子植物）に比べて針葉樹の種の総数は少ないが、それでも針葉樹は今でも地球上を帯状に支配している。北半球の広大な亜寒帯の森林全体にわたってもっとも豊富に存在するが、とくに比較的冷涼な高緯度地方では南の地域に広がっている針葉樹林もある。その軟材が建築や製紙に使われることがおもな理由で高い経済的価値を有する針葉樹は、世界中の人工林に広く植えられ

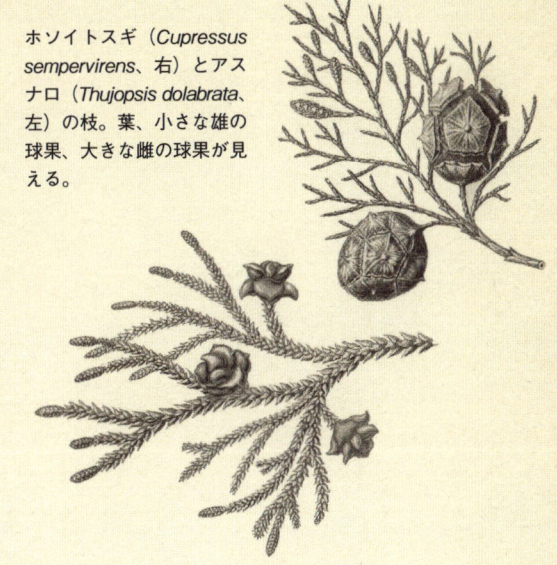

ホソイトスギ（*Cupressus sempervirens*、右）とアスナロ（*Thujopsis dolabrata*、左）の枝。葉、小さな雄の球果、大きな雌の球果が見える。

Juniperus communis
セイヨウネズ

ている。

進化だけでなく人為的な育種の結果、針葉樹には無数の品種がある。寒冷地原産の針葉樹は通常、細い円錐形の形をしていて雪を落としやすくなっているのに対し、日差しの強い地方原産の針葉樹には、紫外線を反射するように葉が青みがかっていたり、銀色の色あいをしているものがある。植物育種家は、多くの場合、園芸で利用する目的で、しばしば突然変異を利用したり雑種を形成したりして新しい品種を作り出す。こうしてできたのがレイランドヒノキ（×*Cuprocyparis leylandii*）で、これは1870年頃に北アイルランドではじめて生まれた雑種で、モントレーイトスギ（*Cupressus macrocarpa*）とアメリカヒノキ（*Xanthocyparis nootkatensis*）の交配の結果、苗が生まれた。

大多数の針葉樹は常緑だが、カラマツ（*Larix*）、イヌカラマツ（*Pseudolarix*）、ヌマスギ（*Taxodium*）、アケボノスギ（*Metasequoia*）、スイショウ（*Glyptostrobus*）は落葉性である。

ソテツ類とイチョウ

遠くから見るとソテツ類はヤシによく似ているが、よく観察すると明確な違いがある。ソテツ類の丈夫な木質の幹は、ヤシの繊維質の幹とはまっ

たく異なり、樹冠はずっとしっかりと常緑を保つ。また、球果をつけることが重要な相違点である。

すべてではないが多くのソテツ類は成長が非常に遅く、栽培されているもので2〜3メートルより高いものはめったに見られない。また、きわめて長命で、すくなくとも1000年は生きていることが知られているものがいくつかある。ソテツ類は生きた化石とみなされており、恐竜の時代であるジュラ紀以降、ほとんど変化していない。また、たいていのソテツ類には非常に専門化した花粉媒介者がおり、通例、甲虫のある特定の種である。

自然状態ではソテツ類は世界の亜熱帯と熱帯に広く分布しているが、半乾燥の地域から多雨林まで生えている場合もある。栽培されているものは、温室のなかで育てられる場合を除けば、温帯から熱帯にかけてしか見られない。野生のものの採集のしすぎや自然の生育地の破壊によって、ソテツ類の多くの種が絶滅の危機に瀕している。*Encephalartos woodii*（オニソテツ属の植物）など、いくつかの種は現在では栽培下でしか存在していない。

一般にクイーンサゴとよばれるナンヨウソテツ（*Cycas rumphii*）の髄はデンプンをふくみ、サゴを作ることができる。

イチョウ属で現存する種はイチョウ（*Ginkgo biloba*）だけである。これも生きた化石で、はじめて化石の記録に登場したのは約2億7000万年前だが、イチョウはめずらしい存在で、近縁の植物が存在しないため、植物学者はほかの植物との関係でどの位置にあるか確信をもてないでいる。種子が子房に包まれていないため、現在のところ裸子植物に分類されているが、その「果実」の形態が問題を複雑にしている。イチョウの落葉性の葉は、人目を引く扇形をしていて、秋には鮮やかな黄金色になって落葉する。

庭の針葉樹

いくつかの針葉樹が流行してはすたれてきたものの、独特の形態と葉をもつこれらの植物は庭において重要な位置を占めている。人気のある属を少しあげれば、モミ（*Abies*）、チリマツ（*Araucaria*）、ヒマラヤスギ（*Cedrus*）、イトスギ（*Cupressus*）、ビャクシン（*Juniperus*）、マツ（*Pinus*）、トウヒ（*Picea*）、ヒノキ（*Chamaecyparis*）などがある。栽培下では文字どおり何千もの雑種や栽培品種が存在し、矮性あるいは丈の短い低木や地被植物から非常に背の高いものまであり、なかには100メートルを超すものもある。

生きている植物学

庭のソテツ類

庭によく植えられるソテツ類の種類は少なく、日本原産のソテツ（*Cycas revoluta*）がもっとも一般的である。ソテツ属のほかにザミア属（*Zamia*）とマクロザミア属（*Macrozamia*）がある。すべての種がワシントン条約（絶滅のおそれのある野生動植物の国際取引に関する条約）によって保護されているため、ソテツ類を購入するときにはそれが（野生のものではなく）栽培されたものであることを確認すること。

Cycas revoluta
ソテツ

被子植物──顕花植物

顕花植物（被子植物）は、陸上の植物の最大かつもっとも多様性に富むグループである。裸子植物と同様、種子植物──種子を生じる植物──であるが、花をつけるという重要な相違点によって、まったく異なるグループを形成している。

しかし、植物学的にはほかにも多数の相違点があり、たとえば次のような特徴がある。

- 種子が心皮（子房の構成単位）に包まれている。
- 受精後、子房がかなり発達するため、成熟した種子は果実のなかにある。真果［果実の大部分が成熟した果皮からなるもの］は顕花植物に特有のものである。
- 種子は胚乳とよばれる栄養に富んだ物質をふくみ、これが発生初期の植物の養分になる。

被子植物では、配偶体世代が非常に小さくなって各花のなかの少数の細胞だけになり、これについては第3章（88ページ）でもっと詳しく見ていく。また、第2章で花、種子、果実といった被子植物の構造について、さらに詳細を述べる。

植物界のなかでも顕花植物は進化の過程で最大の特殊化を果たした。ほかの植物と異なる顕花植物の特徴によってもたらされた数多くの生態学的に有利な点により、繁栄が確実になり、地球の陸上のほとんどを覆い、ほかの植物が生存できないところでも生き残れるようになったのである。

被子植物の祖先

顕花植物の祖先は裸子植物から生まれたのであり、化石の記録からそれは2億4500万～2億200万年前に起こったと考えられている。しかし、化石の記録がとぎれているため、科学者が詳細を正確に知るのはむずかしい。おそらく、ごく初期の被子植物の祖先は、裸子植物が利用しない水はけのよい起伏に富んだ地域に適応した小型の高木か大型の低木だったのだろう。

最初の真の被子植物が化石の記録に現れたのは約1億3000万年前で、*Archaefructus liaoningensis*（遼寧古果）が知られている最古の被子植物の化石である。この植物は、ほかのおおかたの初期の被子植物と同様、もっと繁栄した種によって急速にとって代わられて現在では絶滅しているが、何千年も姿を変えていない太古の種が温帯から熱帯にかけていまだに存在している。もっともよい例が、太平洋のニューカレドニアにかぎって存在するめずらしい低木の*Amborella trichopoda*だろう。

コケ植物とソテツ類が支配的な生育地で被子植物が優勢になりはじめたのは、およそ1億年前で

すでに絶滅している初期の顕花植物*Dillhoffia cachensis*の化石で、4950万年前のもの。

モクレンは最古の顕花植物のひとつで、その生殖器官には裸子植物のものとの類似点がある。

ある。6000年前には、優勢な高木の種として、ほとんどすべての裸子植物にとって代わった。当時、顕花植物は大部分が木本の種だったが、のちに草本の顕花植物が出現したことが、被子植物の進化におけるもうひとつの飛躍につながった。草本の植物は木本の種よりずっと寿命が短い傾向があり、このため短い時間枠のなかでより多くの変異を生じることができ、したがってより急速に進化するのである。

この時期には、別の被子植物の系統である単子葉植物も出現した。被子植物門全体をふたつの系統に分けることができ、単子葉植物がすべての顕花植物のおよそ3分の1を占め、双子葉植物が残り3分の2を占める（両者の違いは28ページで説明する）。現在のところ存在する顕花植物の種の数は25万〜40万の範囲にあると推定されている。

モクレン亜綱（*Magnoliidae*）に属す植物は最古の顕花植物といってよいだろう。この亜綱には、モクレン属（*Magnolia*）、スイレン属（*Nymphaea*）、ゲッケイジュ属（*Laurus*）、シキミモドキ属（*Drimys*）、サダソウ属（*Peperomia*）、ドクダミ属（*Houttuynia*）、カンアオイ属（*Asarum*）のような、ガーデナーがよく知っている顕花植物の属が多数ふくまれている。当然のことだが、これらの植物の花の構造に目を向けると（モクレンがよい例である）、裸子植物との明確な類似点がある。たとえば雄しべは鱗状で針葉樹の雄の球果の鱗に似ており、心皮はしばしば裸子植物の雌の球果と同じように長い花軸上に認められる。

キク亜綱（*Asteridae*）はかなりあとで進化した亜綱のひとつで、受粉と種子の散布の効率を最大にするような花の構造の変化が見てとれる。たとえば花弁はたいてい癒合しており、花はかなり小さくなって集団化している場合が多い（ヒマワリがそのよい例で、基本的に数百の小さな花からできた巨大な花序である）。

アカバナムシヨケギク（*Tanacetum coccineum*）は、たいていのヒナギクと同じように、個々の小さな花（小筒花）が多数集まって受粉の効率を最大化している。

花の特徴

被子植物の花は非常に多様性に富んでいる。尾状花序から散形花序まで、あるいはイネ科草本の花からランの花、さらには単純なキンポウゲの花まで、大きな相違が見られ、さまざまに特殊化しているが、それでもすべてが同じ基本構造をもっている。

花被は、花弁や萼片のような花の外側の部分をさすのに使われる総称である。花弁とその外側の萼片はまったく異なることが多く、萼片は緑色をしていてどちらかというと葉に似ているが、花弁は色彩に富み人目を引く。しかし、両者が互いに区別がつかないことも多く（たとえばチューリップやスイセンのように「花被片」とよばれることもある）、場合によっては一方あるいは両方がすっかり小さくなったりなくなっていたりする。ケシ（*Papaver*）では、萼片はつぼみを包んでいるが、すぐに落ち、開花した花にはついていない。もっと進化した花の形態では、花被の一部が癒合していることもある。イチゴ（*Fragaria*）の場合、大半の果実を生じる植物と同様、果実がふくらむと花弁が落ちて葉のような萼片があとに残り、人はたいていそれをとりのぞいてからイチゴの実を食べる。

雄しべは花の雄性の部分にあたえられた名称で、葯と花糸からなる。花糸は葯を支え、葯は花粉粒をつける。モチノキ属（*Ilex*）でみられるように雄または雌の花だけをつける植物があり（単性）、雌株にはこうした雄性の部分がない。

雌しべは花の雌性の生殖器官にあたえられた名称である。一般に花の中央にあり、雄しべ、そして花被に囲まれている。柱頭、花柱、ひとつまたは複数の心皮からなる。心皮のなかに子房がある。柱頭は花粉粒が落ちる部分で、しばしば表面に粘着性があり、花粉を受けるのにもっともよい位置になるように長い花柱で外へつき出していることが多い。うまく柱頭についた花粉粒は管を下に伸ばして花柱を通って子房に到達し、そこで受精が起こる。

顕花植物はすべてそれぞれの生育環境にいる動

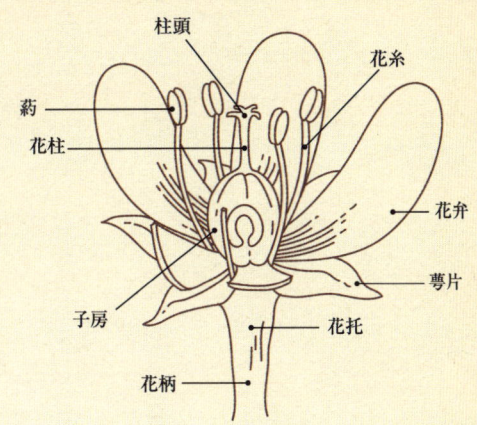

物とともに進化してきたのであり、花の形態はそれを反映していることが多い。その結果生まれたのが、ハチとビーオーキッド（*Ophrys apifera*）、寄生バチ［イチジクコバチ］とイチジク（*Ficus*）の種のような、いくつかの非常に特異的で奇妙な受粉メカニズムである。このような場合、植物は動物をだますか、なんらかの恩恵をあたえるかのどちらかである。

生きている植物学

庭、そして農業における顕花植物

被子植物は観賞植物の大多数を占め、膨大な数の栽培品種があり、ガーデナーにそれを使って腕をふるうことができる多種多様な材料をあたえている。

しかし、農業がほとんど完全に被子植物に依存していることを忘れてはならない。事実上すべての植物由来の食物だけでなく、大半の家畜の飼料も、被子植物が供給しているのである。顕花植物のすべての科のうちイネ科草本が経済的重要性の点で群を抜いており、大麦、トウモロコシ、オート麦、米、小麦といった世界の主食の多くを供給している。

単子葉植物と双子葉植物

　顕花植物全体のおよそ3分の1は単子葉植物である。そうよばれるのは種子に子葉が1枚しかないからである。双子葉植物には子葉が2枚あり、種子が発芽するとこの違いがよくわかる。

　もうひとつの重要な相違は、主茎や幹のなかでの維管束（水と栄養を輸送する細胞）の配置である。双子葉植物では茎の外周部にそって円筒形にならんでおり、このため樹木の樹皮を環状にはぐと生命維持に必要なこれらの組織をすべてとりのぞくことになり、樹木は死んでしまう。単子葉植物の場合は、維管束はばらばらに分布しているため、環状にはぐことができない。

　また、双子葉植物では直根状の一次根（主根）がみられるが、単子葉植物では生じず、それは一次根はすぐに枯れて不定根にとって代わられるからである。さらに、葉の形にも明らかな相違がみられる。単子葉植物の葉にあるのはほとんどつねに平行脈で、双子葉植物の葉にみられるもっと複雑な網状の葉脈とは異なる。

　単子葉植物の花の部分は三数性、つまり3の倍数で配置されている。また、通常、単子葉植物の地下部の構造はよく発達しており、休眠中に利用できる貯蔵器官として使われる。単子葉植物の大多数は草本であるが、ヤシ、タケ、イトランのような少数のものは木質化する。しかし、維管束の配置から、単子葉植物の幹や茎の物理構造は双葉植物の高木や低木のものとまったく異なっている。

　それぞれの生育地で優勢な単子葉植物はごくわずかしかない。そのおもな例外はイネ科植物であり、きわめて繁栄している植物群のひとつをなし、1万種以上が地球上に広く分布している。イネ科植物の成功の一因は、動物にひどく食べられても耐えられる能力にあると考えられる。

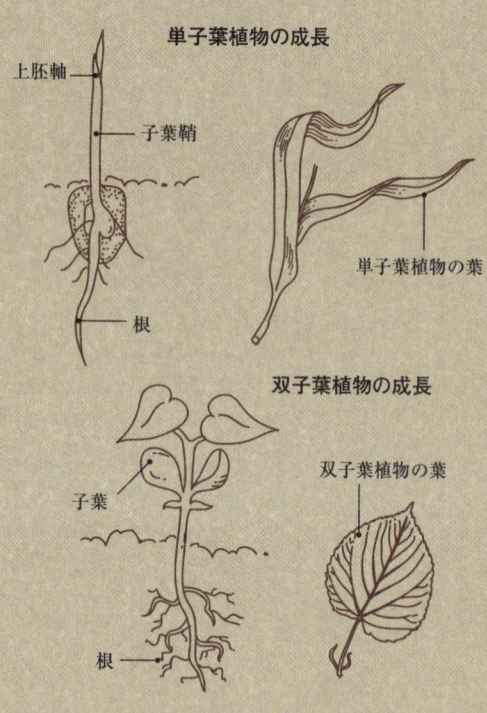

単子葉植物の成長
上胚軸
子葉鞘
根
単子葉植物の葉

双子葉植物の成長
子葉
根
双子葉植物の葉

アヤメ科（Iridaceae）の植物であるクロッカス。アリウム、クロッカス、スイセン、スノードロップのような一般的な園芸用球根植物は、すべて単子葉植物である。

植物の命名法と普通名

　植物の命名法や植物学のラテン語の使い方は、初心者のガーデナーにとっては気が重くなることかもしれない。それでも、生物の分類にかんする科学——分類学——は自然界を理解するうえで不可欠である。ほかにどうすれば、自分が話している植物が何なのか、自分が育てたり買ったりしている植物が何なのか、確信をもつことができるだろう。

　分類学は生物学にとって百科事典のようなものであるが、生物は科学者が押しつけようとする人為的なルールをたえず拒否し、そのためどんな命名体系もたえず手なおしできなければならない。植物の名前が変わるとガーデナーは不満に思うかもしれないが、より多くのことが明らかにされ、さらに種が発見されれば、それに応じて命名体系も変わらなければならないのである。

普通名

　普通名すなわち現地語名は覚えやすく発音しやすいことが多いため、こちらを使いたくなるかもしれない。しかし普通名は、まちがって使われたり、誤解されたり、ある言語から別の言語へ翻訳するときに消えたりして、大きな混乱と重複をもたらすことが多い。問題のひとつは、普通名が国ごとに異なり、同じ国のなかでさえ場所によって異なることである。また、日本語やヘブライ語のようなローマ字を使わない言語から翻訳されたときには、さらなる混乱が生じる。たとえば「ブルーベル」という普通名は、イングランドではヒメツリガネズイセン（*Hyacinthoides non-scripta*）、スコットランドではイトシャジン（*Campanula rotundifolia*）、オーストラリアではヒメツリガネ（*Sollya heterophylla*）、北アメリカではハマベンケイソウ属（*Mertensia*）の植物をさす。

　たいていの人はクレマチス、フクシア、ホスタ（ギボウシ）、ハイドランジア（アジサイ）、ロドデンドロン（シャクナゲ）を普通名として使うことをためらいはしないだろうが、これらはそれぞ

セイヨウオダマキ（*Aquilegia vulgaris*）には、コロンバイン、グラニーズボンネット、アメリカンブルーベル、グラニーズナイトキャップという普通名がある。

れの植物の学名でもある。これらの植物は学名でのほうがずっとよく知られているのである。ホスタの普通名である「プランテンリリー」をだれかが口にするのを最後に聞いたのはいつだったろう。

　普通名はほかにもまぎらわしい使い方をされることがある。たとえばクリーピングジニアは*Zinnia*（ヒャクニチソウ属）ではなく*Sanvitalia procumbens*（ジャノメギク）で、フラワリングメイプル（*Abutilon*、イチビ属）はメイプル（*Acer*、カエデ属）ではなく、イブニングプリムローズ（*Oenothera*、マツヨイグサ属）はプリムローズ（*Primula*、サクラソウ属）ではない。混乱は多岐にわたり、だからラテン名が使われるのである。

植物の学名

　学名の植物への適用については、世界中で受け入れられ守られている一連のルールである「国際藻類・菌類・植物命名規約（ICN）」によって定められている。栽培植物のためのルールも定められ、「国際栽培植物命名規約（ICNCP）」としてまとめられており、栽培植物にあたえられることのある追加的な名前を管理している。すべての植

物名は、このふたつの規約に完全に適合していなければならない。

近代的な植物名の起源

植物の命名学は、最初の植物分類の手引き書を書いたギリシアの哲学者テオプラストス（前370-287）までさかのぼることができるが、近代的な分類学への発展がはじまったのはルネサンス期になってからのことである。当時の探検の航海により、新たに豊かな植物相が熱帯アメリカのような遠方の土地で発見され、ふたたび植物学へ関心が向けられるようになったのである。

その100年のあいだに、それ以前の2000年間の20倍以上の植物がヨーロッパにもたらされた。これらの植物についてはそれ以前の記録がまったく存在しなかったため、テオプラストスの著作に頼ることのできない科学者たちは、これらの種に

「名前がなければ、永続する知識はありえない」
リンネ

ついて自分で表現するという困難な仕事に取り組まねばならなかった。

最初の近代的な本草書が、15世紀と16世紀にオットー・ブルンフェルスとレオンハルト・フックスによって作られ、1583年には、アンドレア・チェザルピーノが『植物分類体系16巻（De Plantis Libri XVI）』を出版した。この本は植物学の歴史においてもっとも重要な著作であり、その注意深い観察とラテン語での長い記述でよく知られている。顕花植物を科学的に扱った最初のものである。

1596年に、ジャン・ボーアンとガスパール・ボーアンの兄弟が『植物対照図表（Pinax Theatri Botanici）』を出版した。そのなかでふたりは数千種の植物に名前をつけている。重要なのはラテン語の記述をたった2語に短縮したことであり、こうして現在の植物学者が使っている2語からなる命名体系である二名法を考え出した。

しかし、一般に近代的植物命名法の出発点とみなされているのは、1753年に出版された『植物の種（Species Plantarum）』である。この本はスウェーデンの科学者カール・リンネが書いたもので、リンネはこれとその後の著作のなかで二名式命名体系について詳しく述べ、共通の特徴にもとづく生物のグループ分けにかんする研究分野を創始した。そして、キャプテン・クックとともにエンデヴァー号に乗船したジョーゼフ・バンクスのような旅行家が、世界中から分類のために標本をリンネのもとに送った。

リンネは植物の有性生殖についての認識も高めた。それは多くの分類の仕事の基礎をなすのが、花の構造の観察だったからである。リンネの『自然の体系（Systema Naturae）』により、リンネの分類学の原則と生物の首尾一貫した命名法が世に伝えられた。

植物の学名の末尾に、命名者の略表記が記されているのを見かけることがある。これによってその学名の典拠を、命名者までたどることができる。リンネの略記はL.である。

生きている植物学

科、属、種

植物の分類、そして命名と参照を容易にするため、植物はさまざまな分類学的階層に割りあてられる。ガーデナーにとっては科、属、種がきわめて重要で、どの生物も属、それから種の順で名前が決まる。属名は最初を大文字にしなければならず、種小名はすべて小文字にしなければならない。そして、属名も種小名もイタリック体にする。こうして、クロフサスグリの学名は *Ribes nigrum* と記されるのである。

Ribes nigrum
クロフサスグリ

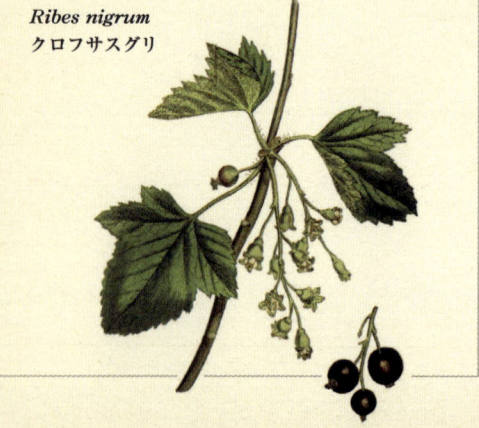

植物の科

分類学的分類のあらゆる段階と同様、植物を科にグループ分けする目的は、植物の研究を容易にすることにある。ガーデナーにしてみれば、一見しただけでは、科は学問的興味の対象にしか思えないかもしれないが、ある植物が属する科についての知識は、その植物が庭でどんなに見え、どんなふうにふるまうか教えてくれる。植物の科の名前は最初を大文字とし、イタリックで記載するようICNは勧告している。

科名

大多数の科の名前は、伝統的にその科のなかのひとつの属をもとにして

Rosa chinensis
'Semperflorens'
コウシンバラの栽培品種

Cydonia oblonga
マルメロ

おり、*Rosa*（バラ属）をもとにした*Rosaceae*（バラ科）のように-*aceae*で終わる。しかし、昔からこのパターンに一致しない科名も多くある。慣例に一致しないこうした科名を使いつづけてもまったくかまわないが、末尾が-*aceae*の科名を使うのが現代の趨勢である。そのような科には次のようなものがあり、新しい科名を括弧内に示す。*Compositae*（*Asteraceae*：キク科）、*Cruciferae*（*Brassicaceae*：アブラナ科）、*Gramineae*（*Poaceae*：イネ科）、*Guttiferae*（*Clusiaceae*：オトギリソウ科）、*Labiatae*（*Lamiaceae*：シソ科）、*Leguminosae*（*Fabaceae*：マメ科、または以前の亜科にもとづいて*Caesalpiniaceae*：ジャケツイバラ科、*Mimosaceae*：ネムノキ科、*Papilionaceae*：マメ科の3つの科に分ける）、*Palmae*（*Arecaceae*：ヤシ科）、*Umbelliferae*（*Apiaceae*：セリ科）。

バーバラ・マクリントック
1902-1992

バーバラ・マクリントックはコネティカット州ハートフォード生まれのアメリカ人科学者で、トウモロコシの遺伝を研究して世界でも有数の細胞遺伝学者になった。

高校時代に情報と科学に対する情熱をつのらせ、コーネル大学農学部に進学して植物学を学んだ。そして遺伝学と新分野である細胞学——細胞の構造、機能、化学を研究する学問——への興味から、コーネル大学大学院の遺伝学コースに進んだ。こうしてトウモロコシの細胞遺伝学の推進、細胞の構造と機能、とくに染色体にかんする研究という、生涯をかけた仕事がはじまったのである。

マクリントックはすぐにこのテーマに対する適性と徹底した取組みで認められるようになる。大学院で研究しだして2年目には、指導者が使っていた手法を改良し、トウモロコシの染色体を区別できるようになった。それは彼女の指導者がそれまで何年も取り組んでいた問題であった。

マクリントックはその草分け的な細胞遺伝学の研究において、トウモロコシの染色体とそれが複製過程でどのように変化するかを調査した。そして、顕微鏡による分析法を用いてトウモロコシの染色体を視覚化するテクニックを開発し、遺伝子組換えや、染色体がどのようにして遺伝情報を交換するかなど、複製中の基本的な遺伝プロセスを多数明らかにした。

マクリントックはトウモロコシの遺伝子マップをはじめて作成して、特定の染色体領域が特定の形質を生み出していることを証明し、染色体の組換えが新たな形質とどう関係しているのか明らかにした。このときまで、減数分裂（88ページ参照）のときに遺伝子組換えが起こることがあるという説は、ひとつの仮説にすぎなかったのである。また、マクリントックは遺伝子が形質発現のオンとオフにどのようにかかわっているかも証明し、ある世代から次の世代のトウモロコシへの遺伝情報の抑制または発現を説明する理論を打ち立てた。

残念ながら、マクリントックは独立心が強すぎて少し「一匹狼」的で、「女性科学者」についてのたいていの研究所の考え方と一致しないとみなされることが多かった。その結果、彼女は何年も研究所をわたり歩き、とくにコーネル大学とミズーリ大学のあいだを移動した。しばらくドイツで仕事をしたことさえある。彼女の遺伝子調節にかんする研究はその概念を理解するのがむずかしく、同時代の人々にいつも受け入れられたわけではなかった。マクリントックは自分の研究に対する反応を、しばしば「当惑、さらには敵意」と表現している。しかし、彼女はけっしてやめることはなかった。

1936年にようやくミズーリ大学で学部の職を提供され、5年間、助教授をしたが、それも彼女が自分はけっして昇進させてもらえないことを悟るまでのことだった。マクリントックは退職し、夏のあいだコールドスプリングハーバー研究所で働き、翌年、やっと常勤の職につくことを受け入れた。マクリントックがトウモロコシの染色体の遺伝子発現のプロセスを解明したのは、コールド

バーバラ・マクリントックは世界でも有数の細胞遺伝学者で、その徹底した取組み方と調査で知られている。

Zea mays
トウモロコシ

バーバラ・マクリントック博士は、トウモロコシの色の変異は特定の遺伝要素によるものだと結論づけた。

メリカで発見されたトウモロコシの在来系統にかんする調査をはじめた。そして、トウモロコシの品種の進化と、染色体の変化がこの植物における形態学的および進化的な特徴にどのように影響をおよぼしているかについて研究した。この研究の結果、マクリントックと同僚たちは「トウモロコシの各品種の染色体構成（The Chromosomal Constitution of Races of Maize）」を発表し、この論文はトウモロコシの民族植物学、古生植物学、進化生物学についての理解の拡大に大きな役割を果たした。

マクリントックはノーベル賞のほかに、その先導的研究によって数々の栄誉をあたえられ、認められた。たとえばアメリカ科学アカデミーの会員に選ばれたが、女性としては3人目にすぎない。また、キンバー遺伝学賞、アメリカ国家科学賞、ベンジャミン・フランクリン・メダルを受賞し、イギリスのロイヤル・ソサエティーの外国人会員に選出された。アメリカ遺伝学会の初の女性会長にも選ばれた。

バーバラ・マクリントックが発見したトウモロコシのさまざまなモザイク状の色彩変異は、色素の合成を抑制する化学物質によるものであった。

スプリングハーバーにおいてである。

これやそのほかの業績によって、マクリントックはノーベル生理学医学賞を受賞し、この賞を単独で受賞した最初の女性となった。ノーベル財団はマクリントックが動く遺伝要素を発見したと認め、スウェーデン王立科学アカデミーは彼女をグレゴール・メンデルになぞらえた。

1944年にマクリントックは、スタンフォード大学でアカパンカビ（*Neurospora crassa*）の細胞遺伝学的分析を実施した。そして、その染色体数と全生活環を明らかにすることに成功した。以来、アカパンカビは古典的遺伝分析において標準種となっている。

トウモロコシの遺伝学にかんする研究をしていたマクリントックは、1957年に中央および南ア

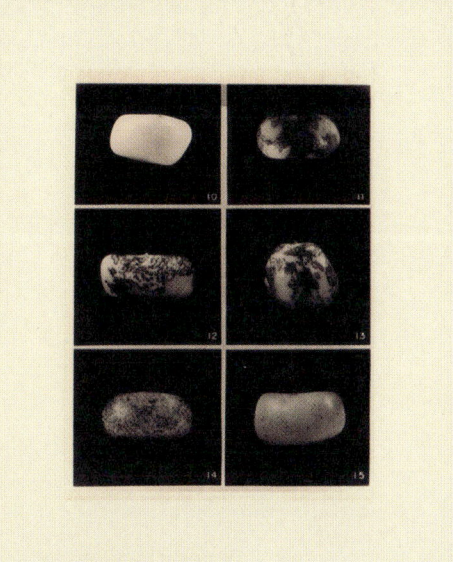

属

　属は、ひとつまたは複数の種からなる分類学上のグループである。ガーデナーは、「属」のほうが適切な場合に「科」という言葉を使うことがしばしばある。たとえばだれかがすべてのリンゴは同じ科に属すといっても、だれも驚きはしないだろう。これは内容的にまちがいではないが、実際はこの科は、ナシ、バラ、ダイコンソウ、サンザシなどが属すバラ科（*Roseaceae*）全体をさす。おそらくいいたいのは、すべてのリンゴは同じ属（リンゴ属*Malus*）に属すということだろう。

　同じ属の種には共通の重要な外見的特徴が多くあり、ガーデニング、園芸、および実用目的で植物を区別するには、属のレベルでするのがおそらくもっとも有効だろう。たとえばフウロソウ属（*Geranium*）の場合のように大半の属では類縁関係がかなり明確だが、その属のなかにふくまれる植物が非常に多様で、互いに関連があると想像するのもむずかしい場合がある。たとえば砂漠植物のヤドクキリン（*Euphorbia virosa*、トウダイグサ属）を園芸植物として人気のある*Euphorbia polychroma*と比較してみると、両者のあいだにはたいへんな相違がある。2000種以上をふくむこのように大きな属ではそれは驚くにはあたらないことなのかもしれないが、それでも花に両者の共通点が認められる。

　属はひとつの種しかないものから数千種をふくむものまで、その大きさはさまざまである。たとえばイチョウ（*Ginkgo biloba*）とハエジゴク

Ginkgo biloba
イチョウ

（*Dionaea muscipula*）はそれぞれの属の唯一の種であるのに対し、ツツジ属（*Rhododendron*）にはおよそ1000種がふくまれる。

　場合によっては属名を1文字で略記して次に点を打つことがある。これは同じ属の植物がくりかえし言及され、混乱のおそれのない場合にみられる。文脈上、明らかな場合、毎回*Rhododendron*と書く必要はなく、「*R.*」と略記することができる。

***Malus domestica* 'Crimson Beauty'**
セイヨウリンゴ「クリムゾンビューティ」

リンゴ属（*Malus*）は、サンザシ属（*Crataegus*）、キイチゴ属（*Rubus*）、ナナカマド属（*Sorbus*）などをふくむ非常に大きな科であるバラ科（*Rosaceae*）の多数の属のひとつにすぎない。

興味深い３つの属

ヤドリギ属（*Viscum*）

　ヤドリギ属には70〜100種の木本植物があり、一部は寄生性の低木である。みずからの光合成活動と宿主からの物質の吸収の両方で栄養を獲得する、独特の戦略をとっている。

　宿主に付着しないと生活環を完結できないため、「絶対寄生者」ともよばれる。宿主は木本の低木や高木で、ヤドリギ属の種はそれぞれ特定の種の宿主に寄生する傾向があるが、大半は多数の異なる種を宿主とすることができる。

トケイソウ属（*Passiflora*）

　変わった花をつけるこのつる植物は南アメリカに多く、スペインのキリスト教宣教師がこれを使ってイエスの物語、とくに磔（はりつけ）の受難について、独創的ともいえるやり方で教えを説いた。「パッションフラワー」という普通名もこれを反映しており、イエスの受難のことをいっている。

Passiflora caerulea
トケイソウ

- つるの巻きひげは、鞭打ちで使われた鞭を表すのに使われた。
- 10枚の花弁と萼片は、12使徒のうちの10人（イエスを裏切ったイスカリオテのユダと否認した聖ペトロを除く）だといわれた。
- 100本以上ある花糸の環は、イバラの冠を表すとされた。
- ３本の柱頭と５つの葯があり、これらは３本の釘と５つの傷を表すものとされた。

ウツボカズラ属（*Nepenthes*）

　肉食性の嚢状葉植物からなるこの属は、植物がそれぞれの環境に適応するためにどこまで特殊化できるか示している。その大きく変形した葉は壺状の落とし穴を形成して、昆虫、場合によってはもっと大きな動物を捕らえる。捕らえられたものは中で消化され、栄養源として利用される。「落とし穴」は１枚の葉で、３つの部分で構成される。蓋は雨水が嚢に入って消化液が薄まるのを防ぎ、色彩豊かな縁は昆虫を引き寄せる機能をもち、「壺」には獲物を引き寄せ、溺れさせ、ついには消化する液体が入っている。

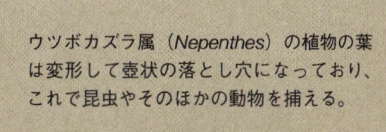

ウツボカズラ属（*Nepenthes*）の植物の葉は変形して壺状の落とし穴になっており、これで昆虫やそのほかの動物を捕える。

種

種とはなんだろうか。それは、生殖の点でほかの種から隔離されている、互いに交配する個体の集団である。

　植物の分類の基本単位は種（単数も複数もspecies）である。この語はしばしば単数は「sp.」、複数は「spp.」と略記される。種は、重要な共通の特徴を多数もつが、同じ属内のほかの種とははっきり異なる個体の集団と定義することができる。

　同じ種内の植物は、互いに交配して同じような特徴をもつ子孫を生じるひとつの個体群をなし、重要なのは、それらがほとんどつねにほかの種から生殖の点で隔離されていることである。隔離は重要な要素であり、これによって個体群はほかの似た個体群と区別できる別個の特徴を進化させることができる。

　数百万年におよぶ大陸の移動により多くの種が形成され、その結果、たとえば地中海地方東部にスズカケノキ（*Platanus orientalis*）、北アメリカ東部にアメリカスズカケノキ（*P. occidentalis*）のような植物が生まれた。どちらもプラタナスの一種である。生態学的障壁も種形成の原因になり、たとえばシラタマソウ（*Silene vulgaris*）は内陸

Platanus orientalis
スズカケノキ

Platanus × *hispanica*
モミジバスズカケノキ

この種は、スズカケノキ（*Platanus orientalis*）とアメリカスズカケノキ（*P. occidentalis*）の雑種（×で示される）である。

でみられるのに対し、*S. uniflora*はもっぱら海岸環境で生育する。

　しかし、種形成は地質学的時間スケールでのみ起こるわけではない。隔離が作用する場合、今日でもそれが起こっているのを見ることができる。人間の影響を受けた生態学的隔離の一例が、ウェールズの鉱業の負の遺産である銅廃棄物により汚染された土地にある。アングルシー島北東部にあるパリス・マウンテンでは、銅汚染により、影響を受けた地域の植生の大部分が破壊されてしまった。ここで科学者たちは、芝生に使われるイトコヌカグサ（*Agrostis capillaris*）の銅耐性品種で種形成を認めはじめている。

　千年のあいだ隔離されてきた同じ属の異なる種が一緒にされたとき、それらがまだ繁殖できることがわかる場合もある。このような場合、交雑、そして雑種の形成が観察される。このため、17世紀にスペインで上記の2種のプラタナスが一緒に育てられたときに、自然にモミジバスズカケノキ（*P.* × *hispanica*）が生まれたと考えられている。

植物の寿命

多くの植物種の寿命は長く、何千年も生きるものもあるが、数週間程度しか生きないものもある。記録のある最古の植物は、アメリカ、カリフォルニア州のホワイト山地に生えるグレートベースン・ブリッスルコーンパイン（*Pinus longaeva*）で、2013年の時点で樹齢5063年であった。最短の寿命をもつ植物はいくつもあげることができるが、ヨーロッパ、アジア、アフリカ北西部に自生する一年草のシロイヌナズナ（*Arabidopsis thaliana*）は、6週間でその生活環を完結する。

一年生植物はその生活環——発芽、成長、開花、結実——をすべて1年以内または1シーズンで完結し、上記の例のようにずっと早く完結する植物もある。

二年生植物はその生活環を完結するのに2年かかる。初年目に発芽して栄養成長（葉、茎、根）をし、その後、通常は不利な気象や環境条件の時期を生きのびるために休眠する。翌年、たいてい一定期間さらに栄養成長をしたのち、開花して結実し、それから枯死する。

多年生植物は二年以上生きる。二年生植物と同じように休眠して年を越すものもあり、地下部を残して枯れこむ場合もあるが、好適な季節にはふたたび成長し、通常、毎年花を咲かせて結実する。ガーデナーにとっては「ペレニアル」（多年生）という言葉はたいていハーベイシャス・ペレニアル（多年草）を意味するが、これは植物学者がハーブ（草本）とよぶ木本以外の植物である（第2章、47ページ参照）。しかしガーデナーにとってハーブはまったく別のものである。このようにガーデナーが使う用語と植物学者が使う用語のあいだには微妙な違いが存在する。

Tulipa montana（マウンテンチューリップ）という種名は、アメリカのモンタナ州ではなく、イラン北西部の石だらけの丘や山の自生地のことをいっている。

生きている植物学

種名

種名は場合によっては、植物がどのように生育するかについてや、自然状態でどこに生えているかについての情報をふくんでいるため、ガーデナーが植物についてより多くのことを知る助けになる。とくによく使われる種名をいくつかあげておく。

- *aurea*、*aureum*、*aureus*：黄金色の
- *edulis*：食用になる
- *horizontalis*：水平に、または地面近くに生える
- *montana*、*montanum*、*montanus*：山の
- *multiflora*、*multiflorum*、*multiflorus*：多くの花をつける
- *occidentale*、*occidentalis*：西に関係がある
- *orientale*、*orientalis*：東に関係がある
- *perenne*、*perennis*：多年生の
- *procumbens*：地面を這う、匍匐性の
- *rotundifolia*、*rotundifolium*、*rotundifolius*：丸葉の
- *sempervirens*：常緑の
- *sinense*、*sinensis*：中国産の
- *tenuis*：ほっそりした
- *vulgare*、*vulgaris*：ふつうの

亜種、変種、品種

同じ種のなかでも大きな変異が存在する場合がしばしばある。植物学者は、一部の種を亜種、変種、品種に分けて、このような変則的なものを扱っている。あらゆるレベルの分類と同様、こうしたものにも命名のルールが存在する。

チリマツ（*Araucaria araucana*）など、自然分布域が非常にかぎられているいくつかの種は、個体群間にほとんど変異が見られない。したがって変異体は存在せず、その種名のみでよばれ、植物育種家は栽培品種をまったく作っていない。

しかし、非常に複雑な種もある。ハミズシクラメン（*Cyclamen hederifolium*）がよい例である。これにはすくなくともふたつの変種（*confusum* と *hederifolium*）があり、その一方（*C. hederifolium* var. *hederifolium*）はふたつの品種（*albiflorum* と *hederifolium*）に分けられる。

亜種

野生の植物が広く分布しているとき、とくに隔離されている場合には、地域ごとにわずかに異なる特徴を個体群が獲得することがある。そのような個体群は、ひとつの種のなかの亜種（「subsp.」または「ssp.」と略記される）として区別される。

たとえば *Euphorbia characias*（トウダイグサ属の低木）は南ヨーロッパの自然分布域内にふたつの亜種が存在し、subsp. *characias* は地中海地方西部、subsp. *wulfenii* は地中海地方東部に生育し、両者は草丈と蜜腺の色が異なる。

Araucaria araucana
チリマツ

チリマツはこの種しか知られておらず、品種も変種もない。

変種

種または亜種の地理的分布域内に点々と存在する区別可能な個体群が、変種とされることがある（*varietas*、「var.」と略記される）。それはひとつの種または亜種の分布域のいたるところで生じるが、地理的分布と関連性がない場合が多い。その例が *Pieris formosa* var. *forrestii*（ヒマラヤアセビの変種）である。

変種は自然に生じ、通常、同じ種の別の変種と自由に交雑する。「変種」という言葉はしばしばまちがって栽培品種（次ページ参照）のことをさして使われる。たいてい自然に生じる変種と違って、栽培品種名は栽培下で交配されたか、栽培された植物から生まれた変種にのみつけられる。

品種

品種（*forma*、「f.」と略記される）は、一般的な使用法ではもっとも下位の生物学的分類である。花色のようなあまり重要でないが目立つ変異を表現するために使われ、変種と同様、ふつう、地理的分布との関連性はない。

例をふたつあげれば、*Geranium maculatum* f. *albiflorum* は *G. maculatum*（フウロソウ属の多年草）の白花品種であり、*Paeonia delavayi* var. *delavari* f. *lutea* はボタンの黄花品種である。

雑種と栽培品種

ガーデナーは「雑種(ハイブリッド)」と「栽培品種」という言葉に慣れる必要がある。それはこれらが観賞植物——植物育種家の努力により生まれた改良された品種——の名前によく使われているからである。

雑種

種によっては、野生状態にしろ庭のなかにしろ一緒に生育していると自然にまたは人間の介入により種間で繁殖する植物がある。その結果できた子孫が雑種とよばれる。その名前にある乗法記号「×」が雑種であることを示し、たとえば*Geranium × oxonianum*は*G. endressii*と*G. versicolor*のあいだの雑種である。同じ属内の異なる種のあいだの雑種は種間雑種とよばれ、異なる属のあいだの雑種は属間雑種とよばれる。

雑種の大多数は同じ属の種のあいだで生じる。たとえばヒース属の*Erica carnea*と*E. erigena*のあいだの雑種には*Erica × darleyensis*という雑種名があたえられている。

異なる属のあいだの雑種には新たな属名があたえられ、さまざまな種の組みあわせはそれぞれ、種として扱われる。この場合、乗法記号「×」は属名の前に置く。たとえばヒイラギナンテン属の*Mahonia aquifolium*とメギ属の*Berberis sargentiana*の雑種は×*Mahoberberis aquisargentii*、ロドヒポクシス属の*Rhodohypoxis baurii*（アッツザクラ）とコキンバイザサ属の*Hypoxis parvula*の雑種は×*Rhodoxis hybrida*とよばれる。

少数ながら、接ぎ木雑種または接ぎ木キメラとよばれる特別な雑種もあり、この場合はふたつの植物の組織が遺伝的にではなく、物理的に入り混じっている。こうしたものは+記号で示される。たとえば、エニシダ属の*Cytisus purpureus*（ベニバナエニシダ）とキングサリ属の*Laburnum anagyroides*（キングサリ）からできたものは+*Laburnocytisus* 'Adamii'、サンザシ属（*Crataegus*）とセイヨウカリン属（*Mespilus*）のあいだにできた接ぎ木キメラは+*Crataegomespilus*と表記される。

栽培品種

栽培下で植物育種家によって作出、または発生をうながされた変異を有する新しい植物は、栽培品種とよばれる（cultivarすなわちCULTivated［栽培された］VARiety［変種］、「cv」と略記されることもある）。こうしたものには栽培品種名があたえられる。名前の純粋に植物学的な部分と区別するため、栽培品種名は一重引用符で囲み、イタリックで書かず、たとえば*Erica carnea* 'Ann Sparkes' のようにする。

1959年以降に作られた新しい栽培品種名は国際規約に従わねばならず、学名部分と明確に区別できるように、すくなくともその一部は現代の言葉にすることになっている。以前は、*Taxus*

Taxus baccata
ヨーロッパイチイ

baccata 'Elegantissima'（ヨーロッパイチイの栽培品種）のように、多くの栽培品種にラテン語式の名前がつけられていた。

グループ、グレックス、シリーズ

ひとつの種に同じような栽培品種が多数存在する場合、あるいは栽培品種として認められたものに変異が生じるようになった場合（通例、繁殖材料の選抜が十分でなかったため起こる）、もっと集合的な名前であるグループ名をあたえられることがある。グループ名にはつねにGroupという語がふくまれ、栽培品種名と一緒に使われる場合は丸括弧に入れられ、たとえば*Actaea simplex*（Atropurpurea Group）'Brunette' や*Brachyglottis*（Dunedin Group）'Sunshine' となる。種、亜種、変種、品種という植物学上のランクも、グループとして扱われることがある。これはそのランクがもはや植物学的には認められていないが園芸上区別する価値がある場合に役に立ち、た

Brachyglottis
ツリーデイジー

Actaea simplex
サラシナショウマ

とえば*Rhododen-dron campylogynum*の変種var. *myrtilloides*はもう植物学的に認められておらず、*R. campylogy-num* Myrtilloides Groupとされる。

ランの場合、複雑な交配親の系統が丹念に記録されていて、グループの命名法はさらに洗練されたものになっている。雑種一つひとつにグレックス（「群れ」を意味するラテン語）名があたえられ、それは特定の交配で生まれたものだが互いに異なるすべての子孫をふくむ。グレックスは「gx」と略記され、たとえば*Pleione* Shantung gxというグレックスがあり、それから選抜された*Pleione* Shantung gx 'Muriel Harberd' という栽培品種がある。グレックス名はローマン体（イタリックでない字体）で書き、引用符はつけず、gxはグレックス名の前ではなくあとにつける。

シリーズ名は多くの場合、種子から育てた植物、とくにF1雑種（雑種第1代）に用いられる。よく似た栽培品種を多数ふくむという点でグループに似ているが、命名規則にしばられず、おもに流通の場で使われる。栽培者は個々の栽培品種の素性を明かさないことが多く、異なる市場に合わせるため、何年ものあいだには同じ色のものがさまざまな名前でくりかえし現れることがある。

販売名

　栽培品種名にくわえ、多くの栽培植物に販売名とよばれる「商品名」や「取引名」がつけられている。販売名は規制されておらず、しばしば国により異なり、時がたつと変更される場合もある。なかには商標登録もされて栽培品種名として扱うことが禁じられているものもある。

　販売名は、栽培品種名が育成者権（下記参照）を守るために、その植物を登録するためだけに使われた符号あるいは意味のない名前で、商業的に利用するのは現実的でない場合に用いられることが多い。これはバラの名前でふつうになされていることである。栽培品種名は植物のラベルに明示しなければならないが、販売名より軽視されている場合も多い。Brother Cadfaelという販売名をもつバラは 'Ausglobe' という栽培品種名をもち、*Rosa* Golden Weddingは 'Arokris' である。栽培品種名は変わらない（そのおかげでガーデナーは自分がどの植物を買っているのかわかる）が、販売名は市場の要求に合わせて変わることがある。

　販売名は栽培品種形容語に似ていることがあり、しばしば誤ってそのように表示される。販売名は一重引用符でくくってはならず、栽培品種形容語と明白に区別できる書体で印刷すべきである。たとえば *Choisya ternata* 'Lich' はSundanceという販売名で流通しており、*Choisya ternata* 'Lich' Sundanceまたは *Choisya ternata* Sundance ('Lich') と書くべきで、*Choisya ternata* 'Sundance' と書いてはならない。

　もうひとつのタイプの販売名に、外国語に由来する栽培品種名から派生したものがある。そのような販売名は、外国語の栽培品種名の発音がむずかしい場合や読みにくい場合につけられることがある。*Hamamelis* × *intermedia* Magic Fire ('Feuerzauber') がその例である。

育成者権

　これは一種の知的所有権の法的保護で、とくに植物の新しい栽培品種を保護するためのものである。これにより育成者は、国際的に合意されたいくつかの判定基準を満たせば、その植物を自分の所有物として登録することができる。これは育成者が、自分の努力の成果から商業的利益を得ることができるようにするためのものである。

　育成者権が認められている場合、それは定められた期間、特定の範囲について有効である。このとき所有者は、企業に自分の栽培品種を栽培する許可をあたえ、栽培された植物ごとにロイヤルティーを徴収することができる。世界中に育成者権事務所があり、育成者権が設定された植物は、種子、挿し木、マイクロプロパゲーションをふくめどんな方法でも、所有者の許可なく商業目的で増殖することはできない。

Hamamelis × *intermedia* Magic Fire ('Feuerzauber') マンサク [日本のマンサク (*Hamamelis japonica*) とシナマンサク (*H. mollis*) との雑種 *H.* × *intermedia* には多くの栽培品種がある]

Magic Fireという販売名は、ドイツ語のFeuerzauberのおおよその訳から生まれた [feuerは「火」、zauberは「魔法」の意]。

Prunus domestica
セイヨウスモモ

第2章
成長、形態、機能

　進化のレベルが一定以上の植物はすべて、生きて成長し繁殖するために必要な、さまざまな機能を果たす特殊化した器官の複雑なシステムからできている。こうした器官がとる形態は、その植物がそのなかで進化した生育環境の影響を受けている。したがって、形態、生育場所、機能はすべて互いに関連しあっている。

　成長については、なんらかの機能を実行する植物の各部分——たとえば多肉多汁の茎や多毛の葉——は、その植物が自生地でより効率的に成長できるようにしていると考えることができる。

　さまざまな特性のなかにはその機能がいまだに正確に理解されていないものもある。植物の構造には、その植物の進化の過程でかつてはある機能をもっていたが、現在ではもう必要とされていない部分もある。

　栽培下では、植物の形態と機能はおそらく生育場所とほとんど関係がない。農業の開始以来、人類は植物を栽培し改良するために、植物をその自然の生育場所の環境圧から切り離して、みずから圧力をかけてきた。その最終結果が、人間の要求に合った形態と機能をもつ——装飾的だったり生産力のある——植物である。

植物の成長と発達

植物は、いくつかの必要条件——光、温度、湿度——が満たされたときに成長する。植物の要求はそれぞれ異なり、いくつかの植物ではこれら3つの条件のうちのいずれか、またはすべてが成長の引き金となる。日長に反応する植物（たとえばクローバーは春にしだいに日が長くなるのに反応する）、雨のあとにのみ成長する植物（たとえば北アメリカのチワワ砂漠原産の復活草ともよばれるテマリカタヒバ *Selaginella lepidophylla*）、平均気温が一定レベル以上になったときだけ葉を出す樹木（たとえばオウシュウナラ *Quercus robur*）がある。そして、反対にこれらの条件が満たされないときに成長を止める植物もあり、そのような場合、続いて休眠に入る（あるいは枯死する）。

分裂組織

あらゆる成長は細胞レベルで起こり、植物の場合、それは急速に分裂する細胞がある分裂組織の部分に限定される。ここでの成長がその植物の全体の形態や構造の変化をもたらし、最終的には植物体の複雑さの程度が増大する。

このような分裂部分は「始原細胞群」であり、そこでは特殊化した形態への分化は起こっていない。こうした細胞は根端や芽、すなわち根やシュートの先端（頂端分裂組織）、形成層（側部分裂組織）——木本植物の樹皮のすぐ下にあって、それによって幹や根の径を増すことができる——のような植物の特定の部分にしか見られない。分裂組織の成長は植物が生きているかぎり続くため、潜在的には無限に成長できる。

形態の驚くほどの多様性は成長と発達によってもたらされるが、それらはすべて細胞レベルのたった3つの出来事で説明でき、すべて分裂組織によってひき起こされる。

1　細胞分裂（有糸分裂）
2　細胞の拡大
3　細胞の分化（細胞はいったん最終的な大きさに達すると分化し、分裂組織の性質をもたなくなる）

これら3つのステップが異なるやり方で起こることが、個々の植物の組織と器官の多様性だけでなく、さまざまな種類の植物があることの説明になる。

新たに形成された分裂組織は多くの場合、3次元的に拡大するが、茎や根のような細長い器官では拡大はおもに一次元的に起こり、拡大している細胞に物理的圧力がかかるため、まもなく伸長に変わる。このような拡大した細胞が分裂組織の前後にならび、伸長成長が起こる。

介在分裂組織はイネ科植物（タケもふくむ）のような単子葉植物（第1章、28ページ参照）だけに認められる。これは節の基部（タケの場合）または葉身の基部（たとえば草本のイネ科植物の場合）にある分裂組織の領域である。これはおそ

Selaginella lepidophylla
テマリカタヒバ

成長、形態、機能

らく草食動物による食害に対する適応と考えられ、タケの葉を喜んで食べるパンダや、牧草を食むウシのことを考えてみるとよい。介在組織により、これらの植物は食べられたあとに急速に成長できるのである。ガーデナーにとっては、芝生を刈るたびにこれがとりわけ重要な意味をもつ。

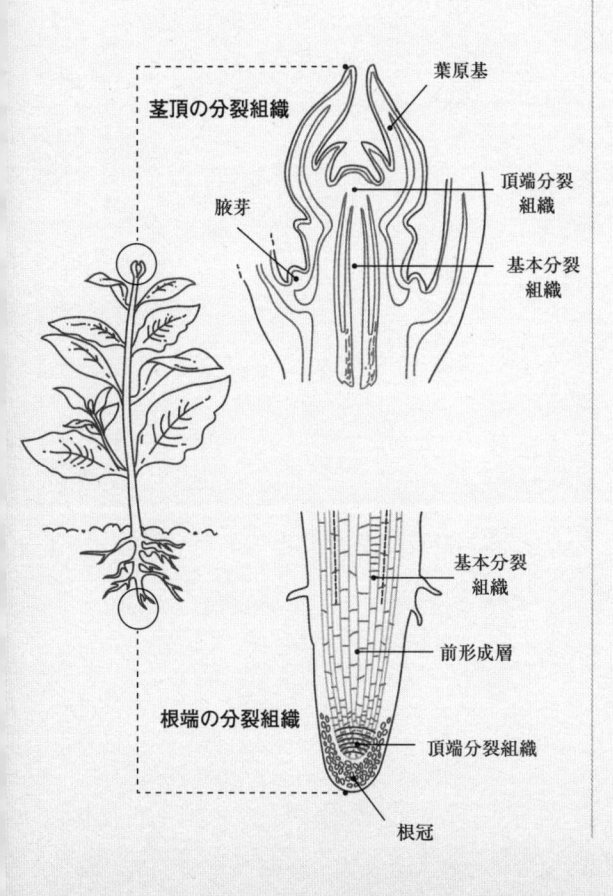

細胞の分化

分裂組織の細胞はいったん伸長してしまうと分化しはじめ、成熟して特殊化した細胞になる。

柔組織

柔組織はおそらくもっとも多産で、多くのさまざまな機能をもつ、細胞壁の薄い「多目的の」植物細胞からできている。都合のよいことに、それらは潜在的に分裂組織であり、必要になれば分裂組織に戻ることができる。

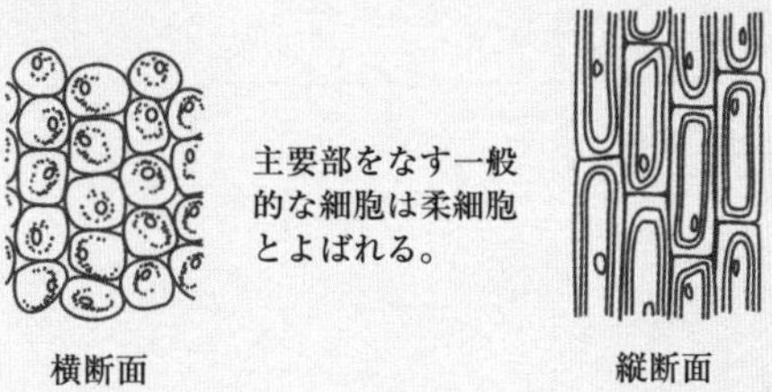

主要部をなす一般的な細胞は柔細胞とよばれる。

横断面　　　縦断面

頂端分裂組織すなわち成長点は、シュートや根の先端にある。まず新しい細胞が成長しはじめ、その背後に根やシュートが伸びる。

茎頂の分裂組織
葉原基
腋芽
頂端分裂組織
基本分裂組織

根端の分裂組織
基本分裂組織
前形成層
頂端分裂組織
根冠

生きている植物学

柔組織の機能

柔組織は多量にあって植物の体積の大半を占めるが、この「充填物」としての用途のほかに、多数の有用な機能をはたしている。

- 水の貯蔵：乾燥地域に生える植物は柔組織に水を蓄えることができ、それは植物体を堅くする役割も果たす。
- 空気の供給：柔細胞のあいだにある大きな間隙はガス交換を促進するために使うことができ、浮力を必要とするいくつかの水生植物にとっても空気の入った間隙は有用である。
- 養分の貯蔵：柔細胞は固体または汁液の形の養分を蓄えるのに使うことができる。
- 吸収：一部の柔細胞は変形していて、植物の要求を満たすため周囲の環境から水を吸収する（たとえば根毛細胞）。
- 保護：一部の柔組織は植物が傷つくのを防ぐのに役立っている。

厚角組織

厚角組織は柔組織に似ているが、細胞壁がセルロースで厚くなっている。このため、とくに若い茎や葉において支持組織として機能するが、さらに成長できる程度には十分柔軟である。厚角組織は分裂組織に戻ることができ、側部分裂組織を形成する。

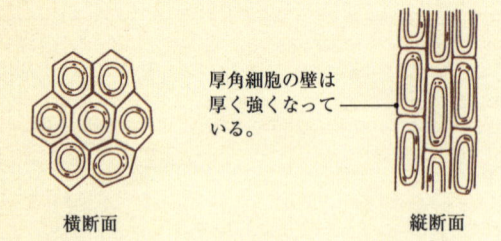

厚角細胞の壁は厚く強くなっている。

横断面　　　縦断面

厚壁組織

厚壁組織の細胞壁はリグニン（木質素）が充満して非常に厚くなっている。この組織は成長が完了してはじめて成熟し、いったんリグニンが堆積するとさらに成長することができず、この時点で細胞は死に、木質の細胞壁だけが残る。木本植物を機械的に支えているのは厚壁組織である。

厚壁組織の細胞には、厚壁繊維と厚壁異形細胞というふたつの基本的な形がある。厚壁繊維は端がしだいに細くなる長い細胞で、しばしば集まって束になっている。厚壁異形細胞は球形の細胞で、多肉果の果肉にひんぱんに認められる。ナシ（*Pyrus*）のジャリジャリした食感をあたえているのは厚壁異形細胞である。

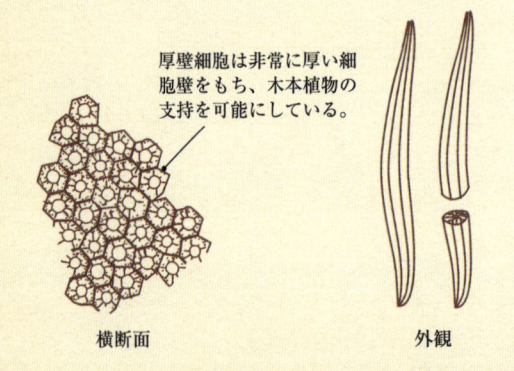

厚壁細胞は非常に厚い細胞壁をもち、木本植物の支持を可能にしている。

横断面　　　外観

植物の種類——植物学者対ガーデナー

おそらくたいていのガーデナーは、植物をその鑑賞目的の利用法によって、高木、低木、つる植物、多年草、岩生植物（高山植物）、一年生および二年生植物、鱗茎・球茎・塊茎植物、サボテンと多肉多汁植物、シダ、ハーブ、水生植物といった、10か11の大きなカテゴリーに分けるだろう。ほかにソテツ類とコケ類のグループもあるかもしれない。

しかし、植物学者は世界を違ったふうに見ている。彼らもこうした用語の一部またはすべてを使うこともあるが、しばしば厳格な定義をしていて、ガーデナーにとっては奇妙だったり直感に反するように思えるものもある。以下に、いくつかとくによく使われる用語の定義を示す。

高木と低木

高木と低木のあいだに明確な区別がないため、植物学者は高木や低木のことをたんに木本植物という。しかし「地上植物」という用語を使用することもあり、それは茎（幹）で植物体を空中につき出し、地表面から25センチ以上のところに芽をつける植物をさす。

ヨーロッパグリ（*Castanea sativa*）など一部の木本植物はあきらかに高木であるが、ライラック（*Syringa*）やセイヨウヒイラギ（*Ilex*）のように、種や栽培品種、あるいは栽培法しだいで低木状だったり高木状だったりするものもあり、境界があいまいである。「マリー」という語は、低木状で茎を多数出す習性のあるユーカリの林をさすのに使われ、オーストラリア人にはなじみのある言葉である。また、植物学者なら、亜低木をさすのに「地表植物」という用語を使うだろう。これは地表から25センチのところより下にしか芽をつけないものをさす。

ガーデナーはふつう、高木は幹を1本しかもっていなくてもよいが、低木は複数の幹をもっていなければならないと思っている。さまざまな園芸書の著者が高木の定義をしようとしてきたが、たいていの人が、1本の幹が一定以上の高さ——3メートルという人もいれば6メートルという人もいる——を超えうるものと述べているが、その幹が直径20センチを超えうるという条件をくわえ

成長、形態、機能

Syringa vulgaris
ライラック

る場合もある。当然のことだが、これは明確に定めることができない問題であり、小さな高木が人によっては大きな低木にしか見えないこともあるという事実を受け入れなければならない。

ペレニアル、ハーベイシャス・ペレニアル、ハーブ

2年以上生きる植物はすべてペレニアル（多年生植物）で、これには高木、低木、球根植物、根茎植物、高山植物がすべてふくまれる。ガーデナーはペレニアルという言葉を、木本でなく冬に枯れこむ大部分が花の咲くボーダー花壇の植物にもっぱら使っているため、このような用語ののっとりに難色を示すかもしれない。だが、この場合は植物学者と議論するわけにはいかない。辞書に「ペレニアル」という語の意味が、「たえずくりかえすか、ある期間続く」と定義されているからである。

この理由から、ガーデナーはボーダーの植物をよぶには「ハーベイシャス・ペレニアル」（多年草）という用語で通したほうがよい。この言葉なら、木本植物が除外され（ただし、いくぶん木質化して亜低木とみなされることもあるサルビア、タイム、ペルフスキアのような植物もあって、境界はあいまいである）、鱗茎・球茎・塊茎植物、高山植物、サボテンもふくまれない。しかし、「ハーベイシャス」という語が、植物学的には休眠期（通常は冬）に地上部が完全に枯れる植物に適用されるため、さらにむずかしいことになる。ガーデナーは、クリスマスローズや一部のシダ（たとえばコタニワタリ *Asplenium scolopendrium*）など、多くのハーベイシャス・ペレニアルが枯れこむことなく地上部がそのまま残るのを知っているだろう。このような植物は、弱った葉を切りとってやれば生き生きした外観を維持できるのである。

植物学者が「ハーブ」のことを話すとき、さらなる混乱が生じる。わたしたちはみな、ハーブはローズマリーやバジル（*Ocimum basilicum*）といったキッチンガーデンで育つ、手近にある料理用の植物だと思っている。そして、ラベンダーやマツヨイグサ（*Oenothera*）のような薬草としての用途のある植物もふくまれる。しかし、植物学者にとっては、ハーブは木本植物以外のものを意味し、非常に多くの植物を包含する。また、「半地中植物」という用語が使われることもあり、これは休眠芽が土壌表面またはその近辺にあるような植物をさす。

Asplenium scolopendrium
コタニワタリ

> ### 生きている植物学
>
> おそらくガーデナーが目にしたことのないたいへん面白い植物のグループがメガハーブである。巨大な多年草に似ており、分布はニュージーランド沖の南極に近い島々にかぎられている。このように隔離状態で進化する植物はしばしば独特の特徴を示し、メガハーブも例外ではない。たとえばキャンベルアイランドデイジー（*Pleurophyllum speciosum*）は直径1.2メートルもある巨大なロゼットを形成する。キリマンジャロ山の巨大なデンドロセネキオ（*Dendrosenecio*）など、隔離された群落で巨大な草本が発見されている。アーティチョークの仲間のカルドン（*Cynara cardunculus*）やススキ属の巨大な *Miscanthus* × *giganteus* など、いくつかの観賞用多年草も、「メガハーブ」とよばれる資格があると思うガーデナーもいるだろう。

　一生のうちに1度しか開花結実せず枯死してしまう多年生植物は、「一回結実性」とよばれる。その例としていくつかのイトランやタケ、そしてケシ科メコノプシス属（*Meconopsis*）とシャゼンムラサキ属（*Echium*）のいくつかの植物があげられる。しかし大半の多年生植物は一生のうち何年にもわたってたいてい毎年開花し、「多回結実性」とよばれる。

一年生植物と二年生植物

　一年生植物は条件のよい生育期のあいだに開花、結実、枯死をすべてすませ、休眠期のあいだは種子で耐える。このため文字どおりの意味で「一年生」という言葉が使われる。一年生植物を使えば庭に即座に色彩をそえることができるため、ガーデナーは一年生植物を非常によく知っており、よく栽培される種としてポーチドエッグプラント（*Limnanthes douglasii*）、クロタネソウ（*Nigella damascena*）、ノウゼンハレン（*Tropaeolum majus*）などがある。

　ガーデナーが花壇植物について話すとき、混乱が生じる。花壇植物はしばしば一年草として扱われるが、それは1～2シーズン植えられただけであとは処分されるからである。しかし、花壇植物はふつう、ベゴニアやインパチエンス（*Impatiens*）のように多年草だが霜が降りるような気候では冬を越せない（あるいは1シーズンたつと弱ったりみすぼらしくなりはじめる）ため、一年生植物として栽培されているのである。

　二年生植物は、2年間しか生きず、2年目に開花、結実して枯死する植物であり、一回結実性である。ジギタリス（*Digitalis purpurea*）と *Echium candicans*（ムラサキ科エキウム属の亜低木）のふたつがよく知られている例である。多くの野菜は二年生植物である。エゾスズシロ属（*Erysimum*）の植物のように、寿命の短い多年生植物は二年生植物に分類されることもあるが、この場合も境界はあいまいである。一部の多年草がほかのものより長く生きるという事実はガーデナーにとって悩みの種になり、お気に入りの植物の突然の枯死に途方にくれることになるかもしれない。しかし、事実はたんに一部の多年生植物がほかの植物より長い寿命をもつというだけのことで、ムラサキバレンギク属の植物は比較的寿命が短いが、アヤメ属の植物は延々と生きつづけることができる。

Tropaeolum majus
ノウゼンハレン

よじのぼり植物

植物学者はクライミング・プラント（よじのぼり植物）のことをヴァイン（つる植物）とよぶことがある。ハマカズラ属の*Bauhinia guianensis*のような、熱帯の高木に付着している非常に大きなよじのぼり植物はリアナとよばれるが、シロブドウセンニンソウ（*Clematis vitalba*）のような温帯の大型のよじのぼり植物もリアナということができる［植物学用語としてのlianaは「つる植物」と訳される］。

ガーデナーは「クライマー」という用語を使うほうを好み、「ヴァイン」という言葉はブドウ（*Vitis*）に使う。よじのぼり植物はスイートピー（*Lathyrus odoratus*）のような草本のこともあれば、フジやブドウのような木本のこともある。

ガーデナーはさまざまな種類のよじのぼり植物を表現する言葉を使い、スクランブラー、トワイナー、クリンガーの3つも一部の例にすぎない。ほかにスプロール、アーチ、トレイルがある。これらのさまざまな用語はみな、よじのぼり植物が示す成長の仕方をおおまかに表現しているが、それらすべてにひとつの共通点がある。これらの植物は剛性を欠き、みずからを完全に支えることがまずできないのである。それはつまり、光のさすところに達し、花と果実を見えるところに出せるように、近くの植物を支持物として使う必要があるということである。ガーデナーは、よじのぼり植物を（クレマチスをバラのあいだに育てるように）別の植物のあいだで育てたり、トレリスのような支持物に這わせたりする。

クリンガー

これは、茎から出た気根や巻きひげの先端に生じた吸盤によってなにかの表面にくっついて成長するような植物である。気根を生じる植物の例として、キヅタ（*Hedera*）や、つる性アジサイのいくつかの種がある。こうした植物を庭で栽培するのに追加的な支持構造は必要なく、接触するように置いてやればなんにでも自然によじのぼる。

Clematis vitalba
シロブドウセンニンソウ

トワイナー

トワイナーは、巻いたりからまったりする葉性巻きひげ、葉柄、あるいは茎を生じることにより支持物にからみついてよじのぼるような植物である。クレマチス（*Clematis*）、スイカズラ（*Lonicera*）、フジ（*Wisteria*）がその例である。庭で育てるには、トレリス、ワイヤー、網のような補足的な支持物が必要である。

スクランブラー

スクランブラーは、（バラの場合のように）鉤状のとげを使ったり、ナス属の*Solanum crispum*のようにシュートを急速に伸ばすことによって、ひっかかりを得て支持物をよじのぼる。庭で育てるには、しっかり支えるために茎を結びつけることのできる強い支持構造が必要である。

庭で壁やフェンスにそって育てられる低木が多数あるが、それらは本来、よじのぼり植物ではない。トキワサンザシ属（*Pyracantha*）やボケ属（*Chaenomeles*）がその例で、多くの果樹もこのやり方で栽培できる。これによってガーデナーは植物を2次元的に成長するよううながすことができるため、庭の使用可能なスペースを最大限に利用できる。

進化の観点からいうと、よじのぼり植物がついた高木や低木はまぎれもなく不利な立場にある。庭のユーカリの木が樹皮を落とすプロセスを毎年くりかえすことに気づいているガーデナーがいるかもしれない。これは、よじのぼり植物が定着するのをむずかしくする適応ではないかといわれている。

鱗茎、球茎、塊茎

植物学者から総称して「地中植物」とよばれる植物で、この用語はチューリップ（*Tulipa*）の場合のように、地下の構造から育つすべての植物を包含する。地中植物には、乾燥した土壌中で生育するもの（土中植物）、湿地の土壌中で生育するもの（沼沢植物）、水中で生育するもの（水生植物——たとえばスイレン）がふくまれる。

なにが鱗茎、球茎、根茎、あるいは塊茎かといった微妙な区別をむしろ混乱の元でばかげているのではと思う大半のガーデナーにとって、「地中植物」は便利な用語なので、これがあまり広く使われていないのは残念である。実際には、目下のところガーデナーは4つのやっかいな言葉を使っている。

鱗茎は非常に短く太い茎と密生した肉質の鱗片からなる地下型の芽である。代表的な鱗茎がタマネギである。球茎はクロッカス（*Crocus*）やグラジオラス（*Gladiolus*）の場合のように肥大した地下茎で、鱗片はない。塊茎は地下の貯蔵器官で、植物体主要部から分離してふたたび成長させることができる。冷涼な気候では、塊茎はしばしば掘り上げて霜の降りない場所で越冬させる。ダリアやジャガイモが塊茎を作る植物である。根茎は、土壌表面または一部地下を水平方向に這う茎である。ビアディッドアイリス［外花被片に髭状の突起のあるアヤメ］が代表的な根茎植物である。鱗茎、球茎、塊茎、根茎については82-83ページでさらに詳しく論じる。

岩生植物

これは、植物の種類ではなくその植物の原産地の生育環境に注目したグループ分けである。岩生植物はたとえば低木でも多年草でも一年草でもありうる。高山植物とよばれることもある。これらの植物すべてに共通しているのは、生育期間が短く、冬の降水量が少なく（水分は雪の形で固着される）、冬の気温が凍るほど寒く、土壌の水はけがよい場合が多い寒い生育環境のものだということである。

高山の牧草地や岩だらけのがれ場が代表的な生育地であるが、海食崖や海岸のような似た条件を好む植物もふくまれることがある。高山の生育地として代表的なのは、山の上の高木限界より高いところである。極地に近づくにつれ、そうした生育地の標高は低くなる。熱帯では高山帯は標高のもっとも高い山の山頂にしか見られない。こうした植物を育てるために、特別な高山植物用ハウス、排水をしっかりしたロックガーデンや小石の花壇、ドライストーンウォール［漆喰などを使わない石積み］を造って、必要とされる苛酷な条件を用意するガーデナーもいる。

生きている植物学

着生植物

この用語は、ほかの植物（通常は高木）や場合によっては人工構造物の上で生育し、宿主から栄養を吸収しない植物を表すのに使われる。その根は植物体を固定する役割を果たし、空気または宿主の表面から水分を吸収する。ひびや割れ目にたまる腐敗物から栄養を得るが、着生植物自体が雨水を集める特別な構造をもっていることもある。

着生植物は温帯の庭では一般的ではない。亜熱帯や熱帯地域ではもっと目につき、ビカクシダ（*Platycerium*）やサルオガセモドキ（*Tillandsia*）などがある。膨大な数のランが着生植物で、室内で鉢植え植物として育てたときのその奇妙な発根条件はそれで説明がつく。

Tillandsia
チランジア

チランジアはパイナップル科に属する着生植物である。「エアープランツ」ともよばれる。

芽

芽は茎にある休眠状態の突出部で、環境条件が好適になるとそこから成長が起こる。この成長は芽の種類によって栄養成長のこともあれば花の成長のこともあるが、根が成長する芽もある。

芽は通常、葉腋か茎の先端に生じるが、植物体のそのほかの部分にあるのもめずらしくない。一定期間休眠状態でいることができ、成長のために必要なときだけ活動的になる場合もあれば、形成されるとすぐに成長する場合もある。

芽の形態

鱗芽

鱗芽は冷涼気候原産の多くの植物に認められ、その名称は保護のための覆いである鱗片とよばれる変形した葉に由来する。鱗片はその下にある芽の繊細な部分をしっかり包んでいる。鱗片も、芽をさらに保護する粘着性の物質で覆われていることがある。落葉樹の場合、しばしばその芽の形や芽鱗の数で区別が可能である。

植物はさまざまな種類の芽を生じ、植物体上での発生位置、外見、機能によって分類できる。

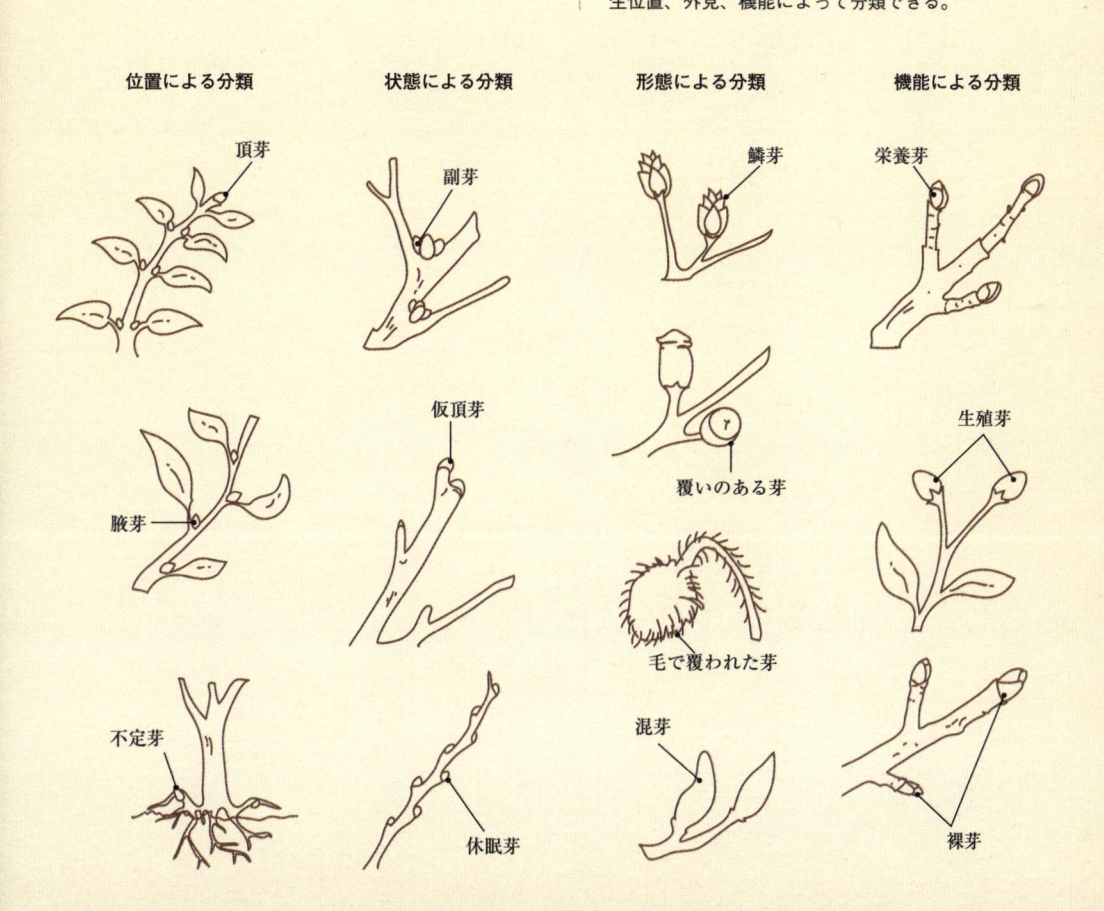

位置による分類	状態による分類	形態による分類	機能による分類
頂芽	副芽	鱗芽	栄養芽
腋芽	仮頂芽	覆いのある芽	生殖芽
不定芽	休眠芽	毛で覆われた芽 混芽	裸芽

裸芽

裸芽は鱗片に保護されていないもので、かわりに小さな未発達の葉で覆われ、これはしばしば非常に多毛である。これらの毛はある程度の保護の役割を果たす。鱗芽でも毛で保護されている場合があり、ネコヤナギ（ヤナギ属 *Salix* のいくつかの種）の花芽がその例である。

多くの一年生の草本植物は明瞭な芽が生じない。実際にはこれらの植物では芽は非常に小さくなっていて、葉腋に未分化の分裂組織細胞のかたまりがあるだけである。逆に、じつは芽なのに芽とみなされていない草本植物の芽もある。たとえばアブラナ科（*Brassicaceae*）のいくつかの野菜の食用部分は芽で、キャベツの球はほんとうは巨大な頂芽、芽キャベツは大きな側芽、カリフラワーやブロッコリーの食用部分は花芽のかたまりである。

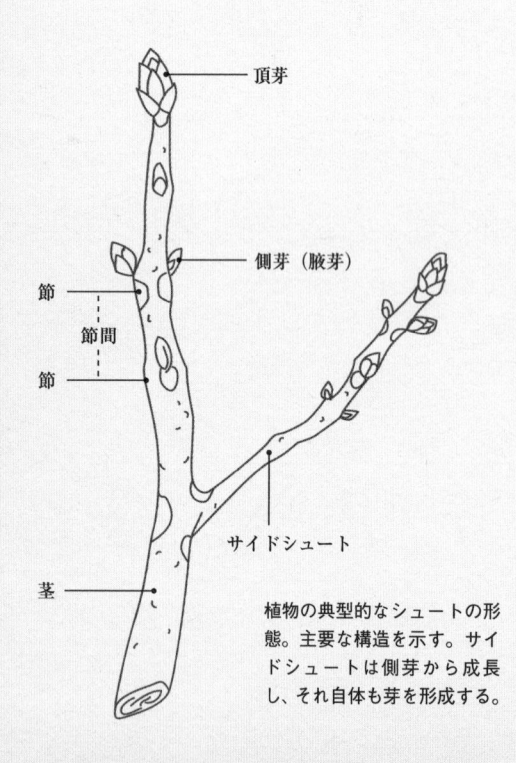

植物の典型的なシュートの形態。主要な構造を示す。サイドシュートは側芽から成長し、それ自体も芽を形成する。

さまざまな種類の芽

ひとつの植物体のなかに、それぞれ異なる機能をもつさまざまな種類の芽ができる。

頂芽

頂芽は茎の先端にでき、それが成長すると、成長調節ホルモンを生産することによりそれより下にある側芽をある程度抑制する。これは頂芽優勢とよばれ、いくつかの針葉樹で非常に強くみられる。しばしばクリスマスツリーとして栽培されるノルドマンモミ（*Abies nordmanniana*）がよい例で、はっきりしたピラミッド型の形をしている。食害やそのほかの損傷によって頂芽がなくなると、優勢が失われて、下の芽が頂芽にとって代わろうとしてもっと旺盛に成長しはじめる。ガーデナーはこの反応を利用して、茂った灌木状になるよううながすことがある。

側芽または腋芽

側芽または腋芽は通例、葉腋——葉が茎についている部分——に形成される。たいてい葉か側枝になる。

不定芽

不定芽は、幹、葉、根など、植物上の葉腋以外の場所に生じる。

一部の不定芽は根に形成され、成長してガーデナーが「吸枝」とよぶものになる。これはスタグホンハゼノキ（*Rhus typhina*）など、多くの樹木に見られ、やっかいものになることもあるが、増殖手段として用いられる場合もある。

一部の植物の葉に形成される不定芽も増殖に用いられ、これは植物にとってもガーデナーにとっても有用である。庭では、ピギーバックプランツ（*Tolmiea menziesii*）が、まさにこの能力のおかげで、急速に広がる地被植物になっている。

成長、形態、機能

Eucalyptus obliqua
オーストラリアンオーク

萌芽枝になる休眠芽

　萌芽枝になる休眠芽は一種の不定芽である。いくつかの木本植物の樹皮の下に、休眠状態で存在する。物理的損傷に反応して、あるいはほかに芽が残っていないときに、成長が誘発される。ガーデナーはふつう、強い剪定をするときにこのような芽の力に頼っているが、すべての植物が萌芽枝を出すとはかぎらないことに注意しなければならない。たとえば多くの針葉樹のほかラベンダーやローズマリーも、強く剪定すると枯死することがある。

　オーストラリアのユーカリはこのような芽に強く依存しており、それは進化の過程で叢林地の火事に適応した結果である。このような樹木では、芽は極端な温度に耐えるために非常に深いところについている。これらの休眠芽は火事によって成長が誘発され、火事のあとで再生成長がはじまる。

　不定芽から根を出すことのできる種もあり、ガーデナーは挿し木をするときこの能力を利用している。ヤナギやポプラは冬に植物体から切りとった裸の枝から簡単に出根させることができ（熟枝挿し）、バラもこの方法で増殖させることができる。一部の高木では、同じところにいくつもの芽が出て、「徒長枝」とよばれる細い枝を多数生じる。

栄養芽と花芽

　栄養芽すなわち葉芽は、通例、小さくて細く、成長して葉を生じる。生殖芽すなわち花芽は、果実をつける植物では果芽とよばれることもあり、比較的ふっくらしていて、未発達の花をふくむ。混芽は未発達の葉と花の両方をふくむ。

　果樹における花芽の形成は複雑な過程をとり、栽培品種、台木、光の程度、栄養、水が利用できるか否かによって決まる。しかし、これにある程度の影響をおよぼして、栄養芽の形成より花芽の発生を促進することは可能である。このことは収量を増やそうとする果樹生産者にとって有用である。

　それは注意深く剪定したり植物の栄養要求を満たすといったさまざまな方法で達成される。果樹の伝統的な仕立て法（扇状仕立て、コルドン仕立て、垣根仕立て）も一定の役割を果たし、垂直方向の成長を減らすことにより、樹液の流れ、ひいては栄養とホルモンの流れを制限する働きをする。これらのテクニックは花芽の形成をうながし、栄養成長を抑えることがわかっている。

Rosa pendulina
アルパインローズ

バラは多くの種が1度しか花を咲かせないが、現代の栽培品種は夏のあいだじゅう花芽を生じる。

ロバート・フォーチュン
1812-1880

　無愛想なことで知られる謎めいた植物学者でプラントハンターのロバート・フォーチュンの勇敢な働きがなかったなら、わたしたちの庭はずっと貧相なものになっていただろう。主として中国だが、インドネシア、日本、香港、フィリピンにも何度も訪問するあいだに、フォーチュンは200種を超える観賞植物をもち帰った。おもに高木と低木だが、つる植物や多年草もふくまれている。

　フォーチュンはケロー（イングランド北東部の現在のダラム州内）で生まれ、まずエディンバラ王立植物園で職を得た。その後、チズィックにあるロンドン園芸協会（のちに王立園芸協会と改称）の庭園で、温室部門の副監督に任命された。そして数カ月後、フォーチュンは協会から中国における収集者の地位をあたえられた。

　1843年にわずかな報酬で最初の旅に派遣され、「イギリスでまだ栽培されていない観賞用や有用な植物の種子と植物体を収集する」だけでなく、中国の造園と農業にかんする情報を得るよう求められた。そしてとくに、青花のシャクヤクを見つけ、皇帝の私的な庭園に生えているモモについて調査する任務をあたえられた。

　旅に出るたびに、*Abelia chinensis*（タイワンツクバネウツギ）から *Wisteria sinensis*（シナフジ）まで、AからZまでのほとんどあらゆる属を網羅する植物でイギリスの庭と温室を豊かにし、それには、トウツバキ（*Camellia reticulata*）、キク類、スギ（*Cryptomeria japonica*）、ジンチョウゲ属（*Daphne*）のさまざまな種、マルバウツギ（*Deutzia scabra*）、ソケイ（*Jasminum officinal*）、クリンソウ（*Primula japonica*）、ツツジ属（*Rhododendron*）のさまざまな種がふくまれている。

　彼の旅によりヨーロッパに新しい外国の植物が多数導入されたが、おそらくもっともよく知られている業績は、1848年にイギリス東インド会社のために、チャノキを中国からインドのダージリン地方へ運ぶのに成功したことだろう。フォーチュンは、ナサニエル・バグショー・ウォードによって発明されたばかりのウォーディアン・ケースを使ってこの植物を輸送した。残念ながら2万株のチャノキと苗のほとんどが枯れたが、彼とともにやってきた訓練を受けた中国人の茶職人の集団と彼らの技術と知識が、インドの茶産業の立ち上げと成功に寄与したのだろう。

1800年代なかばの偉大な極東の探検家であるロバート・フォーチュンは、200種を超える観賞植物をイギリスにもち帰った。

「中国でも日本でもふつうに行なわれている樹木を小さくする技は、じつは非常に簡単で…植物の生理学のごく一般的な原則のひとつにもとづいている。樹木の樹液の流れを止めたり、遅らせたりする傾向のあるものは、木部や葉の形成も、ある程度、妨害するのである」

ロバート・フォーチュン『中国北部での3年の放浪の旅』

Camellia sinensis
チャノキ

ロバート・フォーチュンは、チャノキを中国からインドへ導入して、今日知られているようなインドの茶産業の成立のきっかけを作った。

Rhododendron fortunei
シャクナゲの一種

フォーチュンは、この植物が中国東部の山中で標高900メートルのところに生えているのを見つけた。それはイギリスに導入された最初の中国のシャクナゲである。

フォーチュンは旅先ではたいてい歓迎されたが、敵対行為も経験し、一度などは怒った暴徒にナイフでおどされた。また、黄海で激しい嵐に襲われ、揚子江では海賊に攻撃されながらも生きのびた。

彼は、現地の服装をして中国人のあいだをほとんど気づかれずに動きまわれるほど流暢に中国語を話せるようになった。そのため、この国の、外国人には立ち入りが禁止された地域を訪れることができた。頭を剃り、弁髪をたらすことで、うまくまぎれこむことができたのである。旅行中の出来事は、『中国北部での3年の放浪の旅（Three Years' Wanderings in the Northern Provinces of China）』(1847)、『中国の茶の国への旅（A Journey to the Tea Countries of China）』(1852)、『中国人に囲まれて（A Residence Among the Chinese）』(1857)、『江戸と北京』(1863) など一連の本で語られている。

1880年にロンドンで亡くなり、ブロンプトン墓地に埋葬された。

ロバート・フォーチュンにちなんで命名された植物が多数あり、*Cephalotaxus fortunei*（トウイヌガヤ）、*Cyrtomium fortunei*（ヤブソテツ）、*Euonymus fortunei*（ツルマサキ）、*Hosta fortunei*（レンゲギボウシ）、*Keteleeria fortunei*（マツ科ユサン属の常緑高木）、*Mahonia fortunei*（ホソバヒイラギナンテン）、*Osmanthus fortunei*（フォーチュンモクセイ）、*Pleioblastus variegatus* 'Fortunei'（シマザサ）、*Rhododendron fortunei*（シャクナゲの一種）、*Rosa × fortuneana*（バラフォーチュニアーナ）、*Trachycarpus fortunei*（ワジュロ）などがある。

根

維管束系（水の輸送システム）をもつあらゆる植物において、根はきわめて重要な存在である。植物体をしかるべき場所にしっかり固定して支えるだけでなく、土壌や培地から水や必須栄養素を吸収する。

水と溶液の形での無機栄養素の吸収は、実際には根に多数あるきわめて小さな毛によって行なわれる。多くの根毛は土壌菌類とともに菌根という共生体を形成し、互いに利益を得ることができる。また、細菌にも植物の根と連携するものがあり、それは大気中の窒素を植物が利用できる形に変えることのできる細菌である。植物はこのような関係から多大な恩恵をこうむることができ、共生相手に助けられて必須栄養素を得ている（58ページ参照）。

ガーデナーについていえば、土壌を好条件に保ちうまく調整して、植物の根の世話をすることが重要である。そうすれば根がしっかり育つため、植物体は成長してすぐに定着するだろう。

根の構造

根系は一次根と二次根（側根）で構成される。一次根は支配的ではなく、そのため根系全体は本来、繊維状で、あらゆる方向に枝分かれして、広範囲におよぶ根系を生じる。このため、植物全体をうまく固定し支持することができ、広く水と栄養素を求めることができる。

主根は木質化することがあり、太さが2ミリを超えるとたいてい水や栄養を吸収する能力を失う。そのかわり、体を固定し、細い繊維状の根を植物体のほかの部分につなぐ構造となることがおもな機能である。このため、植物を移植するときは、回復がひどくさまたげられることがあるため、細い根をかく乱しすぎないように注意しなければならない。損傷が大きすぎると枯死する可能性がある。

植物の根系は地上部と同じように変化に富んでいるが、ガーデナーの目につきにくいため、めったに認識されない。まっすぐ下方へ成長する長い直根を形成するものもあれば、ツツジ属（*Rhododendron*）の種にみられるように地表面に細かな網状に根が広がるものもある。通例、砂漠や温帯の針葉樹林の植物に非常に深い根が、ツンドラや温帯の草原の植物に浅い根がみられる。

砂漠の植物は、極端な環境に対処するためさまざまな戦略をとっている。「干ばつ耐性」のある植物として知られているものは、多肉多汁組織に水を蓄えるか、広範囲におよぶ大きな根系をもっていてとぼしい水をできるだけ多く集める。西アジアのマンナ（*Alhagi maurorum*）は砂漠植物のなかでもとりわけ広い根系をもつ。

根はしばしば特殊な適応を示し、水や栄養の貯蔵など、水やミネラルの摂取と支持以外の機能も果たすことがある。また、多くの植物が地下部を

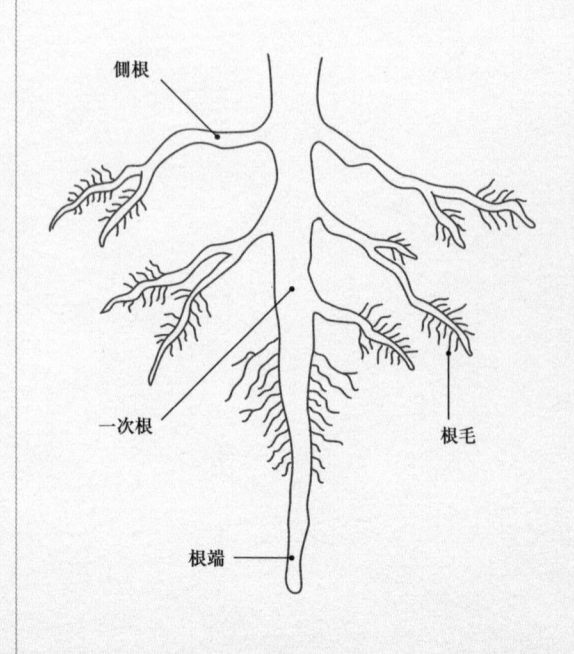

成長、形態、機能

気根

　気根はよくある不定根の一種で、着生ランのような熱帯植物によくみられる。

　気根は一部のよじのぼり植物が使っており、壁や別の植物など、よじのぼる表面に付着するのを助ける。キヅタ（*Hedera*）やつる性のアジサイが代表的な例で、非常に強く付着するため、一面に茂った植物を古い壁からとりのぞくときに、積まれているレンガが全部はがれてしまうこともある。

　絞め殺しの木（*Ficus* spp.）の種子はほかの高木の枝で発芽する。そして気根を出して地面へ向かって伸ばすが、そのうち数が増えてしだいに宿主の高木を包んで「絞め殺す」。ほかに茎から「支柱根」を出して支持の助けにする植物もある。畑では、成熟したスイートコーン（*Zea mays*）でこれを観察することができる。

Narcissus
スイセン

残して枯れこみ、休眠期に入る。ジャガイモの塊茎とスイセンの鱗茎がその例である。

不定根

　不定根は不定芽（52ページ参照）と同じように、茎、枝、葉、古い木質の根のような、通常とは違う場所から生じる。ガーデナーにとって不定根は茎挿しや根挿し、あるいは葉挿しで植物を増殖させるときに重要で、それはそうしたことの目的が、植物の切断された部分から新しい根系を生じさせることだからである。

Hedera helix
セイヨウキヅタ

キヅタは気根を生じ、それを使って構造物に付着し、よじのぼったり覆ったりする。

57

収縮根

ヒアシンス（*Hyacinthus*）やユリ（*Lilium*）などにみられる収縮根は、伸長し収縮することによって鱗茎や球茎を土壌中に深く引きこむ。これは植物体を固定し、地中に埋まった状態を保つ働きをする。セイヨウタンポポ（*Taraxacum officinale*）の主根も同じ機能をもつ。

吸根

吸根は、ヤドリギ（*Viscum album*）やネナシカズラ（*Cuscuta*）などの寄生植物で生じる。別の植物の組織に侵入して水や栄養素を吸収することができる。

通気根

「膝根」ともよばれる通気根は地面から空中へ向かって成長する。ガス交換のための呼吸孔（皮目）をもち、典型的な例が沼地や浸水地域でみられる。呼吸孔によって根は水中でも生存できる。庭で通気根がもっともふつうに見られるのはヌマスギ（*Taxodium distichum*）で、大きな池のほとりに植えられることがある。

塊根

塊根は、サツマイモ（*Ipomoea batatas*）の場合のように、根の一部が養分や水の貯蔵のためにふくらんで生じる。主根とは明確に区別できる。

Taraxacum officinale
セイヨウタンポポ

根の共生体——根粒と菌根

根に生じる小さなこぶが、大部分のマメ科（*Papilionaceae*）植物にはっきりと認められる。こうしたこぶは、複雑な共生関係の相手であるリゾビウム科（*Rhizobiaceae*）の細菌を収容する特殊な根の構造である。この細菌は大気中の窒素を固定して植物が利用できる形にするため、植物の土壌中窒素への依存が減少する。その結果、農家にとっては施用する窒素肥料がかなり少なくてすみ、マメ科植物は人気のある農作物になっている。

リゾビウム科の細菌でとくに重要なのが、リゾビウム属（*Rhizobium*）（主としてラッカセイやダイズのような熱帯および亜熱帯のマメ科植物でみられる）とブラディリゾビウム属（*Bradyrhizobium*）（主としてエンドウやクローバーのような温帯のマメ科植物でみられる）のふたつの属である。

これらの細菌は根が放出するフラボノイドを検知し、そしてみずからの化学シグナルを放出する。すると根毛が細菌の存在を知って、細菌を包みこむように曲がりはじめる。それから細菌が感染糸を根毛の細胞壁のなかに送りこみ、根粒が成長しはじめて、ついには根の側面にふくらみが形成される。

藍藻（*Cyanobacteria*）もいくつかの植物の根と共生関係をもつが、顕花植物ではグンネラ属（*Gunnera*）の植物（たとえばオニブキ *G. manicata*）だけである。藍藻との共生関係でとりわけ重要なのは、小さな水生シダであるアカウキクサ属（*Azolla*）の場合だろう。この植物は伝統的に湛水された水田で繁茂するにまかされ、生育するイネにとって生物学的肥料として働く。

菌根は菌類との共生体である。この言葉は単純に「菌の根」という意味で、あらゆる植物の4分の3以上が菌類の共生相手をもっていると推定されている。菌類はしばしばその菌糸で土壌に広範

囲にわたってマットを形成し、植物は菌類が根に侵入するのを許すことによって、既存の栄養に富む菌糸網から恩恵をこうむる。かわりに菌類も植物から養分をとる。

ほとんどすべてのランがすくなくとも生活環の一部で菌根を形成することが知られている。トリュフはよく知られている菌根菌で、通常、いくつかの種類の高木を好んで宿主とする。ガーデナーはトリュフの菌根がすでに接種されている樹木を買うことさえできるし、乾燥した菌根菌の製品も入手可能で、これは新たに植物を植えるときに根群域にまけばよい。

根とガーデナー

根は環境に応じて成長を調節する。空気、無機栄養素、湿度が適正な環境が存在して植物の要求を満たしているところでは、一般に根はあらゆる方向に成長する。これに対し、乾燥、過湿、あるいはそのほかの劣悪な土壌条件、そして敏感な根毛に損傷をあたえるような塩類過剰の領域には近づかない。肥料のやりすぎが根の成長に悪影響をおよぼすのはこのためで、肥料は注意して適正な量だけ施用することが重要である。「念のためちょっと余分を」というのはしばしば問題発生のもとになる。

土壌の栄養素は根が吸収できるように溶液の状態でなければならないから、土壌を湿った状態に保つことが重要である。乾燥した土壌では栄養素はずっと利用しにくくなる。土壌pHも、いくつかの栄養素が利用できるかどうかに影響をおよぼす（144ページ参照）。

土壌の悪化（圧縮など）や排水不良が根の成長に悪影響をおよぼすことがある。水びたしの土壌も発根を遅らせ、長期にわたる湛水が、そのような条件での生育に適応していない植物の根の枯死につながることもある。冬に損傷が生じた場合、その影響が植物が新たな成長をしようとする次の生育期まで見えないこともある。このような植物は、成長を維持できるだけの水を土壌から吸収できず、まもなく枯死する。このため、植物を育て

生きている植物学

たいていの園芸植物の根は、通気と栄養のレベルが成長に好適な、比較的土壌表面に近いところに存在する。ギョリュウモドキ属（*Calluna*）、ツバキ属（*Camellia*）、エリカ属（*Erica*）、アジサイ属（*Hydrangea*）、ツツジ属（*Rhododendron*）などの低木のように根の浅い植物は乾燥した土壌で最初に被害を受ける植物で、そのような条件下ではよく注意して世話をしてやらなければならない。土壌の上に有機物のマルチを敷くとよいが、厚すぎると根を「窒息」させることがある。自然環境ではそれは落ち葉の形で供給されている。

Camellia
ツバキ

るために使う容器にはすべて十分な排水口を設けることが重要である。

土壌と土壌の圧縮にかんするさらに詳しいことは第6章を参照のこと。

プロスペロ・アルピーニ
1553-1617

ヨーロッパの人々が、日常的に口に入れているコーヒーとバナナについて知るようになったのはプロスペロ・アルピーニのおかげであり、彼はこのふたつをヨーロッパに紹介した人物とされている。

プロスペロ・アルピノとよばれることもあるアルピーニは植物学者で医師でもあり、イタリア北部のヴィチェンツァ県マロースティカで生まれた。

パドヴァ大学で医学を学び、パドヴァ近郊の小さな町カンポ・サン・ピエトロで医師として2年間働いたのち、エジプトのカイロに駐在するヴェネツィア領事ジョ

プロスペロ・アルピーニははじめてナツメヤシを人工的に受精させた人物とみなされている。彼は植物の雌雄の違いを明らかにし、それはリンネの分類体系にとりいれられた。

ルジョ・エーモの医学顧問に任命された。これにより、イタリアではありえない好条件で植物を研究するという、彼の強い願いをかなえる機会があたえられた。また、医師でもある彼は、植物の薬理学的性質に非常に強い関心をいだいていた。

エジプトで3年間すごしたアルピーニは、そこでエジプトと地中海地方の植物相について広く調査した。また、ナツメヤシを扱う事業も手がけ、はじめてナツメヤシを人工的に受精させた人物とみなされている。植物の雌雄の違いを明らかにしたのはその最中のことで、それはのちにリンネの分類体系の基礎としてとりいれられた。アルピーニは、「雌のナツメヤシは、雌雄の株の枝が一緒になっていなければ、つまり広くなされているように雄の穂すなわち雄の花に認められる粉が雌の花の上にふりかけられないかぎり、結実しない」と述べている。

イタリアに帰国するとアルピーニは1593年まで医師を続けたが、この年、パドヴァ大学の植物学教授、およびそのヨーロッパで最初に設立された植物園の園長に任命された。そしてここで東洋の植物を多数栽培した。

アルピーニは医学や植物学の著作をいくつもラテン語で書いており、もっとも重要かつよく知られているのが『エジプト植物誌（De Plantis Aegypti liber）』で、これはエジプトの植物についての草分け的な研究報告であり、外国の植物をヨーロッパの植物学者たちに紹介した。それより

Musa acuminata
バナナ（マレーヤマバショウ）

プロスペロ・アルピーニはバナナをヨーロッパへ紹介したとされており、ヨーロッパ人としてはじめてこの植物にかんする植物学的報告を書いた。

アルピーニの『エジプト植物誌』(1592) の扉ページと、この本に掲載されたバオバブ (*Adansonia digitata*) の果実の手彩色図版。

前の著作『エジプトの医術 (De Medicina Aegyptiorum)』では、コーヒーノキ、コーヒー豆、コーヒーの特性にヨーロッパ人の著者としてはじめて言及している。また、バナナ、バオバブ、ショウガ科 (*Zingiberaceae*) のある属 (のちにリンネにより、アルピーニにちなんで *Alpinia* という属名がつけられたハナミョウガ属) について、ヨーロッパで最初の植物学的な報告もした。『外国の植物 (De Plantis Exoticis)』は没後の1629年に出版された。これは栽培されるようになったばかりの外国の植物について記述したもので、すべてをこのような外来植物にあてた本としては最初のものといってよいだろう。地中海地方の植物、とりわけクレタ島の植物を集中的に扱い、多くがその植物についての最初の記述である。

彼はその職業人生のはじまりの地であるパドヴァで亡くなり、植物学教授の地位は息子のアルピーノ・アルピーニが継いだ。

植物の学名に言及する場合、標準的な命名者略記 Alpino が命名者として彼をさすのに使われる。

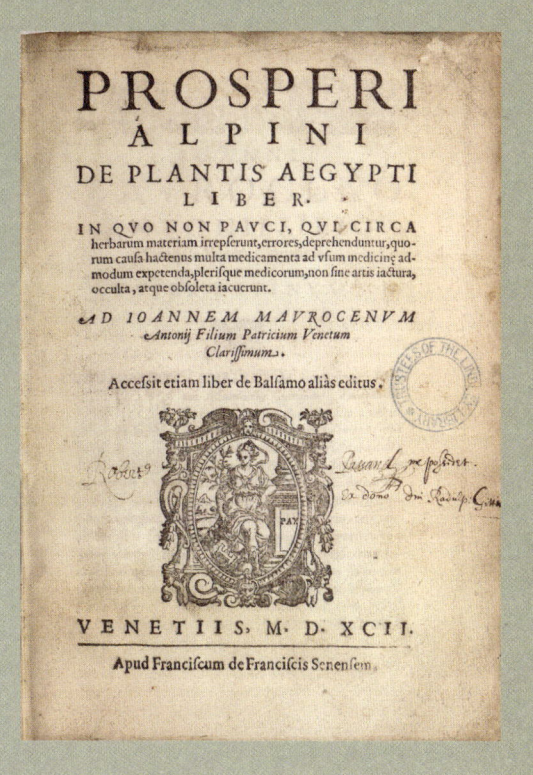

Coffea arabica
コーヒーノキ

茎

　根と葉や花や果実をつなぐ構造は茎とよばれ、その太さや強度はさまざまである。内部に維管束組織をすべてふくみ、これが養分、水、そのほかの資源を植物体のあちこちに分配する（96-97ページ参照）。茎は地表面より上で成長するが、球茎（82ページ参照）は厳密には特殊化した地下の茎である。

　水を通道する組織の存在により、維管束植物は非維管束植物（コケ類など）より大きな体に進化することができた。非維管束植物はこうした特殊化した通道組織を欠き、そのため体が比較的小さく制限されている。

シュート
　「シュート」は植物の新しく成長した部分に使われる用語である。シュートが古くなって太くなると茎になる。

柄
　「柄」は葉、花、果実を支える茎にあたえられた名称である。葉の柄は葉柄である。ひとつの花（または果実）の柄は小花柄（小果柄）とよばれる。花または果実が房状についている場合、小花柄を支えている柄は総花柄とよばれる。

幹
　幹は樹木の枝を支えている木質の主軸である。

変形した茎

　植物によっては茎が特徴的な変形を示すものがあり、たとえば針やとげは動物に食べられるのを抑止したり、植物が別の植物によじのぼるのを助けたりする。なかには非常に特殊な形態になって、茎には見えないものもある。葉のような姿と機能をもつ扁平な茎である葉状枝や葉状茎（たとえばサボテンの茎節）や、花茎――ユリ（*Lilium*）、ギボウシ（*Hosta*）、アリウム（*Allium*）でみられるような地面から立ち上がって花序を支える葉のない茎――がその例である。偽茎はその名が示すように茎とはまったく別のもので、葉の基部が巻いてできた茎に似た構造である。バナナ（*Musa*）の幹は偽茎である。

　茎は草質のものもあれば木質のものもある。草質茎には厚壁細胞がなく、それはつまり木質の成長（二次肥厚）がないということであり、たいてい生育期の終わりに枯れこむ。

生きている植物学

茎の機能
- 地上の葉、花、果実を支えてもちあげ、葉を光があたるところに、花を花粉媒介者の近くに、果実を腐る原因になるかもしれない土壌から離れたところに保つ。
- 維管束組織をとおして流体を植物体のあちこちに運ぶ。
- 栄養を貯蔵する。
- 芽やシュートから新しい生きた組織を作り出す。

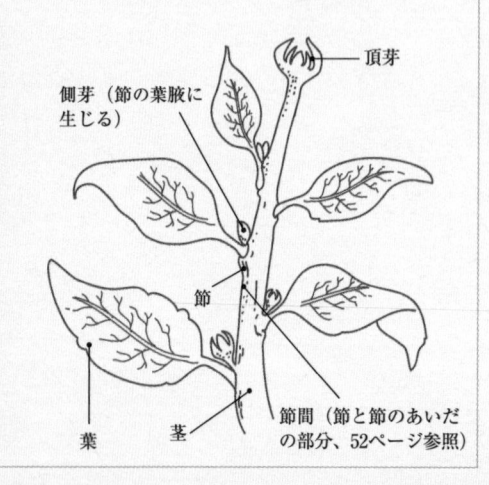

頂芽
側芽（節の葉腋に生じる）
節
葉
茎
節間（節と節のあいだの部分、52ページ参照）

成長、形態、機能

Mentha
ハッカ

茎の外部構造

　茎の典型的な構造には、シュートの先端——シュート頂——とそこから茎が成長し伸長する頂端成長芽もふくまれる。その下には茎に付着して葉があり、葉腋——葉と茎のあいだの奥まったところ——で茎につながっている。各葉腋には腋芽があって、サイドシュートまたは花を生じる。

　葉や腋芽が茎についている位置は節とよばれ、わずかにふくれている場合もある。節と節のあいだの部分は節間とよばれる。各節にひとつかふたつの葉、あるいは芽がついているのが一般的だが、3つ以上ついていることもある。1節に1芽だけの植物は互生芽をもつといわれ（芽が通例、節ごとに左右交互についているため）、1節に2芽以上つく植物は対生芽をもつといわれる。

　茎に芽がならんでいるようすは、植物を区別する手がかりになる。たとえばフウとカエデは葉の形がよく似ているため混同されることがあるが、芽によって区別でき、フウ属（*Liquidambar*）では互生、カエデ属（*Acer*）では対生である。オーストラリア東部のシドニーレッドガム（*Angophora*

地下茎

　この変形した構造は茎の組織に由来するが、土壌表面より下に存在する。たとえば栄養生殖の手段として、あるいは通例、寒さや干ばつによって起きる休眠期のあいだに利用される養分の貯蔵場所として機能する。地下にあることで、この茎はある程度、保護される。

　また、植物の多くの種が、広範囲に進出して定着するためにも地下茎を使っている。地下茎の場合は茎を支持する必要がなく、結果的にそれを生ずるために必要なエネルギーと資源が少なくてすむからである。タケが代表的な例で、ガーデナーはこうした植物を庭に導入するときには細心の注意をはらう必要があり、「群生」する植物であって「はびこる」植物ではないことを確認しなければならない。それでも多くの場合、タケは根をとおさない膜で囲った範囲内に植えるのがよい。同じことが、ボーダー花壇にはびこることがあるハッカ（*Mentha*）にもいえる。

　さまざまな種類の地下茎にかんするさらに詳しいことは82-83ページを参照のこと。

Liquidambar styraciflua
モミジバフウ

63

costata）は、その対生の葉がなかったら同じ地域の多くのユーカリ属（*Eucalyptus*）の高木とすぐに混同されてしまうだろう。

茎の内部構造

　木質でない若い茎を剪定ばさみでぶつ切りにしたところを想像してほしい。切断面には、表皮とよばれるすぐに区別できる外層と、その内側に──肉眼では見えない──維管束でできた維管束組織の環がある。そして、髄とよばれる茎の中心部と維管束の周囲に、柔組織の領域がある。

　表皮は茎の外側を覆い、通常、茎の防水を保ち保護する機能を果たす。表皮をとおしていくらかガス交換が可能なため、なかの細胞が呼吸と光合成をすることができる。維管束組織は水と栄養素を植物体のあちこちに運搬する役割を果たし、細胞壁が厚くなっているため、茎を構造的に支える働きもする。

　維管束は木部と師部の2種類の管でできている。木部は各維管束の内側の層（茎の中心側）に認められ、植物体内の水の輸送にかかわる。師部は各維管束の外側の層に認められ、有機物の溶液（たとえば栄養素や植物ホルモン）の輸送に使われる。茎を切ったときに周縁部に環状に水滴がたまるのが見えることがあり、これで維管束組織の位置がわかる。

　このような茎の構造の重要な例外が単子葉植

モクレン属の植物は、幹が何本もある低木として栽培されることもあれば、幹が1本の高木として栽培されることもある。

物の場合で、維管束は周縁部に環状にあるのではなく、茎全体にちらばっている。また、根は茎と異なり、維管束組織はケーブルのなかのワイヤーのように中央にならんでいる。各維管束は維管束鞘に包まれている。

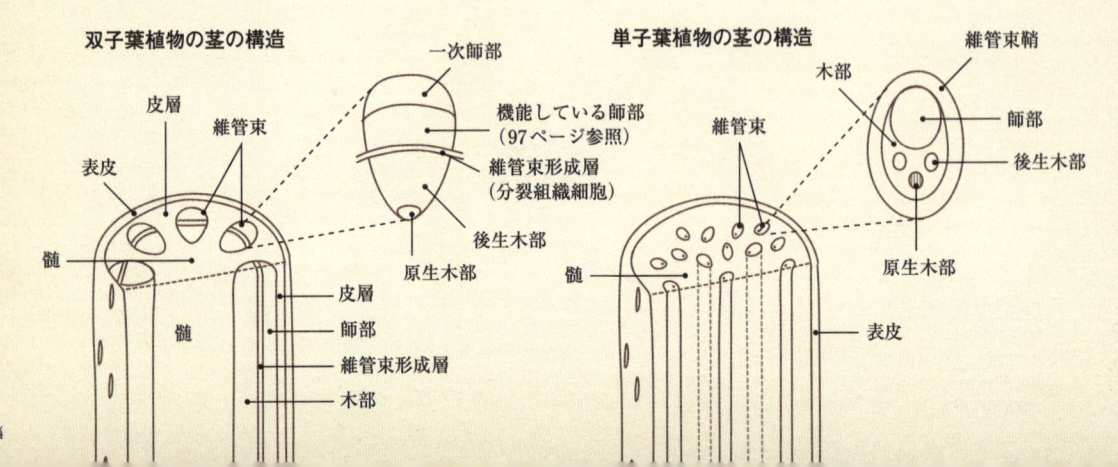

双子葉植物の茎の構造

皮層／維管束／表皮／髄／一次師部／機能している師部（97ページ参照）／維管束形成層（分裂組織細胞）／後生木部／原生木部／皮層／師部／維管束形成層／木部

単子葉植物の茎の構造

木部／維管束／髄／維管束鞘／師部／後生木部／原生木部／表皮

二次肥厚と木質化

　茎が古くなるにつれ維管束の細胞が横方向に分裂して放射状に成長し、外周の長さが増加する。二次木部が内側に作られ、二次師部が外側に作られる。二次木部の細胞は材を作り、成長の季節変化によって年輪ができる。

　二次師部は木質にならず、細胞は生きたままである。だが、師部と表皮のあいだにコルク層の細胞が現れはじめ、輪を形成する。コルク細胞の細胞壁にはスベリンとよばれる撥水性の物質が堆積し、樹皮を形成して強度をあたえ、水の損失を減らす。皮目はコルク層の割れ目で、細胞間に隙間がある。このためガスや水分が通ることができ、多くのサクラ属（*Prunus*）の木の樹皮では独特の水平方向の模様としてはっきりと見える。スベリンはコルクガシ（*Quercus suber*）の樹皮で豊富に生産され、学名はそれに由来している。

　単子葉植物では維管束がばらばらに配置されているため、成長の仕方が異なる。放射状の成長も可能だが、比較的大きな単子葉植物（たとえばヤシ）は柔細胞の分裂と伸長、つまり頂端分裂組織（成長点）に由来する分裂組織の肥大により、幹の径を増す。こうした植物は二次成長をしないか、タケ、ヤシ、イトラン、センネンボクの場合のように「変則的な」二次成長をする。これらの植物の死んだ材は、たとえば落葉樹の死んだ材と比べると大きく異なり、密度が低く、ずっと孔が多い。

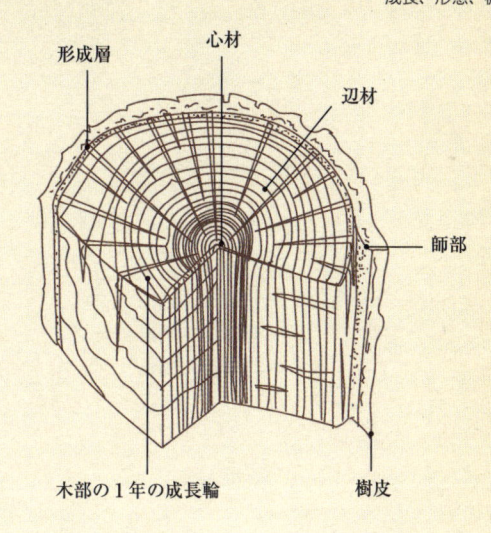

Prunus avium
セイヨウミザクラ

生きている植物学

環状除皮または環状剥皮

　師管は木部の外側で樹皮のすぐ内側にあるため、高木やそのほかの木本植物は、幹や主茎の樹皮をリング状にはぎとると簡単に死んでしまう。この作業は環状除皮または環状剥皮とよばれる。

　不完全な環状除皮（たとえば樹皮の約3分の1を無傷で残す）は植物の成長の制御に利用できる。これによって葉の過剰な成長を抑制して開花と結実を促進することができるのである。生産性の低い果樹にとって非常に有効な方法であるが、核果をつける果樹は例外である。しばしばネズミ、ハタネズミ、ウサギが、栄養があり樹液に富む樹皮を食べて、環状除皮と同じことをする場合がある。こうした動物が問題になるところでは、主茎の周囲に網やそのほかの物理的障壁をめぐらして、樹木を保護しなくてはならない。

葉

　どこにでも豊富にある葉とよばれる薄くて扁平な緑の構造は、だれもがよく知っているだろう。多くの場合、ガーデナーはひとつの植物の葉のかたまり全体をさす「葉群」に注目し、もっともよく理解されているのは葉群全体の働きである。しかし、ギボウシ属（*Hosta*）の植物のように、もっと個別の葉のことが解明されている植物もある。

　葉は光合成の大半が行なわれるところで、植物の「発電所」にあたる。この化学反応によって、植物は成長に必要な養分を生産できるのである（89-90ページ参照）。実際には、光合成は緑の色素がある組織なら植物のどの組織でもできるが、葉は特別この目的に適応した器官である。

　葉がその仕事をうまくこなすには、効率的に光合成ができるようによく適応している必要がある。この目的のため、たいていの葉が薄く扁平な形をして――したがって表面積が大きい――ガス交換と吸収できる光の量を最大にしている。葉のなかには大きな空隙があってガス交換を容易にしており、葉を覆っているクチクラは、光が容易に通過して葉緑体（光合成の反応が起こるところ）にとどくように透明でなければならないが、葉が乾燥してしおれてはいけないので水をとおさないようになっていなければならない。

　下等な植物には真の葉をもっていないものもある。コケ植物（セン類とタイ類）とそのほかいくつかの非維管束植物は、扁平でやはり葉緑素が豊富にあるフィリドとよばれる、葉に似た構造を生じる。

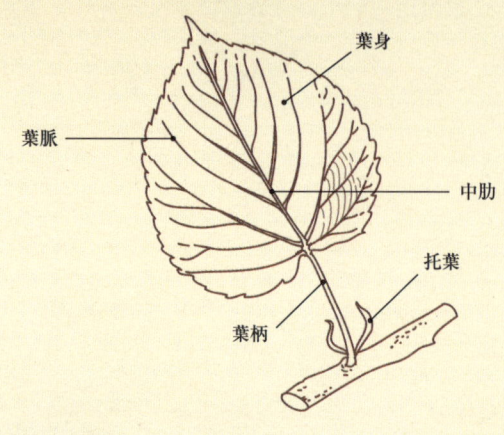

葉の変形

　植物をすこし見るだけで、だれもが葉の形に大きな多様性があるのに気づくだろう。それは、あらゆる植物の葉に、それぞれの本来の生育環境への特別な適応が表われているからである。葉がとる形はしばしばその植物の原産地の環境について、ひいては栽培上の必要条件について多くのことを教えてくれる。ときには植物育種家が観賞目的で新しい葉の形態――異なる形、色、質感――を作り出すこともある。

　一部の植物の葉は非常に特殊化していて、標準的な定義や用語がほとんどあてはまらない。水を蓄えるために葉が変形した多肉多汁植物の場合のように扁平でないものまであり、（養分を蓄えるために使われる）鱗茎の鱗片のように地下に認められるものもある。サボテンの不快なとげは変形した葉であり、光合成さえせず、その仕事は葉のように変形した茎、すなわち葉状茎（62ページ参照）がかわりにしている。肉食植物では、ウツボカズラ（*Nepenthes*）やハエジゴク（*Dionaea muscipula*）でみられるように、葉が非常に特殊な摂餌機能をもつ。

Dionaea muscipula
ハエジゴク

成長、形態、機能

葉の配列

　全体として見れば植物の葉群は多くの葉からできており、その配列になにもパターンはないように見えるかもしれないが、パターンがある場合が多い。一枚一枚に光が最大限にあたり、互いになるべく陰にならないように葉がならんでいるのである。たとえばよく見かけるのが、茎に螺旋状にならんで陰になるのを減らしている葉や、ヤナギ（*Salix*）やユーカリ（*Eucalyptus*）の場合のように垂れ下がった葉である。

　茎上に葉がどのようにならんでいるかを表現するのにさまざまな用語が使われ、葉序とよばれる。互生葉は各節にひとつずつ互い違いについている。対生葉は各節に茎をはさんで向かいあって対になってついている。同じところに3枚以上の葉がついているのは、ふつう、輪生とよばれる。対生葉の場合と同じように、各葉にあたる光を最大にするため、連続する輪生体が葉と葉のあいだの角度の半分ずつ回転していることがある。ロゼット葉

Arum maculatum
マムシアルム

Salix × smithiana
（ヤナギ属の低木〜小高木）

　成長し成熟するにつれて葉の形を変える植物さえいる。ユーカリ属（*Eucalyptus*）の高木は、周囲の植物にさえぎられて利用できる光の量が少なく成長が制限されるかもしれない若いときは、丸い葉が対生につくが、ある大きさに達するとヤナギのように垂れ下がった互生の葉に変わり、それはきつい光、高温、乾燥条件に適している。

　さらに、葉が変形したものに苞葉と仏炎苞がある。苞葉はしばしば花をともない、多くの場合、鮮やかな色をして花粉媒介動物を引きつけ、花弁を補足する機能を果たし、ときには花弁にとって代わる。たとえばブーゲンビリア（*Bougainvillea*）やポインセチア（*Euphorbia pulcherrima*）では、大きく派手な色をした苞葉がそれより小さく地味な花のまわりにある。仏炎苞は鞘を形成して小さな花を囲み、ヤシや、マムシアルム（*Arum maculatum*）をはじめとするアルム属の植物でみられる。多くのアルムの仏炎苞は大きくて派手で、花粉媒介者を肉穂花序とよばれる太い花軸にならんだ小さな花へ引き寄せる役割を果たす。

葉序

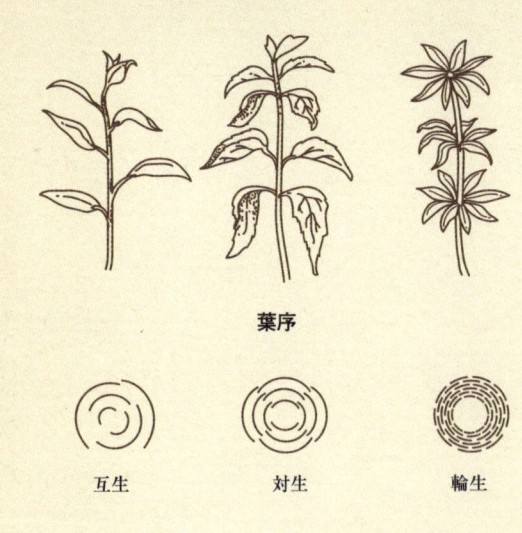

互生　　　　対生　　　　輪生

葉の茎に対するごく一般的な配列は、対生（各節に葉が2枚）、互生（1枚）、輪生（3枚以上）である。

単葉

- 楕円形
- 剣形
- 披針形——槍の穂先のような形
- 線形——細く長い
- 長楕円形——両側が平行で、長さが幅の2～4倍ある
- 円形
- 卵形
- バイオリン形
- 盾形——葉柄の合着点が葉身の裏側の中央または中央近くにある
- 菱形
- 矢じり形
- へら形
- 三角形

はロゼット［八重咲きのバラの花びらのような配列］を形成するものである。

葉の外部構造

顕花植物の葉は、葉柄、葉身、托葉をもつ典型的な構造をしている。針葉樹の葉はたいてい針状か、葉状の「フロンド」［細かく分かれた葉のこと］に小さな鱗片がならんでいる。シダ類の葉はフロンドとよばれる。

葉身

葉身は葉の主要部分である。葉身がどのように分かれているかによって、基本的に複葉と単葉のふたつに区別することができる。複葉は小葉に分かれていて、小葉は主脈または二次脈にそってならぶか、場合によっては葉柄の一点から生じている。単葉は深い切れこみがあったり変わった形をしていたりすることもあるが、全裂はせず小葉がない。葉の形を表現するのに使われる植物学用語にはさまざまなものがあり、以下にごく一般的なものを列挙する。

Sagittaria sagittifolia
セイヨウオモダカ

Trifolium pratense
ムラサキツメクサ

複葉

- 掌状——マロニエ（*Aesculus hippocastanum*）の場合のように手の形をしている
- 羽状——セイヨウトネリコ（*Fraxinus excelsior*）の場合のように主脈の両側に羽毛のようにならぶ。二回羽状複葉は、アカシア（*Acacia*）の場合のように同じようにしてもう一度分かれている
- 三葉——クローバー（*Trifolium*）やキングサリ（*Laburnum*）の場合のように小葉が3枚しかない

葉柄

葉柄は葉身を茎につけている柄であり、通例、茎と同じ内部構造をしている。すべての葉に葉柄があるわけではなく、その典型が単子葉植物で、葉柄を欠くものは「無柄」とよばれ、部分的に茎をとりまいている場合は「抱茎」とよばれる。ルバーブ（*Rheum × hybridum*）の場合、葉柄が食用部分である。

アカシア属（*Acacia*）の多くの種のように、一部の植物では葉柄が平たくて幅が広く、偽葉とよばれる。真の葉が少ないかまったくなくて偽葉が葉の目的をはたしていることもある。偽葉はしばしば厚く革のように丈夫で、その植物が乾燥した環境で生きのびるのに有利である。

中肋は葉の主脈で、葉柄の延長部分である。羽状脈の葉では中肋は小葉がついている中央の脈であるが、掌状脈の葉では中肋はないと考えられる。

托葉

托葉は葉柄基部の両側、または場合によっては一方の側だけにみられる小片である。通例、ないか目立たない、あるいは小さくなって毛やとげ、分泌腺になっている。

葉の内部構造

顕微鏡で見てはじめて葉のほんとうの驚異を見ることができる。たしかに多くがすばらしい形や模様をもっているが、葉の内部の活動や化学反応はまさに奇跡である。地球上の事実上すべての動物は葉に依存している。というのは、葉が太陽光を養分に変える能力をもっているからである。それができる動物はいない。

葉の裏側には気孔とよばれる小さな孔が認められる。ときには葉の表側や植物のほかの部分にも認められるが、もっとも密度が高いのは葉の裏側だということを覚えておいてほしい。酸素、二酸化炭素、水蒸気は、気孔を通って葉のなかの細胞に出入りする。要するに、気孔は植物がそこをとおして「息」をする孔である。

気孔は昼間には開いているが、夕方には閉じて光合成が止まる。気孔が開いたり閉じたりできるのは、それぞれの孔を縁どるふたつの孔辺細胞の作用による。孔辺細胞は水圧の増減によって作動し、水圧は各孔辺細胞内の溶液の濃度によって制御され、濃度自体は光の強さの影響を受ける。暗い状態では溶液濃度が下がって水が周囲の細胞に出ていき、孔辺細胞はつぶれて閉じることになる。

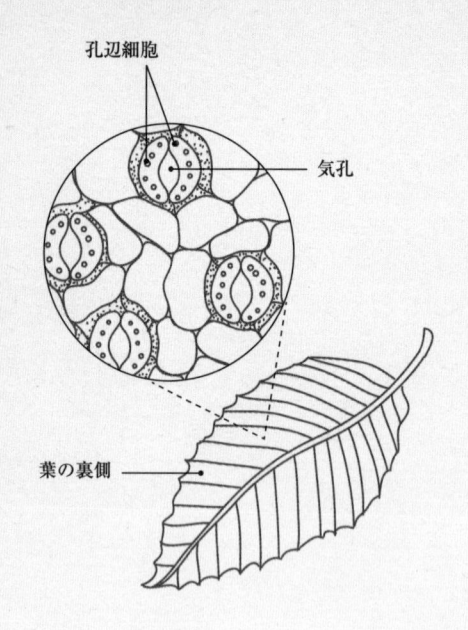

常緑の葉と落葉性の葉

常緑植物は一年をとおして葉のある植物である。常緑植物には、針葉樹のおおかたの種、ソテツ類のような「古い」裸子植物、多くの顕花植物、とくに霜の降りない地域や熱帯原産の顕花植物がある。

落葉植物は一年のうちの一時期、葉をすべてあるいはほとんどすべて失う。温帯では落葉の時期はたいてい冬と一致する。熱帯、亜熱帯、乾燥地域では、落葉植物は乾季やそのほか不利な条件のときに葉を落とす。

孔辺細胞は葉から失われる水の量の調節を助けている。光合成速度が遅いときに閉じ、乾燥した天候や干ばつのときにも閉じる。水の供給が少なかったり不規則な地域で生育する植物（乾生植物）では、気孔は葉の表皮に沈みこんでいて、これは孔の周囲の湿った空気を逃がさないようにして蒸発を減らすことにつながる。

表皮

表皮は葉を覆っている外側の細胞層で、内部の細胞を外部環境から分離している。いくつもの機能を果たしているが、おもな機能は水の過度の損失を防ぐことと、ガス交換の調節である。水の損失を防ぐのに役立つ透明な蝋質のクチクラで覆われており、通例、乾燥地の植物では比較的厚い。常緑植物もたいてい厚いクチクラをもち、それはしばしば光沢があって、太陽の熱を反射し、結果として蒸発を減らす。

生きている植物学

常緑樹

常緑樹も葉を落とすが、落葉樹のように同じときに全部が落葉するようなことはない。常緑樹の下には多くの落ち葉があり、集めなければ分解して栄養素が土壌に戻る。ヨーロッパブナ（*Fagus sylvatica*）、セイヨウシデ（*Carpinus betulus*）、オーク（*Quercus*）のいくつかの種など、一部の落葉樹は冬のあいだじゅう乾燥した葉をつけたままで、新たな成長がはじまる春にようやく落とす。それはこれらの樹木を刈りこんで生垣にしたときにしばしばみられることで、それ自体、観賞の対象になる。

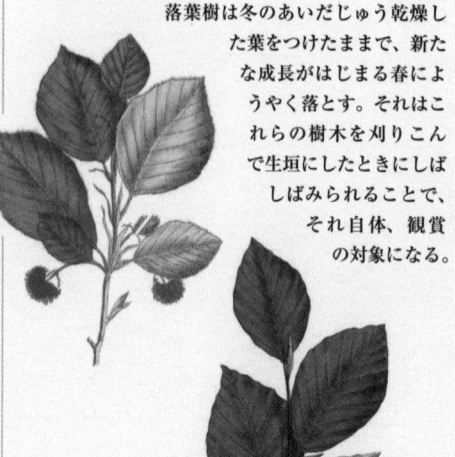

Fagus sylvatica
ヨーロッパブナ

花

　花は顕花植物（被子植物）の生殖のための構造で、最終的に種子と果実を生じる。被子植物にかんしては25-27ページ、有性生殖については110-115ページで詳しい説明をする。花の姿かたちは多様性に富んでいる。

　花は、花の雄性の部分でできた花粉が花の雌性の部分にある卵細胞を受精させる仕組みを提供する。花の発生の仕方や構成は、異なる花のあいだの他家受粉をうながすようになっていることもあれば、同一の花のなかでの自家受粉を許すようになっていることもある（第4章参照）。

　多くの植物は動物の花粉媒介者を引きつける大きくて派手な花をつけるように進化してきたが、地味で香りや蜜のない風媒花をつけるように進化したものもある。対照的な例がジギタリス（*Digitalis purpurea*）とゴールデンオート（*Stipa gigantea*）で、一方は昆虫に媒介され、もう一方はそうではないが、どちらもじつに効果的な戦略である。受粉にかんするさらに詳しいことは第4章を参照のこと。

Bellis perennis
ヒナギク

花の配列

　花の集まりや花房は花序とよばれる。植物学者はさまざまな形の花序を区別しているが、たいていのガーデナーはどんな花房も単純に「フラワーヘッド」とよび、これはあいまいだが役に立つ言葉である。

　花序には花の種類と同じくらい多くの種類があるが、おもなものは次のとおりである。

頭状花序
　頭部に小さな花（小花）がぎっしりとつく。ヒマワリ（*Helianthus*）やヒナギク（*Bellis*）のように全体がひとつの花のように見えることもある。

散房花序
　頂部がかなり平らな花序で、個々の花は茎の異なる点から出ており、ヒトシベサンザシ（*Crataegus monogyna*）がその例である。

Digitalis purpurea
ジギタリス

もので、ジギタリス属（*Digitalis*）がその例である。

肉穂花序
　多肉質の軸に多数の小さな花を穂状につけるもので、たいてい仏炎苞——鮮やかな色をした変形した葉や苞葉——をともなう。マムシアルム（*Arum maculatum*）がその例である。

穂状花序
　主軸から多数の無柄の花が生じるもの。イネ科草本はたいてい穂状に花をつける。

散形花序
　上が平らで散房花序に少し似ているが、花柄がすべて主軸の先端の同じところから生じる。散形花序は、単純なものもあれば、（大型のハーブで

Echium vulgare
シベナガムラサキ

Angelica archangelica
アンゼリカ

アンゼリカの花序は複散形花序で、いくつもの散形花序からできている。

集散花序
　各枝が花で終わり、次々と出る側枝に若い花がつく。単出集散花序は、通常、穂の形をしているが、（シャゼンムラサキ属*Echium*のいくつかの植物の場合のように）一方が大きくなったり先が巻いたりすることもあり、下の花が先に開花する。二出集散花序はドーム状になることが多く、中央の花が最初に開花する。

円錐花序
　1本の主軸から花柄が多数生じ、それがさらに枝分かれしている。このような花序にはかなり複雑なものもあり、カスミソウ属（*Gypsophila*）がその例である。

総状花序
　主軸から出た短い花柄に個々の花がついている

あるアンゼリカ Angelica archangelica のように）複合的なもの（複散形花序）もある。

葉のような苞葉はいくつかの花序の特徴でもある。ヒナギク（Bellis perennis）の場合のように花序の一部をなす［緑の萼のように見えている］こともあれば、ポインセチア（Euphorbia pulcherrima）の場合のように鮮やかな色をしていることもある。複散形花序のようにもっと複雑な花序の場合、分岐した側枝にみられる小さな苞葉は小苞とよばれる。

花の構造

第1章（27ページ参照）で、花の基本構造を萼片と花弁（花被）、雄しべ（雄性の部分）、雌しべ（雌性の部分）の4つの構成部分に分けた。これらは輪状にならび、もっとも外側に萼片、もっとも内側に雌しべがある。

花の形態のさまざまな相違点は、植物学者が植物の種間の関係を確定するために使う主要な特徴のひとつである。一見すると「単純」に見える花をもつシソ科（Lamiaceae）やラン科（Orchidaceae）のような高度に発達した植物に比べて、キンポウゲ（Ranunculus）のような古い植物ほど花の部品の数が多いという一般法則がある。

植物の大多数の種が、一つひとつの花に機能上、雄の器官と雌の器官の両方を作り、雌雄同体あるいは両性と表現される。しかし、種によっては、そしてときにはひとつの種のなかでも変種によっては、どちらか一方の生殖器官を欠いた花をつけるものがあり、単性とよばれる。単性花をつける植物では、両方の単性花が同じ個体にある場合、雌雄同株とよばれる。別々の株にある場合は、その種は雌雄異株とよばれる。雌雄同株のほうがずっと一般的である。ミヤマシキミ属（Skimmia）の低木は、大半のモチノキ属（Ilex）と同様、雌雄異株で、庭ではたいてい雌株のほうが広く栽培され、それは雌株が花と果実の両方をつけるからである。

動物が花粉を媒介する花はしばしば蜜、すなわ

Epidendrum vitellinum
（エピデンドルム属のラン）

ち蜜腺とよばれる腺から分泌される糖分に富む液を生産する。蜜腺はたいてい花被の基部にあり、蜜に引かれてやってきた花粉媒介者はそこに近づく途中で葯や柱頭に触れ、こうして訪れるたびに確実に花粉を運ぶのである。蜜に引かれる花粉媒介者には、ミツバチ、チョウ、ガ、ハチドリ、コウモリなどがいる。

栽培下では、植物育種家が、花の有性部分の一部またはすべてが余分の花弁に変わる自然突然変異を利用することもある。この突然変異の程度により、「八重」あるいは「半八重」の花がみられるのである。バラがよく知られている例である。八重の花には雄しべが少ししかないかまったくないため、結実は期待できない。

種子

受精するとすぐに種子の発生がはじまる（115ページ参照）。第1章で述べたように、被子植物（顕花植物）は心皮に包まれて守られた種子を作り、裸子植物はそれを包む特別な構造のない「裸の」種子を作る。裸の種子は概して（つねにではない）球果の苞鱗上にむき出しでついている。

顕花植物では種子が成熟するにつれて心皮も熟して硬くなるか肉質になるなどして、この単位が全体として果実になる（78ページ参照）。果実は、なかの種子が発芽するか種子が離脱する瞬間まで一体の存在でありつづける。口を開いて種子を放出する果実は裂開性といわれ、これに対して開かない果実は非裂開性といわれる。正確にどんな仕組みになっているかはその植物の生存戦略によって変わり、主として種子の保護や散布と関係がある（78〜80ページ参照）。

ガーデナーにとって「種子」という言葉は、「種」ジャガイモ（実際は塊茎）にまで広げることができ、ガーデナーがまくものには実際にはイネ科草本の「種」やテンサイ（*Beta vulgaris*）のコルク状の果実（種房とよばれることもある）のような乾燥した果実（なかに種子をふくむ）もある。商業生産のための種子はたいてい注意深く選別され、種子以外の夾雑物はとりのぞかれているため、種子の包みを買えば基本的にそれでよい。

種子の目的

進化の観点からいえば、種子は被子植物と裸子植物（まとめて種子植物とよばれる）の繁栄をもたらした重要な発明だった。下位の植物（たとえばシダ植物やコケ植物）の胞子に比べて種子がもつおもな利点のひとつは、一般にずっと耐久性があり、長期にわたる休眠や厳しい環境に耐えることができる点である。

種子は植物が増殖する唯一の方法ではないが、種子は遠くまで散布できる場合が多く（たとえばタンポポ*Taraxacum*の、風で運ばれる綿毛のついた種子のことを考えるとよい）、植物が新たな遠い場所に定着できるようにする。また、種子は有性生殖の産物であり（少数の例外はある）、そのため遺伝的多様性をもたらし、それは自然の個体群だけでなく、植物育種家の仕事にも恩恵をあたえる。

一年生植物は休眠の一形態として種子生産を用いる。種子は条件がふたたび好適になったときにのみ発芽し、次の植物が成長、開花、結実して、それによってふたつめのサイクルが完結する。世界中の種子バンクが種子を集め、たいてい非常に低い温度で休眠状態に保っている。種子バンクのなかには農業用種子の多様性の維持を目的としているところ（たとえばノルウェイのスピッツベルゲン島にあるスヴァールバル世界種子貯蔵庫）もあれば、野生種の保存を目的としているところ（たとえばイギリス、ウェストサセックス州のミレニアム・シードバンク・プロジェクト）もある。このような努力により、地球規模の大災害が起こった場合に、種や貴重な作物の維持が確実にできる。

種子の構造

いずれの被子植物の種子も、胚と種皮というふたつの不可欠な要素で構成されている。養分の蓄え（胚乳）も重要な構成要素としてふくまれることがあるが、一部の高度に特殊化した種子が胚乳を必要としなくなったという事実があるため（次ページ参照）、ここでは除く。

胚は幼芽（発生中の茎）、幼根（最初の根）、1枚または2枚の子葉（単子葉植物の種子か双子葉植物の種子かによる）で構成される。

種皮は種子の覆いで、内容を包んでいるが、珠孔とよばれる一点は孔が開いている。種皮の主要な機能は、胚を物理的損傷と乾燥から守ることで

成長、形態、機能

ある。ピーナツ（Arachis hypogaea）の場合のように薄くて紙のようなものもあれば、ココヤシ（Cocos nucifera）の場合のように非常に丈夫なものもある。珠孔があるため、発芽時に酸素と水が通ることができる。しばしば、種子がそこで子房壁についていた傷跡が存在し、へそとよばれる。

一部の種皮にはさらに、毛（たとえばワタ Gossypium）、仮種皮（たとえばザクロ Punica granatum の個々の種子についている多肉質の物質）、エライオソームとよばれる脂肪質の付着物のようなものがついている。これらは種子散布の助けとなることが多い。

胚乳は養分を貯蔵している組織のかたまりで、その目的は発芽のときに胚から育つ苗への養分供給にくわえ、休眠中のエネルギー源となることである。ラン科（Orchidaceae）の植物の種子には胚乳がなく、適当な菌類が存在するときにだけ発芽し、この菌類は発達中の種子と共生関係をむすび、栄養分を供給する。

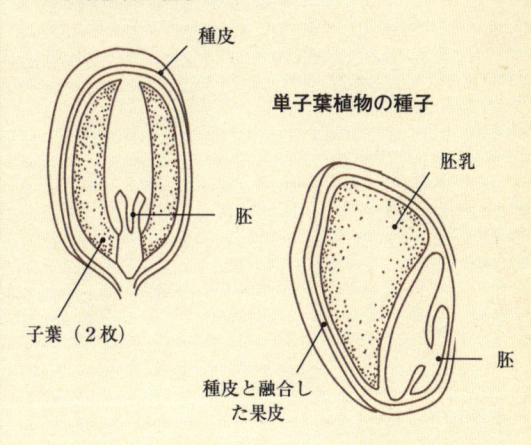

双子葉植物の種子
種皮
単子葉植物の種子
胚乳
胚
子葉（2枚）
種皮と融合した果皮
胚

ランの種子は、種子の進化の究極の姿にちがいない。種子の内容が必要最小限まで減り、種子はほとんど埃のようで、一つひとつの株がシーズンごとに数えきれないほど多数の種子を作る。そして風でまきちらされる。針でついた点のように小さいバニラ（Vanilla planifolia）の種子がその例である。

Punica granatum
ザクロ

生きている植物学

種子の散布

　小さな種子を作る植物は多数の種子を作ることができ、これはすくなくともそのうちの1粒でも確実に好適な場所に落ちるようにする、ひとつの戦略である。大きな種子を作る植物は種子を少ししか作らず、一つひとつの種子により多くの資源とエネルギーを投入する。その散布戦略はたいていはるかに個性的である。最大の種子はココデメール（Lodoicea maldivica）のもので、30キロにもなる。

　小さな種子はより短期間で熟し、多くの場合、より遠くまで広がる。大きな種子はほかの植物を負かすことができる大きくて強い苗を生じるかもしれない。植物が採用する戦略はさまざまである。あるものがほかのものよりよいということはできない。

75

リチャード・スプルース
1817–1893

リチャード・スプルースはヴィクトリア朝時代の偉大な植物探検家で、アマゾン川をアンデス山脈から河口まで15年かけて探検した。この川沿いの多くの場所を訪れた最初のヨーロッパ人といってよいだろう。

スプルースはイギリス、ヨークシャーのカースル・ハワードの近くで生まれた。早くから自然と自然史を大いに愛するようになり、植物のリスト作りがとくに好きな遊びだった。16歳のとき、住んでいる地域で見つけたすべての植物のリストを作成した。それはアルファベット順にならべられ、403種をふくんでいた。その作業にはかなり時間がかかったはずで、この若者にとって大好きな仕事だったのは明らかである。3年後、『マルトン地方の植物一覧（List of the Flora of the Malton District）』を作成し、それには485種の顕花植物が記載され、その多くがヘンリー・ベインズの『ヨークシャー植物誌（Flora of Yorkshire）』（1840）のなかで言及されている。

スプルースはとくにコケ植物類——セン類とタイ類——に興味をもつようになり、専門家として認められ、ブリテン諸島とさらに遠く離れたところの標本を所蔵する、かなりの規模の自身の標本室をもっ

リチャード・スプルースは旅で植物およびそのほかのものを大量に収集していた。

こうした早い時期の植物への関心は、1845年と1846年のピレネー山脈への大々的な遠征の実施へとつながっていく。彼は顕花植物の標本セットを売ることで遠征費用を調達することにした。ほとんど知られていないコケ植物では、あまり興味をかきたてることができなかったのである。この地方で収集をしているときにスプルースは新種をすくなくとも17発見し、この地域のコケ植物のリストを169から478に増やした。

2年後、キュー王立植物園のウィリアム・フッカーから、キューのためにアマゾン川の植物探検を実施しないかという働きかけがあった。スプルースは、健康が思わしくなかったにもかかわらず、それが彼にとって大きなチャンスだったため、引き受けた。このときも彼は、興味をもつ博物

Cinchona pubescens
アカキナノキ

リチャード・スプルースが集めたキニーネ樹皮によって、マラリアと闘う何百万人もの人々が助けられた。

「世界最大の川は最大の森を抜けて流れている。なんと500万平方キロの森が、それを横断する流れ以外、さえぎるものもなく広がっているのだ」

リチャード・スプルース

学者やヨーロッパの研究機関に標本セットを売って旅行費用を調達した。

その後の15年間、アマゾン川にそってブラジル、ベネズエラ、ペルー、エクアドルを旅し、そこで3000点以上の標本を収集し、この地域の植物相についての知識の拡大に大いに貢献した。スプルースは熱心な人類学者および言語学者でもあり、そこにいるあいだに21の異なる言語を学び、植物だけでなく、現地で作られた民族植物学的、経済的、医学的に興味深いものを数多く集めた。

スプルースは*Banisteriopsis caapi*（キントラノオ科のつる性木本植物）を発見し、ブラジルのトゥカノアン族のあいだでそれが使用されているようすを観察した。これは、アマゾン西部の先住民のシャーマンが宗教や治療の儀式で使う向精神性の飲料であるアヤフアスカの、ふたつの成分のうちのひとつである。

スプルースが収集した何千もの植物のうちでもっとも重要なのは、アカネ科（*Rubiaceae*）に属し、キニーネ樹皮が収穫されるエクアドル原産のキナ属（*Cinchona*）の植物なのはまちがいない。南アメリカの先住民はこの樹皮をマラリアの治療薬として使った。スプルースはこの木の種子をイギリス政府に提供し、おかげで苦いキニーネ樹皮が広く利用できるようになった。こうして世界中のイギリスの植民地にプランテーションを設けることが可能になり、マラリアと闘う何百万人もの人々が助けられた。イギリスに帰ったのち、スプルースは『アマゾン川とペルーおよびエクアドル領アンデスのタイ類（The Hepaticae of the Amazon and the Andes of Peru and Ecuador）』を書いている。

そのほか彼の研究成果を発表したものとして、『ロンドン植物学雑誌（London Journal of Botany）』に23の新しいイギリスのコケ類についての記述があり、その約半分は彼が発見したものである。また、「ザ・ファイトロジスト（The Phytologist）」に掲載された彼の「ヨークシャーのセン類とタイ類のリスト」に、イギリスの植物としては新種の48のコケ類を記録し、ほかにヨークシャーでは新しい33のコケ類を記録している。

リチャード・スプルースは若いときからとくにコケ植物類──セン類とタイ類──に関心をもち、専門家として認められるようになった。

スプルースは1864年にドイツ自然科学者アカデミーから博士号を授与され、のちにイギリスの王立地理学会の特別会員になった。スプルースが収集した植物およびそのほかのものは、植物学、歴史学、民族学的に重要な資料になった。キュー王立植物園と自然史博物館の共同事業であるリチャード・スプルース・プロジェクトにより、標本の場所の特定とデータベース化、標本の画像化とコピー、スプルースのオリジナルのノートの画像化などがなされている。6000点以上の標本のデータベース化と画像化が完了し、植物学者、歴史学者、そのほかアマゾンとアンデスの探検に関心のある人々が利用できるようになった。

Sprucea（現在は*Simira*、アカネ科*Rubiaceae*に属す）とタイ類の*Sprucella*は彼にちなんで命名されたものである。植物の学名に言及する場合、標準的な命名者略記Spruceが命名者としての彼をさすのに使われる。

果実

どのガーデナーにとっても、「果実」とはふつう、夏から秋にかけて高木や低木になる甘くて多肉質の作物のことである。マルメロのような高木の果実、キイチゴのような小果樹の果実、アカフサスグリのような低木の果実がふくまれる。また、クラブアップル（リンゴ属*Malus*）やハナミズキ（ミズキ属*Cornus*）の観賞用の果実もふくまれるだろう。さらに、カボチャ（*Cucurbita*）やトウガラシ（*Capsicum*）のような果菜類の果実もある。

しかし植物学者にいわせれば、あらゆる顕花植物は果実を生じることができる。果実は、花が受精してから子房が発達してできる構造を定義するのに使われる厳密な用語なのである。果実は種子をふくみ、種子は果皮にとり囲まれ、果皮は多肉質または硬い覆いで、種子を保護しその散布を助ける働きをする。果皮は子房壁から形成される。

トウガラシ、アマトウガラシ、ピーマン（*Capsicum annuum*）の果実は、さまざまな色、形、大きさのものが手に入る。

果実はそのなかの種子の散布にどのように利用されるか

これまでに果実を食べたことのある本書の読者はみな、気づかないうちに種子散布の媒介者になっていたはずである。多くの人気のある果物——ほんの少し例をあげれば、リンゴ、トマト、キイチゴ——は、果実を食べると非常に美味しい（そして栄養がある）という事実のおかげで成功しているといえる。

動物

動物の消化管を通過する果実はすぐにその種子から分離され、おそらくその親植物からある程度離れたところで、あらかじめ用意された堆肥のなかに堆積されることになる。この過程で種子は洗浄され、種子がまだ果実のなかにあるあいだは発芽をさまたげていたあらゆる化学的阻害物質が除

Rubus idaeus
ヨーロッパキイチゴ

去される。

しかしこれは数多くある種子散布のメカニズムのひとつにすぎず、果実の構造の大きな多様性はそのことの証拠である。ゴボウ（*Arctium*）やアカエナ（*Acaena*）などの果実はとげや鉤状のいがで覆われていて、それが通りかかった動物の毛や羽毛にくっつき、その結果、何キロも運ばれることがある。地中海地方のクロウメモドキ（*Rhamnus alaternus*）の丸く赤い実は自生地では動物に食べられるが、それは種子散布の最初の段階にすぎない。動物の消化管を通り抜けると、むき出しになった種子は熱い日差しで割れて開き、エライオソームとよばれる油っぽい食べられる被覆物をさらす。アリがこれによく引き寄せられ、種子を集めて地下へ運び、そこで翌年、種子が発芽する。

空気による散布

動物だけが種子の散布者ではなく、種子は自然の力によってもばらまかれる。空気中を運ばれる果実は、小さいか細長いか、あるいは扁平で、風で長距離を運ばれやすくなっている。ほかに、カエデ（*Acer*）の「ヘリコプター」やタンポポ（*Taraxacum*）の「パラシュート」のように、羽や翼を生じるものもある。

水による散布

水に浮かぶココヤシの実やマングローブの種子は海を何千キロも漂うことができる。非常に成功しているのがココヤシ（*Cocos nucifera*）で、その巨大な種子は内側を豊かな栄養物（ココナツミート）で覆われ、一部は水で満たされており、熱帯のほとんどあらゆる海岸にうまく定着している。シービーン（*Entada gigas*）の種子は、カリブ海やそのほかの熱帯の自生地から遠く離れたヨーロッパの海岸に打ち上げられているのを見かけることもある。これは1年は生存可能である。

火事

火事が定期的に発生するところでは、極端な高温に達しないかぎり、なかの種子をけっして放出しようとしない莢がみられる。オーストラリア南部のユーカリの林では、木生シダが高さ3メートルにもなるいちじるしく背の高い地表植被のせいで、苗が足がかりを得るのがむずかしい。高木が倒れたときでさえ、そのシダの樹冠に十分なすきまが生まれないことがある。しかし、この大陸では自然現象である火事で叢林地が焼きはらわれると、ユーカリの莢がはじけて開き、焼け焦げた大地のいたるところに種子がまきちらされる。種子は何年も待っていたのかもしれないが、1週間たたないうちに発芽して、長い再生のプロセスがはじまる。

Cocos nucifera
ココヤシ

浮遊性のあるココヤシの果実は水の上を漂って何千キロも運ばれることがあり、このため非常に広範囲にわたって種子を散布することに成功している。

重力による散布

　ブラジルナッツノキ（*Bertholletia excelsa*）の重くぶ厚い蒴果(さくか)のように、丘の斜面を転がり落ちるほど大きく重い果実もある。これはココナツほどの大きさで、なかに種子（ブラジルナッツ）がならんでつまっている。熟すと蒴果が木からドサッと音をたてて落ち、それで弱い「蓋」が割れて開くには十分である。蒴果が斜面を落ちると、きっと親の木からある程度離れたところを転がり、それにつれて、なかの種子がときどきこぼれ出す。蒴果は「モンキーポット」とよばれることもあり、それは土着のオマキザルがその小さな蓋の部分からナッツを出そうとするからである。サルはしばしば、ナッツを出す方法を考えながら蒴果をもち運ぶ。そして多くの場合、土着のげっ歯類が蒴果をかじって種子を出し、リスがナッツにするように森のあちこちに蓄える。当然、いくつかは忘れられ、倒木によって森の樹冠に隙間ができると、ようやく発芽する。

Bertholletia excelsa
ブラジルナッツノキ

Impatiens glandulifera
ロイルツリフネソウ

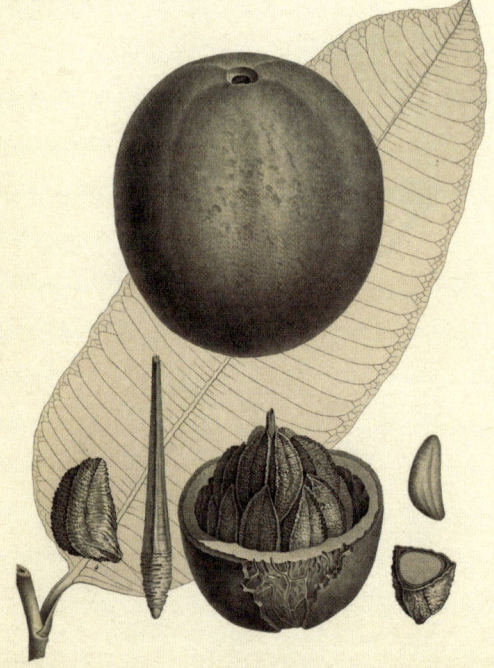

破裂による散布

　なにかが通りすがりに接触したり、果実が乾燥することによって圧力が高まったり、あるいは両方が組みあわさって、それがきっかけで果実が文字どおり破裂し、種子が空中に勢いよく飛ばされることがある。これはロイルツリフネソウ（*Impatiens glandulifera*）で見られ、その破裂しやすい果実のおかげで、自生地の外へ急速に広がった。非常によく広がるため、現在ではこの植物はイングランドとウェールズの野生生物および田園地域法の付則第9条でブリテン諸島における侵入性雑草としてあげられており、自然界にこの種を植えたり播種(はしゅ)したりすることは違法とされている。ガーデナーも、庭にこの植物を植えるのを避けるのが賢明だろう。破裂する果実はテッポウウリ（*Ecballium elaterium*）でも見られ、これは地中海地方の雑木林にふつうにあって驚かされる植物である。そのほかマンサク（*Hamamelis*）、エニシダ（*Cytisus*）、ゼラニウムなど、一般的な園芸植物がいくつもあるが、その仕組みはそれほど簡単には観察できないかもしれない。

さまざまな種類の果実

　ふとしたことから植物やその果実を観察した人はもちろん、果物マニアでさえ、自然が用意している果実の形態の途方もない多様性には驚くほかないだろう。植物学者は果実を大きく分けて、単果、集合果、多花果の3つに分類する。

　単果は乾果のこともあれば多肉果のこともあり、単一の心皮または複数の心皮が結合した単一の子房が成熟してできる。単果で乾果のものには痩果（種子を1個ふくむ、たとえばカルドン *Cynara cardunculus* ［アーティチョークの野生種］）、翼果（翼のある痩果、たとえばカエデ *Acer*）、蒴果（ふたつ以上の心皮から形成される、たとえばクロタネソウ *Nigella*）、穀粒（たとえばコムギ *Triticum*）、豆果（エンドウ *Pisum sativum* のもののように、一般に莢とよばれる）、堅果（ナッツ）、長角果（アブラナ科 Brassicaceae 植物の複数の種子をふくむ莢）などがある。

　多肉質の単果には漿果（たとえばクロフサスグリ *Ribes nigrum* のように、子房壁全体が発達して多肉質の果皮になる）、核果（子房壁の内側部分が発達して硬い殻——核あるいはさね——に、外側部分が多肉質の層になる、たとえばサクラ属 *Prunus* やオリーブ *Olea europaea*）などがある。

　単一の花が多数の別々の心皮から構成されていることがあり、心皮は成長するにつれ融合してより大きな単位を形成する。それらは個別には小果とよばれ、集まって集合果になる。痩果、袋果、核果、漿果は集合果を形成することがある。ブラックベリーとラズベリ（*Rubus*）は小核果からなる集合果である。イチゴ（*Fragaria × ananassa*）は、心皮の融合によってつながったのではないという点を除けば集合果の一種である。イチゴの場合は花の別の部分（花托）でつながっており、それが果実の一部であるかのように大きくなり多肉質になっている。もうひとつの例がナシ状果（リンゴ、ナシ、マルメロ）である。複数の心皮を有する花がかならずしもすべて集合果を形成するわけではないことに注意すること。ふつうに見かける雑草のハーブベネット（*Geum urbanum*）のいがのある痩果の場合のように、別々のままのこともある。

　多花果は花序から形成される。一つひとつの花が果実を生じ、それが融合して大きなひとつの果実になるのである。多肉質のものの例としてパイナップル（*Ananas comosus*）やクワ（*Morus*）がある。乾果で多花果のよく知られている例が、プラタナス（*Platanus*）が作るとげだらけの「ボール」である。ガーデナーはバナナや種なしブドウなど種子のない果実のことを不思議に思うことが多いかもしれない。疑問に思うのも当然のこうした奇妙なことの答えは、「処女の果実」を意味する parthenocarpy（単為結実）にある。これは突然変異として生じることがあり、その結果、受精せずに果実を形成する。商業的には、種なしのオレンジ、バナナ、ナス、パイナップルを生産するのに利用されている。種なしブドウは厳密には単為結実ではない。この場合、受精は正常に起こっているがその後すぐに胚の成長が止まり、未発達の種子が残される。これは stenospermocarpy［受精型であることを意味する］とよばれる。

Ananas comosus
パイナップル

鱗茎とそのほかの地下の養分貯蔵器官

多数の多年生植物が養分貯蔵に特化した器官を生じ、それで何年も生きることができる。これらの植物は多くの場合、休眠期のあいだはこうした地下の構造を残して枯れこむ。これにより、寒い冬や乾燥した夏のような不利な環境条件の期間を生きのびることができるのである。また、植物は広がったり増えたりするための手段としてもこれらの器官を使う。

多くの貯蔵器官は変形した茎で、このため頂端成長点、芽、変形した葉（鱗片とよばれる場合もある）など、茎との類似点をもつ。

塊茎

鱗茎

根茎

球茎

鱗茎

鱗茎は要するに非常に短い茎で、鱗片葉とよばれる厚い多肉質の変形した葉に成長点が包まれている。鱗片には養分が貯蔵されていて、休眠中とその後の出芽のあいだ、鱗茎を維持する。スイセン（Narcissus）の場合のように、たいていの鱗茎では薄い鱗片が密につまっているが、ユリ（Lilium）のように鱗片がふくらんでいてゆるくくっついているものもある。鱗茎の中心から葉芽と花芽が成長し、根が鱗茎の下側から出る。

鱗茎を植えるときには、鱗茎の上側を上にして植える必要があるため、どちらの端が上側か見分けられるとよい。ときにはわかりにくい場合があり、「逆さに」植えられても鱗茎はたいてい立ちなおるが、蓄えられているエネルギーが余分に使われることになる。一般的に、鱗茎はその大きさの3倍の深さに植えるのがいちばんよい。夏咲きと秋咲きの鱗茎は春に、春咲きの鱗茎は秋に植えなければならない。

球茎

球茎は地下の中身のつまった茎の基部がふくらんだもので、クロコスミア属やグラジオラス属の植物でみられる。養分を蓄え、鱗片葉で囲まれて守られている。球茎の先端にすくなくともひとつは芽があり、これが発達して葉や、花をつけるシュートになる。

鱗茎と球茎は非常に似ているため、しばしば混同される。おもな違いのひとつが、鱗茎は多数の多肉質の鱗片からできているが、球茎は中身のつまった構造をしている（基本的に柔組織がつまっている）ことである。また、球茎のほうが寿命がずっと短い傾向があり、古い球茎はその上に形成される新しい球茎にとって代わられる。球茎のまわりに多くの小球茎も生じ、これは多数の新しい茎を形成する。

塊茎と塊根

　塊茎は地下茎の端がふくらんで大きくなった多肉質の部分である。芽のかたまりからなる「目」と葉痕があり、これらを合わせたものがふつうの茎の節に相当する。塊茎の表面のどこにでも生じうるが、通例、一方の端——塊茎が親植物についていたところと反対の側——のほうが密集している。春に植えつけの準備でジャガイモに芽を出させるときには、大部分の芽がある側が上を向くようにすること。そのあと、当然のことながら同じ側を上向きにして土壌中に植える。たいてい塊茎はそれから新しい植物が成長するとしなびて、最終的にはこの新しい植物から新しい塊茎が育つ。

　ジャガイモのほかに、塊茎を生じる一般的な園芸植物として球根ベゴニアやシクラメンがある。サツマイモとダリアも芋を生じるが、これらは厳密には塊根で、塊茎である上記の例とは異なる。塊根は要するにふくらんだ根で、茎に由来する構造である節や目がない。そのかわりに両端から不定芽が生じ、それから根とシュートが成長する。一部のヘメロカリス（*Hemerocallis*）は塊根を形成する。

根茎

　根茎は土壌表面またはそのすぐ下で水平方向に成長する茎である。節と節間からできているため節で区切られているように見え、そこから葉、シュート、根、花芽が出る。おもな成長点は根茎の先端にあるが、ほかにも端から端まで成長点が現れるため、塊茎と同様、いくつものシュートが一度に出ることがある。

　ショウガ（*Zingiber officinale*）は根茎であり、ビアディッドアイリスの地面を覆う太くなった茎もそうである。多くの植物が地下の根茎によって急速に広がり、クサソテツ（*Matteuccia struthiopteris*）や旺盛に生育するアズマザサ（*Sasaella ramosa*）がその例である。根茎は断片に分けることができ、各断片が成長点をふくんでいれば、定着させて新しい植物体にすることができる。葉身をおよそ半分に短くして、枯れた部分はすて、根茎をそれがもともと生育していたのと同じ深さに植えなおす。新たな植物が完全に定着するには2～3シーズンかかるかもしれない。

ストロン

　ストロンは根茎に似ており、やはり土壌表面あるいはそのすぐ下を走る水平な茎で、根やシュートが出る節をもつ。しかし主茎ではないため、根茎とは異なる。ストロンは主茎から生じ、その端に新たな植物が作られる。地表面より上に生じる場合、ランナーとよばれる。

生きている植物学

ランナーとストロン

　イチゴはランナーを生じることでよく知られており、簡単に増やすことができる。いったん発根したら、親植物から切り離して植えなおすことができる。ハイキンポウゲ（*Ranunculus repens*）をはじめとして、多くの雑草がランナーやストロンで急速に広がる。

Ranunculus repens
ハイキンポウゲ

Cosmos bipinnatus
コスモス

第3章
体内の営み

　植物は成長する。あらゆる生き物と同様、細胞からできており、細胞は分裂し大きくなる。それを可能にするために必要な栄養は土壌、新たな細胞を作りあげるのに必要なエネルギーは太陽に由来する。
　もっとも基本的な形では、植物は飲物用のストローのようなもので、水と栄養素を土壌から吸って茎をとおして葉へ上げ、そこで水は蒸発（正しくは「蒸散」）して失われる。栄養素はこの維管束組織を通って植物の体内を循環し、植物の成長を調節するホルモンも同様である。
　たいていのガーデナーにとって、おそらくこの単純な概観で、植物の体内の営みについて知っておく必要のあることはいいつくされているだろう。しかし、細胞内で起こっていることは複雑で非常に面白く、それについてわたしたちが知っていることは数世紀にわたる科学者たちの探究と発見の成果である。

細胞と細胞分裂

現代の細胞説によれば、あらゆる生物は細胞からできており、細胞はすべてほかの細胞から生じ、有機体の代謝反応はすべて細胞内で起こり、その一つひとつの細胞（少数の例外がある）は新たな植物を作るのに必要な遺伝情報をすべてふくんでいるという。

細胞壁

多くの植物細胞は細胞壁にとり囲まれている。若く活発に成長している植物細胞は薄い一次細胞壁しかもっていないが、多くの成熟した植物細胞、とくに成長をやめた木部組織の細胞は二次細胞壁を形成する。

Gentiana acaulis
チャボリンドウ

一次細胞壁

一次細胞壁は植物の強化と支持において重要な役割を演じる。十分に水をふくむ細胞は細胞壁に外向きの圧力（膨圧）がかかっていてふくらむが、強くて弾性のあるセルロースが存在しているおかげで破裂せずにすんでいる。膨圧が茎をまっすぐに立たせており、植物が乾燥しはじめると膨圧が減って、植物はしおれはじめる。

細胞のほかの部分に比べて一次細胞壁はじつはかなり薄く、数マイクロメートルの厚さしかない。細胞壁の4分の1までが長いセルロース繊維でできており、それが並行にならんでいるため、重量あたりの引張り強度は鋼線と同じくらいある。セルロース繊維は、ヘミセルロースや多糖類など、ほかの物質でできた基質に埋めこまれている。

一次細胞壁は成長によく適応しており、それは拡大に応じてセルロース繊維が基質のなかで動くことができるからである。細胞が成長したりふくらんだりすると細胞壁は伸び、新しい物質がくわえられて細胞壁の厚さが維持される。水や溶けた栄養素は細胞壁を自由に通り抜けることができる。

二次細胞壁

多くの植物で、細胞が拡大をやめたのちに二次細胞壁の形成がはじまる。成熟した木部組織では二次細胞壁が植物を支持し、木部やコルクではごく一部の細胞は別としていったん二次細胞壁ができると、そのなかの細胞は死んで壁だけが残る。

二次細胞壁は一次細胞壁よりずっと厚く、約45パーセントがセルロース、30パーセントがヘミセルロース、25パーセントがリグニンで構成されている。リグニンは簡単にはつぶれず、形の変化に抵抗する。それはつまりセルロースに比べて柔軟性がかなり小さいということである。

二次細胞壁におけるリグニンとセルロース繊維の組みあわせはコンクリートとそれに埋めこまれた鋼棒に似ており、木部に強度をあたえ、植物が水を失ってもしおれないようにする。セルロース

細胞の構造

顕微鏡で見ると、植物の細胞は次のような6つの特有の構造をもっている。

1 細胞壁

細胞壁はセルロース繊維をふくみ、厚くて堅い構造をしている。細胞の位置と形をしっかり保ち、細胞を保護して支持する。内側の面には細胞膜があり、これは選択的透過性をもつ障壁で、特定の物質にだけ細胞への出入りを許す。

2 核

核は細胞の「コントロールセンター」のようにふるまい、遺伝情報（染色体とそれを構成するDNA）をふくむ。DNAは葉緑体やミトコンドリアのなかにも認められる。

3 葉緑体

葉緑体は1個のこともあれば数個あることもあり、光合成が実行されるところで、光エネルギーをとらえ、植物がそれを使って単糖を生成できる形に変換する。葉緑体をもつのは植物だけである。

4 ミトコンドリア

葉緑体と同じようにミトコンドリアも、エネルギーを単糖の生成に使える形に変換する。ただし光を使うのではなく、糖、脂肪、タンパク質の酸化によって生成されるエネルギーを使う。このためミトコンドリアは暗い場合の主要なエネルギー源である。葉緑体よりずっと小さく、多数ある。

5 液胞

液胞は細胞の中心部にある大きな領域である。若い細胞では小さいが、細胞が古くなるにつれて大きくなり、しばしばほかの内容物を細胞壁に押しつける。細胞によってはいくつも液胞が存在するものもある。おもな機能は細胞のほかの部分から老廃物を分離することで、老廃物が徐々に蓄積してときには結晶ができることもある。

6 小胞体

小胞体は多数の扁平な構造が積み重なった外観をしている。その表面にリボゾームが点在し、これはタンパク質が作られるところである。

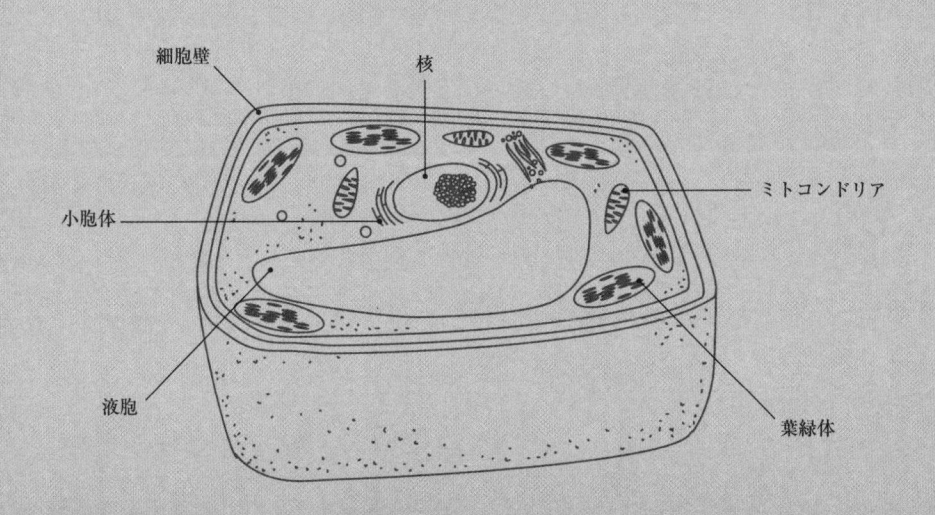

とリグニンは地球上にもっとも豊富にある有機化合物と考えられている。

進化生物学者は、植物が陸上環境に適応するためにリグニンの形成が非常に重要だったと考えている。水を有効な高さまで導くことができ、重力でつぶれないほど十分に堅固な細胞は、リグニンがあってはじめて作ることができたというのである。

細胞分裂

どんな細胞もその大きさには限界があり、それはひとつには、核が支配力をおよぼすことのできる距離に限界があるからである。このため、植物がどんどん大きく成長するためには、細胞の数を増やす必要があり、これは分裂によって達成される。

細胞分裂には多くの利点がある。それによって細胞は特殊化することができ、ひとつの有機体が蓄えることのできる栄養の量が増し、損傷を受けた細胞を交換することができ、競争上の優位性を得る場合もある。たとえば大きな植物ほど光を受けやすい。生きている生物が行なっている細胞分裂には、有糸分裂と減数分裂の2種類がある。

有糸分裂

有糸分裂は、ひとつの細胞がふたつの同一の新しい細胞になる分裂である。栄養成長はこれによる。

減数分裂

減数分裂は有性生殖に不可欠な特別な細胞分裂である。減数分裂の結果として、（有糸分裂の場合のように）ふたつの完全な細胞ではなく、半分の細胞（配偶子細胞）が4つできる。これらの細胞は染色体を1組しかふくんでいないため「一倍体」とよばれる（大多数の細胞は2組の染色体をふくみ、「二倍体」とよばれる）。比較的高等な植物では、配偶子細胞は花粉粒（雄の細胞）か胚（雌の細胞）になる。有性生殖にかんするもっと詳しいことは110-115ページを参照のこと。

有糸分裂では親細胞と遺伝的に同一の娘核が作られる。減数分裂の結果、一倍体の娘細胞が4つ作られる。

有糸分裂

- 染色体が中期核板にならぶ
- 娘染色体の分離
- 娘細胞の形成

減数分裂

- 対合とよばれる過程での染色体対と乗換え
- 染色体の分離
- 染色体がみずから集合する
- 娘細胞の形成
- 娘細胞の分離

光合成

　植物をほとんどあらゆるほかの生命体と違うものにしている重要な特徴は、太陽光をエネルギー源として、生命体を構成する基本要素を合成する能力をもっていることである。それは驚くべき生化学反応で、光合成が起こらなくなったら地球上の実質的にすべての生命が死んでしまうほど、根本的に重要なものである。

　光合成の全般的な等式は次のように書くことができる。

$$6\,CO_2 + 6\,H_2O \rightarrow C_6H_{12}O_6 + 6\,O_2$$

二酸化炭素 = CO_2
水 = H_2O
ブドウ糖 = $C_6H_{12}O_6$
酸素 = O_2

　つまり、6分子の二酸化炭素（空気中にある）が6分子の水と結合して、1分子の単糖（ブドウ糖）と6分子の酸素を生じるのである。このため酸素はこの反応の廃棄物である。動物は呼吸に酸素を必要とし、酸素は植物によって供給されるから、この点でも動物は植物に依存している。

どのようにして反応が起こるのか

　上記の反応はひとりでに起こるわけではなく、エネルギーを必要とする。自然界ではこのエネルギーは太陽光に由来するが、適切な種類の人工光のもとで植物に光合成をさせることもできる。一部の園芸家や農家はこれを利用しており、日光が弱い時期に温室栽培の植物に光をあてて、成長を促進している。

　光エネルギーを受けとって変換することができるのは葉緑体である。葉緑体はストロマとよばれるゼリー状の物質で満たされている。ストロマのなかには液体が満ちた袋が多数あり、それは光を吸収する色素——明反応の場——をふくんでいる。

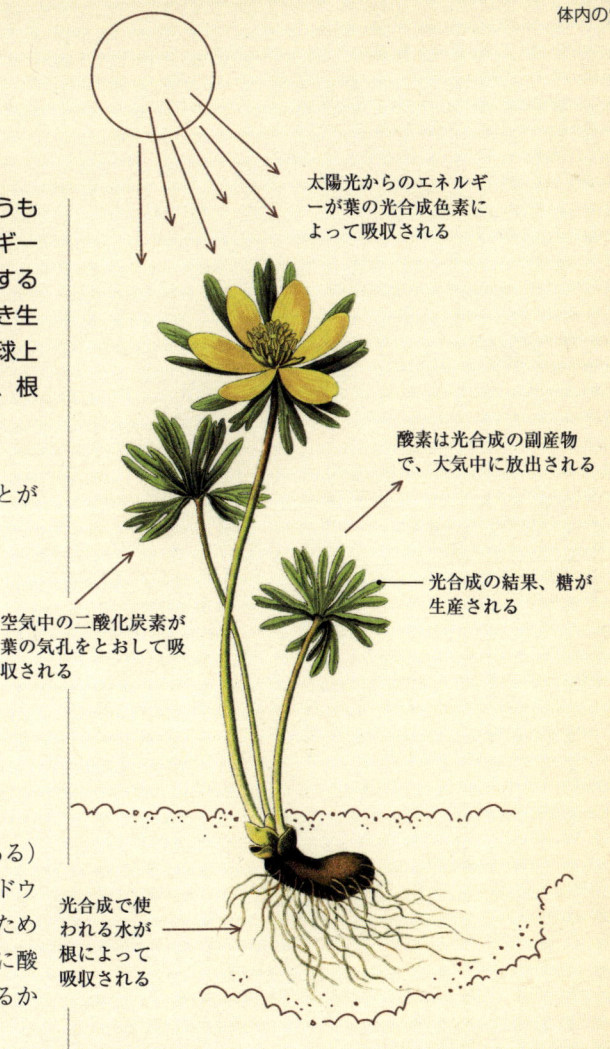

　この色素のなかでももっとも豊富にあるのが葉緑素だが、カロチン（ニンジンをオレンジ色にしている）とキサントフィル（黄色）など、ほかの色素も存在する場合がある。

太陽光からのエネルギーが葉の光合成色素によって吸収される

酸素は光合成の副産物で、大気中に放出される

光合成の結果、糖が生産される

空気中の二酸化炭素が葉の気孔をとおして吸収される

光合成で使われる水が根によって吸収される

明反応

　明反応は、光が色素の分子にあたって、そのなかの電子を励起してはじまる。「基底」状態に戻るときに電子は、熱または光の放出（燐光を発することがある）、別の色素分子の電子の励起、化学反応の駆動という4つの方法のうちのひとつでエネルギーを放出する。

　光合成では、励起された電子はふたつの重要な反応を駆動するのに使われる。ひとつはADP（アデノシン二リン酸）分子のATP（アデノシン三リン酸）分子への変換で、もうひとつは水（H_2O）の水素（H）と酸素（O）への分解である。水は非常に安定した分子であるから、酸素を放出させる後者のプロセスは驚くべき離れ業といえる。自由になった2個の水素原子はNADPとよばれる物質と結合して、それを$NADPH_2$に変える。

　どちらの反応も、光をATPと$NADPH_2$という形の化学エネルギーに変換する。そしてこの化学エネルギーが葉緑体のストロマで起こる暗反応を駆動する。

暗反応

　暗反応はカルビン回路ともよばれ、この名称は研究してこれを発見した人物のひとりであるメルヴィン・カルヴィンにちなんでつけられた。カルヴィンは植物に放射性炭素を吸収させ、植物体内でそれを追跡して発見をなしとげた。光合成のこの段階は光によって直接駆動されていないため、暗反応とよばれる。

　カルビン回路では、ATP分子と$NADPH_2$分子によって駆動される反応により、二酸化炭素から最初の糖が生成される。それらはADPとNADPに再変換されて、明反応で再利用される。糖は植物の最初の基本的構成要素で、すぐにデンプン——植物のおもな貯蔵養分——のようなずっと複雑な分子に変換される。さらに窒素などの栄養素と反応して、タンパク質や油が形成される。

ミトコンドリアと呼吸

　余談になるが、ここでミトコンドリアの代謝活動に言及する価値はあるだろう。葉緑体と同じように、ミトコンドリアも生命活動のプロセスを駆動する機能を果たす小さな発電所である。本質的な違いは、ミトコンドリアは光からエネルギー転換をするのでなく、蓄えられた燃料を燃やしてエネルギーを放出するということである。呼吸とよばれるこの反応は、次のように単純化できる。

$$C_6H_{12}O_6 + 6O_2 \rightarrow 6CO_2 + 6H_2O$$

　わかりやすくいえば光合成と反対の反応で、水と二酸化炭素を代謝に使うのではなく、副産物として放出する。このことから、植物と動物が互いにどのように依存しているかがわかる。動物は酸素を吸って二酸化炭素を吐き出し、植物はこの二酸化炭素をとりいれて自分自身の養分を作り、副産物として酸素を放出するという、無限のサイクルになっているのである。

　あらゆる緑の生物がわれわれが呼吸する空気を再利用し、地球を居住可能にしている。地球の森林が非常に重要なのはこのためである。

　動物は葉緑体をもっていないため、呼吸が動物の唯一のエネルギー源である。植物はミトコンドリアと葉緑体を両方もっているため、呼吸も光合成もできる。夜や光が弱いときは光合成が停止し、植物は呼吸に頼らなければならない。呼吸に必要な酸素は気孔を通って植物体に入る。つまり、この小さな孔を通り抜けるのは二酸化炭素だけではないのである。

Glechoma hederacea
カキオドシ

植物の栄養

あらゆるガーデナーがときどき植物に肥料をやる必要があることを知っており、必要なものの供給をガーデナーに完全に依存しているコンテナ栽培の植物ではとりわけ重要である。ガーデンセンターの棚には、植物に栄養をあたえるための製品が大量にならんでいる。

植物の成長には多数の化学元素が不可欠で、それらは多量要素と微量要素に分けられる。植物はそのうちのいくつか（炭素と酸素）を空気から得ることができるが、大部分は土壌から得る。どの栄養素が欠乏しても特有の症状を示すことが多く、注意深いガーデナーが気づいた場合、特定の肥料を施用することで治せることが多い。

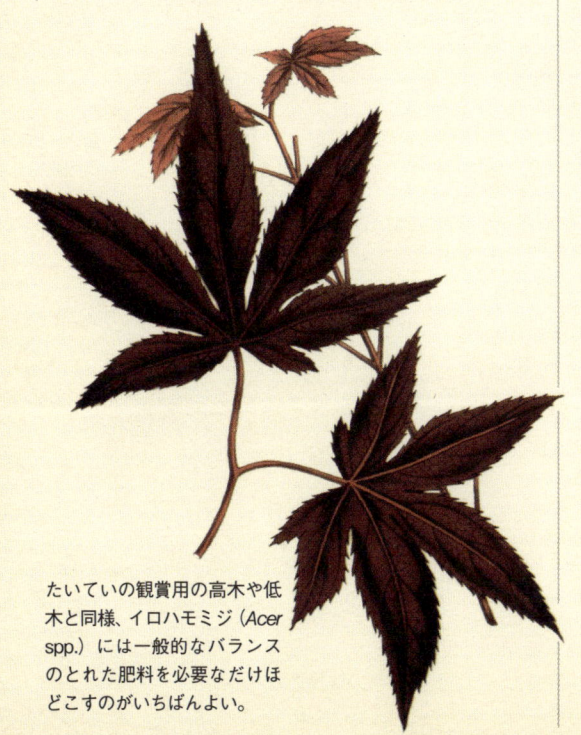

ツバキが健康に成長するために必要とする栄養素を供給するには、エリケイシャスとよばれる特別な肥料が必要である。[ericaceousはツツジ科という意味だが、ツバキなどほかの酸性土を好む植物にも使われる]

多量要素

多量要素は大量に必要とされるもので、炭素、酸素、窒素、リン、カリウム、カルシウム、イオウ、マグネシウム、ケイ素が該当する。炭素と酸素は空気から自由に得ることができるため、植物がそれらを十分に得られなくて困ることはめったにない。

市販されている肥料にはふつう、栄養素の含有量がN：P：Kの比率で表示されている。Nは窒素、Pはリン、Kはカリウムの略号で、たとえばNの値がPやKの値より大きければ、その肥料は窒素に富む。追加の栄養素もふくむ肥料もあり、たいていバラやツツジ科植物用の肥料のように特別な処方がなされている（代表的なものはマグネシウムや鉄を多めにふくむ）。N：P：K比を示していない製品については、栄養素の含有量が保証されないので、ガーデナーは用心すべきである。海藻を乾燥させた製品がその例だろう。

たいていの観賞用の高木や低木と同様、イロハモミジ（Acer spp.）には一般的なバランスのとれた肥料を必要なだけほどこすのがいちばんよい。

窒素をふくむ肥料は、ホウレンソウなどの葉菜類で緑色の葉を増やす効果がある。

窒素

　窒素（N）は植物の重要な栄養素である。あらゆるタンパク質と葉緑素の不可欠な構成要素であるため、植物の成長にとってきわめて重要である。これが欠乏すると、植物は丈夫に成長することができない。土壌中では窒素は有機物から発生し、有機物が土壌微生物によって硝酸塩とアンモニウム塩に分解されるにつれ、徐々に根から吸収できるようになる。土壌中で自由生活をしているか根粒（第2章参照）中にいる窒素固定細菌は、窒素を空気から直接得ることにより、このプロセスを省略することができる。

　硝酸塩とアンモニウム塩は非常に水に溶けやすく、そのため有効態窒素は水のやりすぎや多雨によって簡単に土壌から洗い流されてしまう。浸水、干ばつ、低温も窒素の有効性に影響をおよぼすことがある。欠乏は成長の停止や遅れ、葉の白化や黄化（クロロシス）をもたらす。窒素源には、よく分解した厩肥、血液、蹄角粉、硝酸アンモニウム肥料などがある。

リン

　リン（P）もやはり重要な栄養素で、光合成のときに光エネルギーのATPへの変換に必要であり、多数の酵素が使う。細胞分裂にとって重要で、一般に根の健全な成長に関与する。マメ科植物は多くのリンを必要とするが、要求量は植物によってさまざまである。リンは土壌中でほとんど移動しないため、よく耕作された土壌ではリン欠乏はめったに起こらないが、成長の遅れと葉がぼんやりした黄色っぽい色になるのが症状である。リンの供給源は、リン鉱石、重過リン酸石灰、骨粉、魚、血液、骨などである。

カリウム

　カリウム（K）は光合成に必要な3つめの重要な栄養素であり、根による水の取りこみを制御し、葉からの水の損失を減らす。開花と結実の促進もするため、とくに花や果実を目的に栽培される植物で必要とされ、全般的な耐寒性を増す。欠乏すると、葉が黄または紫をおび、開花と結実が少なくなるのが症状である。トマト用肥料はおそらく

カリウムの多い肥料は、スグリなど果実をつける植物の収量を向上させる。

もっともふつうに入手できるカリウムに富む肥料で、もうひとつは硫酸カリである。

イオウ

イオウ（S）は多くの細胞のタンパク質の構造成分であり、葉緑体の生産に不可欠なため、光合成にとってきわめて重要である。その欠乏はめったに見られず、とくに工業国では二酸化イオウがしばしば大気中から雨とともに土壌に降ってくる。イオウ華は土壌のpH（144ページ参照）を下げるのに使える。

カルシウム

カルシウム（Ca）は細胞間の栄養素の輸送を調節し、いくつかの植物酵素の活性に関与する。カルシウム欠乏はまれだが、発育の停止や尻腐れ症状——果実の下部が軟化し黒くなる——を生じる。土壌中のカルシウム濃度が酸性度とアルカリ度を決定する（第6章参照）。白亜、石灰石、石膏の形で土壌にくわえることができる。

マグネシウム

マグネシウム（Mg）は光合成とリン酸塩の輸送に不可欠である。欠乏すると脈間のクロロシス（葉脈と葉脈のあいだの黄化）を生じ、土壌の圧縮と浸水により悪化する。砂質の酸性土壌でしばしば欠乏がみられる。硫酸マグネシウムやエプソム塩（天然の硫酸マグネシウム）の葉面散布が治療法として有効である。

ケイ素

ケイ素（Si）は細胞壁を強化し、それによって全体の物理的強度、健康、生産力を向上させる。そのほか干ばつ、霜、病害虫に対する抵抗性も向上させる。多くのイネ科草本はケイ素を多くふくみ、それは動物に食べられるのを阻止するための適応と考えられている。たとえば、パンパスグラス（*Cortaderia selloana*）の葉の非常に鋭い縁のことを考えるとよい。その葉で手を切ったことのある人なら、ケイ素がガラスを作るのにも使用されることを知っても驚かないだろう。

微量要素

微量要素は微量ミネラルとよばれることもあり、必要量はずっと少ない。それでも、微量要素は多くの生化学的な活動においてきわめて重要な役割を演じるため、成長をよくするのに不可欠である。微量要素には、ホウ素、塩素、コバルト、銅、鉄、マンガン、モリブデン、ニッケル、ナトリウム、亜鉛などがある。

生きている植物学

代表的な微量要素欠乏には、葉脈と葉脈のあいだに黄化を生じる鉄欠乏、葉の斑点など着色異常をもたらすマンガン不足、成長によじれ——しばしばアブラナ属の植物でみられる——をひき起こすことがあるモリブデン欠乏などがある。

カリウムがトマトの開花とひいては結実を改善する。

チャールズ・スプレイグ・サージェント

1841-1927

チャールズ・スプレイグ・サージェントはアメリカの植物学者で、とくに樹木学に情熱をそそいだ。植物学の正規の教育や訓練は何も受けなかったが、植物にかんしてすぐれた直感をもっていた。

サージェントの父親はボストンの裕福な銀行家で商人でもあり、サージェントはマサチューセッツ州ブルックリンにある父親のホルム・リーの地所で育った。

ハーヴァード大学へ行き、卒業後、北軍に入り、南北戦争のときに従軍した。戦後、3年間ヨーロッパを旅してまわった。

アメリカへ戻ると、サージェントはブルックリンの家族の地所の管理を引き継いで長い園芸家としての人生を開始し、ホレイショ・ホリス・ハネウェルから多大な影響を受けた。ハネウェルはアマチュアの植物学者で、19世紀のアメリカにおける傑出した園芸家のひとりである。ハネウェルの助けと彼の独特の指導を受けて、ホルム・リーの地所は、幾何学的なデザインや花壇はないが、高木や低木が群植されるなど、もっと自然な生き生きとした風景に変えられた。まもなくそこは、シャクナゲや堂々とした高木の世界有数のコレクションが植えられる場所へと発展することになる。

サージェントは樹木園の開発に多くの時間をかけた。人々からアメリカのランドスケープ・アーキテクチャの父とみなされていたフレデリック・ロー・オルムステッドと仕事をし、全体のマスタープラン作りから、植える樹木を一つひとつ選択するなどずっと細かなことまで、あらゆる側面に深くかかわった。

サージェントはまもなく一流の樹木学者として認められるようになった。そして高木と低木につ

チャールズ・サージェントは植物学にかんする著作をいくつも発表しており、彼が命名した植物には命名者略記Sarg.がつけられている。

いて本を書きはじめ、広く読まれた。また、彼はアメリカのシャクナゲの歴史において非常に重要な人物になった。とくにアメリカの森林の保護にかんして、全国的に彼の技術と知識が求められ、とりわけニューヨーク州のアディロンダックとキャッツキルの森林保護に深くかかわった。アディロンダックの保全を支援する委員会の委員長に選ばれるほどだったのである。

ジェームズ・アーノルドが「農業の振興や園芸学の進歩」のためにハーヴァードに10万ドル以上を残したことから、1827年にハーヴァード大学は樹木園を設立することにした。当時、ハーヴァードの農業・園芸学部にあたるバッセイ研究所の園芸学教授だったフランシス・パークマン教授が、サージェントをその設立に大いにかかわらせるべきだと提案した。

サージェントはオルムステッドとともに、樹木園を計画しデザインする大仕事を引き受けただけでなく、樹木園が確実に成功しつづけるように資金調達に取り組んだ。その年の終わりには、サージェントはハーヴァード大学アーノルド樹木園と命名された施設の初代園長に任命され、亡くなるまでの54年間、その職にとどまった。その間に、樹木園は当初の50ヘクタールから100ヘクタールへと拡大した。また、サージェントは自分自身の研究と執筆活動も続けた。

サージェントは植物と標本を収集した以外に、アーノルド樹木園の図書館のために書籍と雑誌を

大量に集めた。このコレクションは彼の存命中にゼロから4万冊を超えるまでに増えた。その大部分はサージェントが購入費用を出し、彼は死亡時に図書館をまるごと樹木園に寄付しただけでなく、コレクションを維持し、さらに資料を購入するための資金を提供した。

のちにサージェントはハーヴァード大学の樹木栽培学の教授になった。そして、マサチューセッツ州ケンブリッジの植物園の園長にも任命されたが、この植物園はかなり前になくなった。

彼は日ごろから樹木への情熱について書き、植物学にかんする著作をいくつも出版した。1888年には園芸学と林学の週刊雑誌である「ガーデン・アンド・フォレスト（Garden and Forest)」の編集者兼総括管理者になった。彼の出版物には、『北アメリカの林木目録（Catalogue of the Forest Trees of North America)』、『北アメリカの森林に関する報告（Reports on the Forests of North America)』、『合衆国の森、その構造、質、用途について（The Woods of the United States, with an Accout of their Structure, Qualities, andUses)』、12巻からなる『北アメリカの高木林（The Silva of North America)』などがある。

サージェントの死後、マサチューセッツ州知事のフラーは次のように述べている。

「サージェント教授は樹木について当代のだれよりもよく知っていた。樹木がわが国の美しさと豊かさにいかに貢献しているか理解していない人々の破壊行為から木々を守るために、彼ほど多くのことをした人を見つけるのはむずかしいだろう」

残念ながら、サージェントの死後、彼の大量の植物コレクションは売却せざるをえなくなり、ばらばらにされて個人の植物コレクターや育種家に購入された。彼にちなん

Picea sitchensis
シトカトウヒ

チャールズ・サージェントは樹木にかんする仕事でよく知られており、アーノルド樹木園の設立にかかわった。

Rhododendron ciliatum
（ヒマラヤ原産の）シャクナゲ

チャールズ・サージェントはホルム・リーの地所に世界有数のシャクナゲのコレクションをもっていて、外来種のシャクナゲをアメリカに定着させるうえで重要な役割を果たした。

で命名された植物には*Cupressus sargentii*（イトスギ属の高木）、*Hydrangea aspera* subsp. *sargentiana*（ヒマラヤタマアジサイの亜種）、*Magnolia sargentiana*（モクレン属の高木）、*Sorbus sargentiana*（ナナカマド属の高木）、*Spiraea sargentiana*（シモツケ属の低木）、*Viburnum sargentii*（カンボク）などがある。

植物の学名に言及する場合、標準的な命名者略記Sarg.が命名者としての彼をさすのに使われる。

栄養素と水の分配

　藻類のような原始的な植物は、高濃度のところから低濃度のところへ栄養素を分配する手段として、細胞内の物質の拡散を利用してやっていくことができる。しかし、植物が複雑になるにつれ拡散だけでは十分でなくなり、水や栄養素を植物のある部分から別の部分へ運ぶために特殊化した輸送システム（維管束系）が必要になる。

　第2章（64-65ページ参照）で、輸送のための木部と師部の2種類の管を紹介した。木部は水や水溶性の無機栄養素を根から体内のあちこちに運び、師部はおもに光合成やそのほかの生化学反応で作り出された有機物を運ぶ。
　両者の働きで、水と栄養素が植物のあらゆる生きた組織へもたらされる。これに対し、気孔開口部をとおしたガス交換は通常、拡散に依存し、ガスは高濃度のところから低濃度のところへ移動する。

木部による輸送

　毛細管を水につけると、その強い表面張力によって水はひとりでに管の中を上昇する。木部の道管はこの法則にしたがって機能するが、もっとも細い道管（顕微鏡でやっと見えるほどの太さ）でも、毛管現象だけでは水は3メートル程度しか上昇しないだろう。このため、高木のように大きな植物で木部が水を上まで引き上げることが可能なのは、別の力が働いているからにちがいない。
　凝集力説によれば、水を根から引き上げているのは葉からの水の蒸発（蒸散）だという。水が葉の道管を離れるときに水に張力がかかり、それが茎をへて根にまで伝わり、ちょうどストローを使って水を吸っているようになるというのである。木部内部にかかる圧力は驚くほど大きく、木部がつぶれないように細胞壁に独特の螺旋状やリング状の補強が入っている。
　蒸散の引っぱる力は水を高木のいちばん上の枝

Sequoia sempervirens
セコイア

巨大なセコイアのような高木も、維管束組織をとおして簡単に水や栄養素を体じゅうに移動させる。

まで数百メートル上げられるほどの力を生み出すことができ、この水は時速8メートルもの速度で非常にすばやく移動できる。

この説を批判する人は、水の柱のどこかがとぎれるとその流れが止まるはずだと指摘する。しかしそのようなことは観察されず、その理由は、水がひとつの道管から別の道管へと流れることができ、途中に気泡があってもそれを迂回するからだと考えられている。

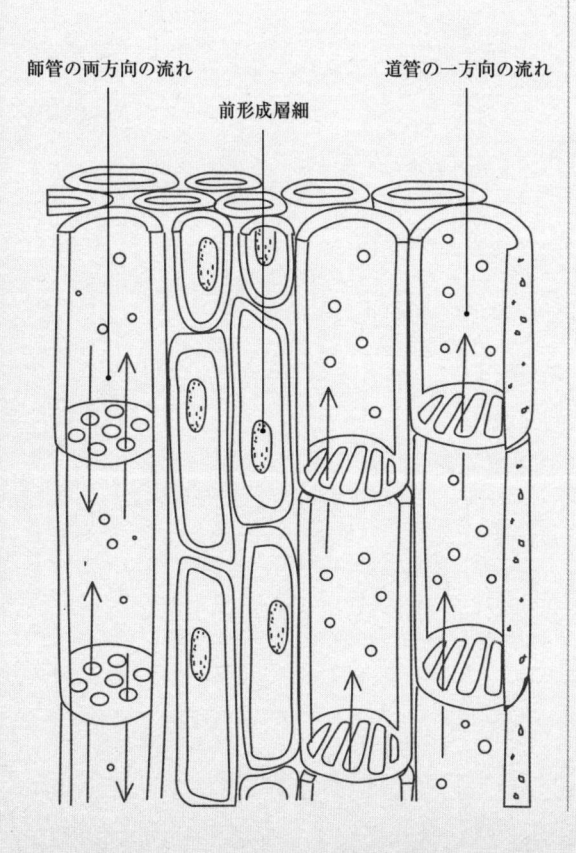

師部による輸送

木部の道管と対照的に、師部は生きた組織で構成され、糖、アミノ酸、ホルモンに富む溶液を体内のあちこちに運ぶ。このプロセスは転流とよばれ、完全には解明されていない。

師部の組織は師管細胞と伴細胞からなる。転流がどのようにして起こっているか説明しようとするどんな説も、この構造を考慮する必要があり、次のような重要な疑問に答えられなくてはいけない。師部はどのようにして大量の糖をうまく輸送しているのか？ 植物には師部がなぜ少ししか存在しないのか？ 物質はどのようにして師部を上下両方に移動するのか？

アブラムシの針状の口器は植物の成長したばかりの軟らかい部分に穴をあけることができ、直接師部から汁を吸う。科学者はこのメカニズムを利用し、植物の汁を吸っているときにアブラムシを口器から分離する。こうすると分離された口器からにじみ出る汁を集めて分析することができるのである。この方法で科学者は、師部周辺の物質の動きを調査することができる。

圧流説が最初に提案されたのは1930年のことで、それは「ソース」と「シンク」によって転流を説明しようとするものである。師部の汁液は糖の源ソース（高濃度の部分）から受け側シンク（低濃度の部分）へ移動する。植物体内の糖濃度が高い部分はたえず変わり、活発に光合成をしているあいだは葉がソースになり、成長が低調なときや休眠期には塊茎がソースになる。

師管の両方向の流れ　前形成層細　道管の一方向の流れ

典型的な維管束の縦断面。木部と師部の一般的な配置とそのなかの物質の流れの方向を示す。

植物ホルモン

神経系がない植物では、成長の制御はもっぱら化学的シグナルによって調節されていると考えられる。こうした化学的シグナルはおもに5つのグループが認められているが、さらにみつかる可能性があり、それらは植物ホルモンとよばれている。

植物ホルモンは植物のある部分で合成されて別の部分へ運ばれる有機化合物であり、非常に低い濃度で生理学的反応をひき起こす。このような反応は促進的なこともあれば抑制的なこともある(つまり、植物になにかをもっとさせることもあれば、させないようにすることもある)。

植物の発達が特別な化学物質の影響を受けているという考えは新しいものではなく、100年以上前にドイツの植物学者ユリウス・フォン・ザックスによって提唱された。しかし、ホルモンの濃度は非常に低いため、最初の植物ホルモンが確認されて純化されたのは1930年代になってからのことである。

オーキシン

1926年にフリッツ・ウェントが、オートムギの子葉鞘を光の方へ湾曲させる未知の化合物が存在することの証拠を発見した。この現象は屈光性とよばれ、ガーデナーもよく知っているように植物が光の方へ傾くのは、このオーキシンというホルモンのためである。この現象はまだよく理解されていないが、ほかのオーキシンホルモンが芽や葉の形成、あるいは落葉に影響をおよぼしていることが知られている。発根促進剤にオーキシン類がふくまれているのは、それらが根の形成に影響をおよぼすからである。これは挿し木をするガーデナーにとって有用である。

ジベレリン

1930年代に日本の科学者たちが、背が高くなりすぎてみずからを支えられない病気のイネから、ある化学物質を分離した。この病気は *Gibberella fujikuroi*（イネ馬鹿苗病菌）という菌類によってひき起こされ、そのイネにはある化学物質が過剰に存在することが判明し、ジベレリンと名づけられた。それから現在までに多くのジベレリン類が発見され、細胞の伸長、種子の発芽、開花の促進に重要な役割をはたしていることがわかった。

サイトカイニン

1913年にオーストリアの科学者たちが、細胞分裂とその後のコルク形成を促進し、切ったジャガイモの塊茎の傷の治癒をうながす、未知の化合物が維管束組織に存在することを発見した。これは、植物が細胞分裂（サイトキネシス）を刺激することができる化合物をふくんでいることの最初の証拠であった。このグループの植物ホルモンは現在ではサイトカイニンとよばれ、植物の成長において多くの機能をはたしている。

Avena sativa
オートムギ

アブシジン酸

　落葉（リーフ・アブシジョン）におけるアブシジン酸の役割が、この植物ホルモンの名称の由来である。多くの場合、植物の器官に、それが生理的ストレスにさらされているというシグナルをあたえる。そうしたストレスには、水の欠乏（化学的シグナルが根から気孔へ送られ、気孔を閉じさせる）、塩分の多い土壌、低温などがある。したがって、アブシジン酸の生産は植物をそうしたストレスから守るのに役立つ反応をひき起こす。これがなければ、たとえば芽や種子が不適当なときに成長をはじめてしまう。

Pisum sativum
エンドウ

Musa
バナナ

成熟中のバナナが作り出すエチレンを、トマトを熟させるのに使うことができる。

エチレン

　いくつかのガスが果実の成熟を促進する力をもつことが、何世紀も前から観察されていた。たとえば古代中国の人々は、摘んだ果実を香を焚いた部屋に入れておけば早く熟すことを知っていたし、熱帯の果物を扱う商人は未熟なバナナを船でオレンジと一緒に貯蔵しておけば熟すことにすぐに気づいた。そして1901年についにロシアの生理学者ディミトリー・ネルジュボフが、エチレンガスが成長に影響をおよぼすことを明らかにし、エンドウの苗に3重の効果があることを証明した。すなわち、エチレンは苗の伸長を抑制し、茎を太くし、水平方向に成長する傾向を促進したのである。エチレンガスは植物の細胞から拡散し、そのおもな効果は果実の成熟に対する作用である。

Iris ensata
ハナショウブ

第4章

生殖

　だれが最初に植物の性を発見したのかほんとうに知っている人はだれもいないが、一般に、ドイツの植物学者ルドルフ・ヤーコブ・カメラリウスが、1694年に出版した著書『植物の性について（De sexu plantarum epistola）』で発表したのが最初とされている。当時、科学者たちは、花に雄の部分と雌の部分があり、両者のあいだで有性生殖が起こるという考えを徐々に受け入れるようになっていた。

　いずれにしても、植物の繁栄はすべて、みずからを増やすすばらしい能力のおかげである。それは有性生殖か栄養生殖でなされる。後者は植物のごく一部分から小さな植物が再生する場合で、ガーデナーはたえずこの力を利用して、最小限の労力で新しい植物を作っている。

　ガーデナー、農家、植物育種家、農学者にとって、植物が容易に増殖することは大きなメリットである。種子からシュート、挿し穂、オフセット（幼植物）まで、自分はそうしたものを自由にあやつれると思っている人がいるかもしれないが、実際にはけっしてそのようなことはない。人間は植物の生活環のなかで自分の役目を果たすだけで、したいときは植物を利用するが、植物自身にまかせて世代から世代へと永続させている。雑草だらけのボーダー花壇をまのあたりにしたガーデナーは、人間がいようがいまいが植物の生活は続くという事実を受け入れざるをえない。

栄養生殖

この無性生殖の方法はあらゆる植物に共通のものである。この方法で植物は、茎、根、さらには葉のような栄養成長により生じたものから、完全な植物を新しく作り出すことができる。結果としてできる新たな植物は遺伝的にもとの植物と同一で、クローンとよばれる。

しばしば、ランナーや根茎（第2章参照）など、栄養生殖を目的とした特殊な構造が発達する。根茎、鱗茎、球茎のような貯蔵器官も栄養生殖の能力をもち、毎年、地下で増える。ガーデナーはしばしばこれらを新しい植物を作る材料にし、ジャガイモの塊茎がよい例である。健康なジャガイモは6個程度のかなりの大きさの塊茎を作り、それらはみな植えなおしてやれば新たな植物を作ることができる。ガーデンセンターで販売されているような秋咲きの鱗茎は、みな大規模な栄養生殖で生産されたものである。

植物の一部から新しい完全な植物を発生させることができるのは、植物の大半の部分に分裂組織が存在しているからである。この能力──新しく植物を生み出す細胞の能力──は分化全能性とよばれる。理論上、植物のあらゆる部分が、それが分裂組織をふくんでいるかぎり、十中八九、再生するよううながすことができるが、経験を積んだガーデナーは、さまざまな植物で特定の部分からとった挿し穂を使えば成功しやすいことを知っている。たとえば、シュウメイギク（*Anemone* × *hybrida*）では方法として根挿しのほうが好まれるのに対し、ラベンダー（*Lavandula*）は枝挿しのほうが根づく可能性が高い。

近年、科学者たちはマイクロプロパゲーションの技術を開発してきたが、それによって実験室で分裂組織の細胞培養から植物を成長させることができる。マイクロプロパゲーションは大多数のガーデナーにとって守備範囲外のことであるが、ギボウシなどいくつかの植物の商業生産に革命をもたらした技術である。とくに成長の遅いものでは、株分けするよりずっと早く、ひとつの材料から膨大な数の新しい植物を成長させることができる。これによって多くの種類の植物がむりなくたくさん買えるようになった。

栄養生殖とガーデナー

栽培の場面では、有性生殖だと失われたり希釈されたりするおそれのある好ましい特徴を維持するために利用できるので、栄養生殖が好まれることもある。園芸植物の大量生産のために、栄養生殖が広く用いられている。

とくにその植物が種子をつけるのが遅かったりなかなかつけない場合に、たんに種子から育てるのより簡単だという理由で、ガーデナーは栄養生殖のほうを好むことが多い。八重咲きのバラなど、有性の部分がすべて花弁に変わるように品種改良

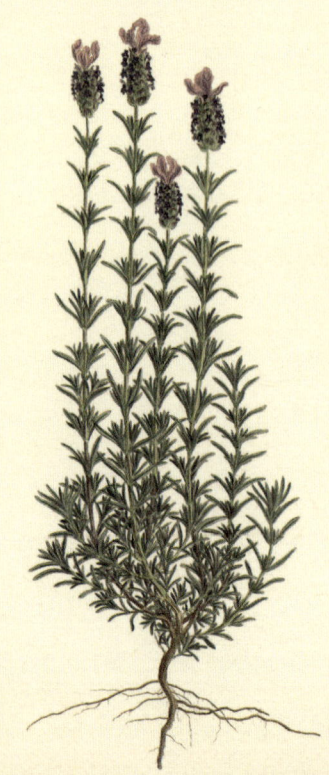

Lavandula stoechas
フレンチラベンダー

Rosa
'Duc d'Enghien'
ブルボンローズ

オフセット

　オフセットは、まだ親植物についたまま、地上または地下で発達する幼植物あるいは小植物体で、簡単に分離して栽培することができる。ユキノシタ、クモノスバンダイソウ、マオランなどの植物でみられる。初めのうちはオフセットは自分の根を少ししかもっておらず、養分を親植物に依存しているが、ふつう、初年目の生育期が終わりに近づく頃には根が発達する。

　センネンボク属（*Cordyline*）やイトラン属（*Yucca*）のようないくつかの単子葉植物は根からシュートと幼植物を生じ、それらもオフセットとよばれる。これらは植物の基部の土壌を注意深くかき落とし、鋭いナイフで、できれば根のある節をつけてオフセットを切りとるとよい。

センネンボク属の植物（たとえば *Cordyline stricta*）は、茎の基部の根から生じたオフセット（幼植物）を注意深く切りとって増殖させることができる。

されたために実際には種子を生産することができない栽培植物もある。このような場合、栄養体による増殖がその植物を増やすための唯一の方法である。

株分け

　多年草のもっとも一般的な栄養生殖の方法は株分けで、植物のクラウン（根と茎の境界部）をひっぱって離すか強制的に分ける。ガーデナーにとってこれほど簡単なことはなく、シャベルとまたぐわのほかには特別な知識や用具はなにも必要ないが、一部のイネ科草本やタケの丈夫なクラウンは、ナイフで切るか鋸でひく必要があるかもしれない。

　株分けにより、生産性の低い疲れて弱った植物を若返らせることもできる。そのような場合、クラウン中心部の古い部分はすてるのがふつうである。大半の多年草の株分けに最良の時期は、開花のすぐあとか、遅咲きの植物では秋か次の春である。

ランナー

ランナーは一種のオフセットで、一般に本体の植物から成長したのち地面を這う水平な茎を意味する。ランナーにそって、あるいは先端に小植物体を生じ、イチゴ（*Fragaria × ananassa*）が代表的な例である。

この方法で増殖する場合は、ランナーを間引いて残ったものがより強くなるようにうながすとよい。小さな植物が多数あるより、少なくても大きな植物があるほうがよい。よく調整した土壌か、培養土を入れた小型のポットに、U字型の針金で小植物をとめる。十分に発根したら、つながっている茎を切断する。

ランナーとストロンだけでなく、根茎と発根する茎（第2章参照）を使って広範囲に侵入して定着する植物もある。侵入力が非常に強くて根絶するのがむずかしいイタドリ（*Fallopia japonica*）の根茎は、この植物を世界でもっとも「成功した」雑草にしており、トクサ類（*Equisetum*）のしつこい根茎は多くの庭で問題になっている。また、

Fragaria × ananassa
イチゴ

Fallopia japonica
イタドリ

セイヨウヤブイチゴ（*Rubus fruticosus*）の発根するアーチ状の茎はすぐに新たな土地に定着する。多くの植物や庭の雑草がもつたえず広がる習性は、ガーデナーの悩みの種かもしれないが、多くの生態系で、こうした植物の根の構造は土壌浸食を防ぐうえで非常に重要である。たとえばオオハマガヤ（*Ammophila*）は砂丘を安定させて海岸線の後退を防ぐうえで大きな役割を果たしている。

接ぎ木

接ぎ木とよばれる手順で、植物体の一部を別の植物体へ移植することができる。ふたつの部分は最終的にひとつの植物体として機能する。接ぎ木の上側部分は穂木とよばれ、下側部分は台木とよばれる。接ぎ木はほかの方法で増殖するのがむずかしい植物の増殖に使われることが多いが、多くの株を早く生産できるので、種苗園でもよく用いられている。

この手法には、両方の植物の好ましい特徴を組みあわせることができるという利点もある。台木

を選ぶことにより植物の土壌型への耐性や害虫への抵抗性を向上させることができ、穂木はその美しさや果実の品質を目的に選ぶ。接ぎ木はしばしば果樹で実施され、台木は樹勢で（たとえば矮性や半矮性）、穂木は栽培品種から選択される。たとえばまたぐことのできるような小型のリンゴの木にしたければ、非常に矮性の強い 'M27' の台木に 'Lord Lambourne' を接いでやればよい。

接ぎ木はトマトやナスのような一部の果菜類でも行なわれる。これは新しい手法ではないが、現在では種苗園が通信販売で接ぎ木植物を販売するのがごくふつうになりつつある。接ぎ木植物の長所は、台木がその活力と土壌害虫や病気に対する抵抗性の高さで選ばれているという点にある。味のよい果実を目的に穂木を選び、活力のある台木と組みあわせれば、収量をずっと多くできる。

1　穂木の準備　　2　穂木をぴったり合わせる　　3　テープを巻いてくくる

挿し木

ガーデナーによる挿し木は一種の栄養生殖である。挿し穂は植物の一部で、成長をうながすことができる。植物がこの方法で再生できるという事実は、それが環境上の好機への反応として進化した特性であることを示唆している。

ヤナギ（*Salix*）のような水辺で生育する多くの高木や低木は、木部が成熟して葉がなくなった冬に行なう熟枝挿しで再生できる。熟枝挿しは、土壌に挿してあとは自然にまかせればよいので簡単である。自然界では、冬の嵐や洪水で水辺の樹木の枝が折れて押し流されるかもしれない。それが最終的にどこか遠くの岸に打ち上げられたときに、この「挿し穂」から植物が再生できれば、その植物は新たな土地に定着できる。

茎や根の短い断片から新たな植物を育てるのは、非常に便利で使用場面の多い栄養体繁殖法である。高木、低木、つる植物、バラ、針葉樹、多年草、果樹、ハーブ、室内植物、半耐寒性の多年生花壇用植物など、多くの異なる植物がこの方法で増殖できる。茎挿しによる増殖の目標は、茎の不定芽細胞からよい根系を誘導して発達させることである。

乾燥と感染のふたつが、挿し穂が根を出す前に生じる問題である。ガーデナーは、葉の総面積を減らす（場合によっては挿し穂の葉を少しとりのぞく）、挿し穂に霧を吹きかけて湿った状態を保つ、部分日陰になるところに置くといった方法で挿し穂を助けることができる。

挿し木の技術は修得に時間と経験を要し、ほかの人に教えてもらったり、自分で試行錯誤して知識を得る必要がある。種が変わればそれぞれ特有の条件が要求され、個人の判断が大きな役割を演じる。ガーデナーは挿し穂の一部が根づく前に枯れるかもしれないことを知っていて、たいてい一度に多数の挿し木をする。

Hydrangea macrophylla
アジサイ

挿し木の発根率の向上

一部の植物はほかの植物より発根しにくいが、さまざまな方法で発根を早めたり助けたりすることが可能である。発根促進ホルモンの粉末やジェルが役に立つかもしれないが、そうしたものも特効薬ではなく、たいした効果がないかもしれない。量が多すぎると挿し穂が枯れてしまうことさえある。

発根しにくい植物のなかには茎を傷つけるとよく反応するものがあり、挿し穂の基部で2.5センチの長さまで樹皮を薄く縦に細く切りとったのち、傷を発根促進のホルモン剤に浸すとよい。

アジサイ（*Hydrangea*）のような葉の大きな植物の挿し穂は、葉を横に半分に切るとよく、これによって葉面積を減らし、水の損失としおれを少なくすることができる。ほかに、主茎からむしりとったしっぽのような樹皮をつけて挿す、かかと挿しをするとよく発根する植物もある。

ごく一般的な挿し穂の種類

茎挿しの挿し穂のおもな種類には、軟枝、緑枝、半熟枝、熟枝の4つがある。これらは必要とされる材料がいつ入手できるようになるかによって、一年のうちの異なる時期に、したがって異なる成長段階の茎から採取される。

茎挿しの挿し穂はたいてい、その基部が節のふくらみのすぐ下になるように切る。節の部分には、根を形成する能力をもち、根の発生を誘導するホルモンが集中する不定芽細胞が高い割合でふくまれているのである。また、節のすぐ下の組織は通例、比較的硬く、菌類病や腐敗に抵抗性がある。

軟枝挿し

軟枝は、生育期を通じて成長点でたえず作られている、茎のもっとも未熟な部分からとる。生育期のあいだ、いつでも挿すことができるが、冬になるまでに定着する時間がある春に比較的よく行なわれる。

軟らかいため、軟枝の挿し穂は多くの場合、生かしておくのがもっともむずかしい。幸い、若く活力があるため、この部分はあらゆる種類の茎のうちで根を生じる潜在力がもっとも大きい。

急速に成長するため、ひとつ欠点がある。挿し穂が水を大量に消費するのである。いったん乾燥してしおれはじめるとけっして発根しないため、ガーデナーは用心する必要がある。当面扱えるだけの量の材料を集めて、濡らしたビニール袋に入れ、密閉して湿度を保つこと。袋のなかに湿らせた綿を一片入れておくのもよい。

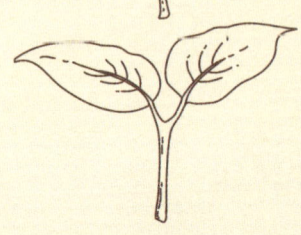

軟枝

緑枝挿し

緑枝は軟枝と似ているが、その年のもっとあと、通例、晩春から真夏に、葉が多く出た茎の先端からとる。

半熟枝挿し

半熟枝は、真夏から秋の盛りの茎が成熟して硬くなりはじめる頃にとる。挿し穂の基部は硬くなければならないが、先端はまだ軟らかい。軟枝より太くて硬く、貯蔵養分が多く蓄えられているため、生かしておくのがずっと容易である。しかし、ふつう、かなり葉が多いため、水の損失としおれという同じ問題がある。

緑枝

半熟枝

熟枝挿し

腐る葉がなく、蓄えられている養分が多いため、熟枝挿しはもっとも容易である。これは多数の落葉高木、低木、バラ、小果樹にとって申し分ない方法である。挿し穂は、落葉後、その植物が完全に休眠しているときに、十分成熟して木質化した部分からとる。熟枝はもっとも古い木質部でもっとも活力が少ないため、つねに、もっとも力強く成長している茎を選ぶ。

この種の挿し木は根やシュートの発生が遅いかもしれないが、たいてい成功する。挿し穂は12カ月以内に発根し、そうしたら掘り上げて鉢植えにするか、戸外に植える。

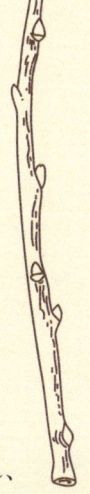

熟枝

根挿し

根挿しは、根から不定芽を出す能力をもっている植物に限定される。根挿しができる植物のリストは、茎挿しができる植物のリストよりずっと短いが、シュウメイギク (*Anemone ×hybrida*)、スタグホンハゼノキ (*Rhus typhina*)、*Geranium sanguineum* (フウロソウ属の多年草)、タマザキサクラソウ (*Primula denticulata*) のような人気のある園芸植物が多数ふくまれている。これらの植物の長く多肉質の根を晩冬に切って地中に垂直に植えるが、理想をいえば冷床 (無加温のフレーム) に植えるのがよい。

葉挿し

葉挿しは、アフリカスミレ (*Saintpaulia*)、アツバチトセラン (*Sansevieria trifasciata*)、多くのベゴニアのような多数の室内用鉢植え植物で実施できる。それほど知られていないが、スノードロップ (*Galanthus*) やスノーフレーク (*Leucojum*) など、この方法で増殖できる戸外の植物もある。葉を切るか刈りこんで、挿し木用培養土に一部埋め、それから日陰にした閉じたケースのなかに入れて発根させる。

Galanthus elwesii
オオユキノハナ

ルーサー・バーバンク
1849-1926

　ルーサー・バーバンクはアメリカの先導的園芸家のひとりで、農作物および園芸植物の育種家として草分け的存在である。彼は生涯を品種改良と新たな植物の創造に捧げ、有用な果樹、花卉、野菜の新しい栽培品種を作り出すことにかけてはほかのだれよりも成功した。彼のおもな目標のひとつは、植物の特性を操作することにより、世界の食糧供給を増やすことだった。

　バーバンクはマサチューセッツ州ランカスターで生まれ、家族の農場で成長し、そこでとくに母親の庭で植物を育てることを楽しんだ。そして遊ぶことよりも、自然や、ものがどのように育つかに興味をもった。バーバンクが21歳のときに父親が亡くなると、遺産を使って6.9ヘクタールの土地を買い、ジャガイモの育種にかんする仕事をはじめた。バーバンクポテトとよばれるジャガイモの品種を開発したのはここで、その権利を売って150ドル稼ぎ、それを使ってカリフォルニア州サンタローザへ移った。

　サンタローザでバーバンクは1.6ヘクタールの土地を買い、そこは彼の野外実験場になった。ここで、短期間のうちに彼に世界的な名声をもたらすことになる、有名な植物の交配と交雑育種の実験を実施したのである。バーバンクは外国の植物と自生植物のあいだで多くの雑種を作り出し、苗を作って価値を評価した。それらは多くの場合、雑種の特性をずっと早く評価できるように、完全に成長した植物に接ぎ木された。非常に多くの実験を実施していたため、何年もたたないうちに拡張の必要が出てきた。サンタローザ近郊にさらに土地を購入し、それはルーサー・バーバンクのゴールドリッジ実験農場とよばれるようになった。

　この仕事をしているあいだに、バーバンクは800以上の新しい変種を導入し、それには200種類以上の果樹（とくにプラム）、多くの野菜とナッツ類、何百もの観賞植物がふくまれている。

　これら新しい植物には、砂漠地域で家畜の飼料になるとげのないサボテンや、プラムコット——プラムとアプリコットの雑種——などもあった。そのほか導入された果樹で有名なものに、サンタローザプラム（これは1960年代になっても、カリフォルニアの商業的プラム生産の収穫量の3分の1以上を占めていた）、モモ 'Burbank July Elberta'、ネクタリン 'Flaming Gold'、種離れのよいモモ、イチゴ 'Robusta'、アイスバーグ・ホワイト・ブラックベリーあるいはスノーバンクベリーとよばれる白いブラックベリーがある。

植物育種家の草分けであるルーサー・バーバンクは、800以上の植物を導入したことで広く知られており、その多くが今日でもまだ栽培されている。

しかし、バーバンクは果樹だけに興味をもっていたわけではなく、多数の観賞植物の導入にもかかわった。もっとも有名なのはおそらくシャスタデージー（*Leucanthemum* × *superbum*）で、バーバンクが *Leucanthemum lacustre* と *Leucanthemum maximum* を交配して作り出したものである。

バーバンクは *Canna* 'Burbank'（カンナ属）など自分が作ったいくつかの新しい栽培品種に自分自身にちなんだ名前をつけた。その後、ほかにも *Chrysanthemum burbankii*（キク属）、*Myrica* × *burbankii*（ヤマモモ属）、*Solanum retroflexum* 'Burbankii'（ナス属）など、彼にちなんで命名されたものがある。

大規模な育種プログラムと多数の商業的価値のある植物の導入を実施したにもかかわらず、バーバンクはしばしば学術的すぎると批判された。しかし彼は純粋な研究よりも成果に関心があった。

バーバンクは自分の仕事にかんする非常に面白い著書、あるいは共著を書いており、この人物と彼が着手した大事業について知ることができる。そうした本には、8巻からなる『植物の育成』、『年間収穫量（Harvest of the Years）』、12巻からなる『ルーサー・バーバンク——彼の手法と発見、それらの活用（Luther Burbank: His Methods and Discoveries and Their Practical Application）』などがある。

バーバンクは彼が作り出した新しい植物だけでなく、途方もない遺産を残した。1930年にアメリカの植物特許法——植物の新しい栽培品種の特許をとることを可能にした法律——が、バーバンクの業績に大いにあと押しされて可決されたのである。サンタローザにあるルーサー・バーバンクの家と庭園は国定歴史建造物になっており、ゴールドリッジ実験農場は国家歴史登録財になっている。また、彼は1986年に全米発明家殿堂入りした。カリフォルニア州ではバーバンクの誕生日は植樹の日として祝われ、彼を記念して樹木が植えられる。

バーバンクの最初のジャガイモに由来する赤褐色の皮をもつ栽培品種は、「ラセットバーバンク」ポテトとよばれるようになった。これは加工食品に広く用いられているジャガイモであり、ファストフード・レストランでフライドポテトを作るのによく使用されている。アイルランドへ輸出されて、アイルランド人がジャガイモ飢饉から立ちなおるのに役立った。

植物の学名に言及する場合、標準的な命名者略記Burbankが命名者としての彼をさすのに使われる。

Prunus domestica
セイヨウスモモ

アロイス・ルンツァーによるこの図版は、プラムの園芸品種 'Abundance'、'Burbank'、'German Prune'、'October Purple' を描写したものである。

> 「今ではわたしは人類を、愛、すばらしい野外の自然の恵み、知的な交わりと選択さえあれば最高の満足が得られる、ひとつの巨大な植物とみなしている」
>
> ルーサー・バーバンク

有性生殖

進化の面からいってある種が成功するには、有利な遺伝的特性の維持と、ひんぱんに変わる環境条件に適応するために必要な多様性とのあいだのバランスが要求される。

有性生殖はある程度の多様性をもたらす。それは、結果として生じる子孫が示す特徴は、両方の親から受け継いだ特徴が混じりあったものだからである。植物が生育するあいだに突然変異が起こることもあり、これも遺伝的多様性に寄与する。

第2章で論じたように、顕花植物の有性生殖は、受粉とよばれるプロセスにより雄の花粉が柱頭に運ばれてはじめて起こる。花柱のなかを花粉管が伸び、続いて精子と卵細胞が出会い、受精が起こる。

受粉

花粉の運搬はたいてい風か動物によって実行され、用いられるメカニズムは数百万年にわたる植物の環境条件への適応の結果である。受粉の方法は植物によってさまざまで、多様性に富んでいる。

花はそれぞれはっきりした特徴を示しているため、ある花が風媒花か動物媒花か、簡単にわかる。たとえば風媒花はあまり目立たず、薬と柱頭が露出している。動物媒花はたいていよく目立ち、色、香り、蜜で動物を引き寄せて報酬をあたえる。

動物媒花は、花弁に花粉媒介者を蜜や花粉のあるところへ導く模様をもっている場合がある。この模様は紫外線のもとでのみ見えることもあり、その場合は昆虫にだけ見える。香りは遠くまで伝わるため、やはり強力な誘引物質である。多くの冬咲きの植物は、一年のうちその時期にはまばらにしかいない花粉媒介者を引き寄せるために、香り高い花をつける。コウモリやガなど夜に訪れる動物が花粉を媒介する花は、においが非常に強いがあまり目立たないことが多い。

風によって花粉を媒介される植物の花はずっと地味で、非常に小さいことが多い。イネ科草本がもっともよい例だが、カバノキ（*Betula*）やハシバミ（*Corylus*）のように尾状花序から花粉を放出して風にのせる高木もある。そうしたものが膨大な数生産する小さくて軽い粘着性のない花粉は、かすかな微風でも運ばれる（花粉症の人にとっては辛い季節になることが多い）。風で運ばれた花粉を受けとる雌しべは長く、羽毛のある非常に粘着性のある柱頭をしている。

風媒の高木や低木が葉が出ていないときに花粉を放出するのは、葉が花粉の運搬をさまたげることのないようにするためだと考えられている。

Betula alnoides
セイナンカバ

カバノキは花粉をつけた尾状花序を生じる。微風でも花粉が雌しべの柱頭へ運ばれる。

生殖

昆虫によって
運ばれる花粉

風によって運
ばれる花粉

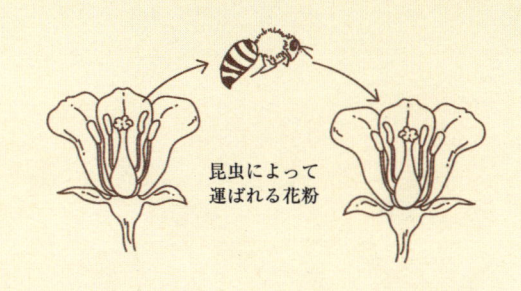

有性生殖では、花粉が花粉媒介者によって能動的に運ばれるか、気流によって受動的に運ばれるかのどちらかである。

個々の花粉粒は小さく、そのため栄養的価値が低い傾向があるが、それでもほかの花粉が少ないときに集める昆虫もいる。

特殊化した受粉メカニズム

　一部の高度に進化した花は非常に特殊化しており、葯と柱頭が隠れていて、適当な大きさ、形、行動をする媒介者だけが到達できる。ジギタリス（*Digitalis*）やヒメツリガネズイセン（*Hyacinthoides non-scripta*）の場合のような、ハチによる花粉媒介がおそらくもっともよく研究されている例である。

　キンポウゲ（*Ranunculus*）のような原始的な花は訪れる者をなんでも受け入れ、さまざまなジェネラリストの媒介動物を引きつける。このタイプの花は多数の花粉を作らなければならず、その多くがむだになる。これに対し、もっとも高度に特殊化した花は、単一の種の花粉媒介者だけを引き寄せる。そうしたものは花粉が同じ種の植物の柱頭に達する確率がずっと高く、生産しなければならない花粉が少なくてすむため、より効率的で

ある。不利な面は、これらの植物が、環境の変化によって花粉媒介者の減少が進んだ場合に、その影響を非常に受けやすいことである。

　ひとつの例がミラーオーキッド（*Ophrys speculum*）で、その花は雌のハチに非常によく似ており、雌のハチが放出するものに似たフェロモン（化学的シグナル）さえ出している。その結果、雄のハチは花と交尾し、こうして花粉を媒介する。このメカニズムはキプロスビーオーキッド（*Ophrys kotschyi*）では非常に特殊化していて、ひとつの種のハチしか花粉を媒介しない。そのような場合、植物は報酬を生産して資源をむだにするようなことはないが、変化に対して非常に脆弱である。

　花粉媒介者を引き寄せるための擬態の利用が多くの花でみられる。もっとも不快なのがデッドホースアルム（*Helicodiceros muscivorus*）だろう。これはコルシカやサルデーニャのカモメのコロニーの近くに生えている。その大きな灰色がかったピンクの仏炎苞は腐りかけの肉に似ていて、それ

Ranunculus asiaticus
ハナキンポウゲ

111

から漂ってくるにおいも同じくらい不快である。カモメの繁殖期に開花し、そのときコロニーは死んだ雛や腐った卵、糞、食べ残しの魚屑でいっぱいである。無数のハエが堆積物に引き寄せられ、花は多くのハエをだまして花粉を媒介させる。庭にある同じようなやり方で悪臭を放つ植物に、マムシアルム（*Arum maculatum*）、ドラゴンアルム（*Dracunculus vulgaris*）、スカンクキャベツとよばれるアメリカミズバショウ（*Lysichiton americanum*）などがある。

Dracunculus vulgaris
ドラゴンアルム

ドラゴンアルムの花は腐りかけの肉に似たにおいを放ち、花粉を媒介するハエを引き寄せる。

Viola riviniana
（スミレ属の多年草）

他家受粉と自家受粉

　ここで簡単な質問をしてもかまわないだろうか。なにが花に自分で受粉させないようにしているのだろう。ひとつの花のなかで葯と柱頭が非常に近くにあるため受粉はいつでも起こり、このため別の株の花に受粉させようとする試み（他家受粉）が妨げられるはずではないか。
　実際、それは起こっている。これは自家受粉とよばれ、同一の株のふたつの花のあいだや、ひとつの花のなかで起こる。だがうまいことに、植物は他家受粉と自家受粉の程度をコントロールするメカニズムを進化させた。
　たとえば *Viola riviniana*（スミレ属の多年草）はときどき非常に小さな花を生じ、それは閉じたままで、確実に自家受粉が起こる。これにより、他家受粉でありがちな大きな花や大量の花粉を作らなくても確実に受粉でき、資源を経済的に使うことができる。
　もちろん、植物が自分で能動的にその決定をしているわけではない。植物が採

用する戦略は、環境との相互作用と植物自身の生理の複雑な結果である。たとえばアカボシツリフネソウ（*Impatiens capensis*）は、動物による強い食害への対応として閉じた花での自家受粉の手段をとっている。

　花が十分発達する前に花粉が運ばれても、他家受粉はできない。コモンベッチ（*Vicia sativa*）の受粉はつぼみの段階で起こる。これはマメ類によくみられる特徴であり、よってこれら植物のF1雑種（120-121ページ参照）がめったに見られないのである。

　一部の花では、葯と柱頭が互いに簡単にはとどかない位置にある。これによって自家受粉の機会が減る。また、サクラソウ属（*Primula*）の植物はピン型とスラム型というふたつの異なるタイプの花をつける。ピン型の花の柱頭は突出し、葯は花筒の奥にある。逆に、スラム型の花の葯は外に出ていて、柱頭は短く花筒の底にある。これにより昆虫がひとつの型から別の型へ花粉を運びやすくなり、その結果、他家受粉の割合がずっと大きくなる。ピン型とスラム型の花はプルモナリアでもみられる。

　雄型と雌型をもつ植物もある。たとえばセイヨウヒイラギ（*Ilex aquifolium*）の大多数の栽培品種は雄か雌である。このような植物は雌雄異株といわれる。他家受粉が保証されているのは雌雄異株の植物の場合だけである。

　ひとつの花の雄の部分と雌の部分が異なる時期に成熟して、他家受粉の割合が大きくなる場合もある。ジギタリス（*Digitalis purpurea*）の葯は柱頭が花粉を受けとる用意ができる前に成熟し、ほかの植物では、柱頭が葯より先に成熟する場合もある。

　ジギタリスでは、花は直立した穂にそってつき、下の花が先に成熟する。だれでも、上へ向かって花から花へと食べ物を探すハチを見守る愉快な瞬間を楽しんだことがあるだろう。ハチはこの方向で食べ物を探し、もっとも成熟した花（受け入れ可能な柱頭をもつ花）を最初に訪れ、しだいに花粉を生産しているような花へと上がっていく。花粉がハチに付着し、ハチはいちばん上の花に達すると次の植物へと飛んでいく。それからハチがたどりつく最初の花は穂のいちばん下のもので、花粉は受け入れられて他家受粉が達成されるのである。

　芝生の雑草としてよくみられるオオバコ（*Plantago*）の小さな風媒花もジギタリスと同じように順に成熟するが、穂のいちばん上にある花が最初に成熟する。花粉はおもに花序のそれぞれ下の部分に集まるため、それが同じ植物の上の方にある受け入れ可能な柱頭の上に落ちる可能性は低くなる。そのかわりに花粉粒は別の植物のところへ吹き飛ばされて、他家受粉が起こる。

Ilex aquifolium
セイヨウヒイラギ

自家不和合性

　高木の果樹を育てているガーデナーは、自家不和合性と交配親和性の問題について不思議に思っているかもしれない。とくにリンゴの木はこの問題があることで知られており、リンゴの木を植えて果実をならせるつもりなら、交配親和性のある別の品種も植える必要があるという見解が、広く受け入れられている。

　その理由は不和合性にある。ある花の花粉が別の花の柱頭につくだけでは十分ではないことがあり、不和合性の問題が生じるかもしれないのである。たいていのリンゴの場合、自家不和合性が問題になり、個々の木の受粉をそれ自体の花粉を使ってやろうとしても成功はみこめない。

Theobroma cacao
カカオ

　そのような場合、受粉は起こるかもしれないが、胚の受精のときに不和合性の問題が起こってくる。カカオ（*Theobroma cacao*）の場合、受精は実際に起こるかもしれないが、不和合性のためすぐに発育が止まる。

　この理由で、リンゴ、サクランボ、ナシ、プラム、ダムソン、ゲージの木はみな、開花期と親和性によってグループ分けされている。'Victoria' プラムのようないくつかの品種は自家和合性であるため、1本だけでもうまく結実する。ガーデナーは果樹園を計画するときには交配親和性を考慮しなければならない。

花粉の形成

　雄しべはそれぞれ葯（通常、2つに分かれている）と花糸で構成され、葯のなかの花粉嚢で花粉が生産され、花糸には維管束組織があって、葯を花のそのほかの部分につないでいる。

　一つひとつの花粉嚢のなかで、花粉母細胞が減数分裂（88ページ参照）をして一倍体の花粉粒細胞を形成する。各花粉粒には、その種に特有の模様がきざまれた厚い花粉壁が発達する。

　それから花粉粒細胞は有糸分裂をして、花粉管核と雄原核を形成する。この段階で花粉粒の内容は雄性配偶体世代とよばれる。25ページで触れたように、これは顕花植物では極端に小さくなっていて、わずか2個の一倍体細胞からなる。

生きている植物学

　電子顕微鏡を使えば、科学者たちは多くの場合、異なる種をそれぞれの花粉粒の彫刻紋様によって区別することができる。花粉粒は土壌中で何千年も保存されることがあり、異なる層の土壌にふくまれる花粉を調べることにより、ある地域の植物相が時とともにどのように変化してきたか観察することができる。

胚珠の発達

雌しべはそれぞれすくなくともひとつの柱頭、花柱、子房から構成される。子房のなかに1個または複数の胚珠が生じ、胚珠は珠柄とよばれる短い柄で子房壁の胎座とよばれる場所に付着している。養分と水が珠柄を通って胚珠へやってくる。

胚珠の本体は珠心で、珠皮で包まれ守られている。珠心のなかで胚嚢母細胞が発達して成熟した胚嚢を形成する。胚嚢母細胞が減数分裂をしてできた一倍体細胞のうち、1個だけが成長して成熟した胚嚢を形成する。

一倍体の胚嚢は珠心から栄養をあたえられて成長し、胚嚢は有糸分裂によってさらに分裂して、核が8個になる。この一倍体細胞の集団は雌性配偶体世代とよばれる。これらの核のうちの1個が卵核、もうひとつが（2個の極核が合体した）中心核である。

受精と胚の形成

花粉粒の形成後まもなく、葯壁の細胞が乾いて縮まり、葯が裂けて花粉嚢が裂開する。そして花粉粒が放出されて、受け入れ可能な柱頭にたどりつく。

受け入れ可能な柱頭は粘着性があり、風や訪れた動物によって運ばれてきた花粉を捕らえる。花粉粒外被の蛋白質と柱頭の相互作用により、花粉粒は両者の和合性を「認識」する。和合していれば、花粉管が急速に成長して、花柱を通って子房に入る。

花粉管の成長は花粉管核によってコントロールされ、消化酵素が分泌されて花柱への侵入が可能になる。このとき、花粉粒の雄原核は有糸分裂をして2個の雄性配偶子を形成する。最終的に花粉管は胚嚢に入る。花粉管核は退化し、2個の雄性配偶子が花粉管を通って胚嚢に入る。

雄性配偶子は、ひとつは卵細胞と融合し、もうひとつは中心核と融合して胚乳核を形成する（これは最終的には種子の養分を蓄える胚乳になる。75ページ参照）。このように顕花植物での受精のプロセスは実際には重複受精であり、その結果、未熟な胚（第5章参照）と胚乳ができる。

無配偶生殖——無性的にできる種子

受精しなくても生育可能な種子を作ることができる植物もある。これは無配偶生殖とよばれ、栄養生殖の特徴と種子散布によって生まれるチャンスをあわせもっている。ナナカマド属 (*Sorbus*) のいくつかの種は無配偶生殖で繁殖し、タンポポ (*Taraxacum*) もそうである。無配偶生殖は、野生の状態では隔離された小さな個体群の進化をもたらすことがある。そしてガーデナーにとっては、特定の種を均一な種子から育てることができるというメリットもある。

Sorbus intermedia
（ナナカマド属の高木）

フランツ・アンドレアス・バウアー
1758-1840

フェルディナント・ルーカス・バウアー
1760-1826

フランツ・アンドレアスとフェルディナント・ルーカスのバウアー兄弟はすぐれた植物画家であるが、兄のフランツは、よく旅行した有名な弟に比べてあまり知られていない。フランツは1758年、フェルディナントは1760年に、現在のチェコ共和国ヴァルチツェにあたる、モラヴィアのフェルツベルクで生まれた。父親はリヒテンシュタイン公の宮廷画家で、そのためふたりは幼い頃から芸術作品や絵画に囲まれて育った。

父親はフェルディナント誕生の1年後に亡くなり、兄弟（長兄のジョーゼフ・アントンもふくむ）は、医師で植物学者でもあるフェルツベルク修道院長のノルベルト・ボッチウス神父のもとに預けられた。まだ十代だったが、兄弟は3人で協力して修道院の庭園にある植物や花をすべて記録し、植物標本の水彩画を2700枚以上制作した。彼らの作品は、14巻におよぶすばらしい『植物界の本（Liber Regni Vegetabilis）』や『リヒテンシュタイン写本（Codex Liechtenstein）』の挿絵になっている。ボッチウスの指導のもと、とくにフェルディナントは自然を愛する鋭い観察者になった。

1780年にフランツとフェルデナントはウィーンへ行き、ニコラウス・ヨーゼフ・フォン・ジャカン男爵のもとで働いた。彼は有名な植物学者で画家であり、シェーンブルン宮殿の王立植物園の園長、

フランツ・アンドレアス・バウアー（上）と弟のフェルディナントは、生涯、本やコレクションのための植物画を描いてすごした。

ウィーン大学の植物学と化学の教授でもあった。ここでふたりは、リンネの分類体系や顕微鏡を使った微細な記録のことを知り、ボタニカル・イラストレーターとしての技術を磨いて、植物の正確な観察に力をそそいだ。細部になみはずれた注意をはらい、それはのちに彼らのトレードマークになった。だが、その後、兄弟の道は分かれていく。

フランツは1788年にイギリスへ渡ってフランシスとよばれるようになり、キューにおちついて、そこで残りの生涯をすごした。彼はジョーゼフ・フッカー卿の後援を受けてキュー王立植物園で40年以上働き、国王陛下の植物画家の称号をあたえられた。フランツの図版は、キューにもたらされて栽培されてはじめて科学的手法で調査された、世界各地で発見されたばかりの植物の貴重な科学的記録である。弟と違って旅行したがらず、自分が調べている植物にかんして、科学的、植物学的な関心を深めるようになった。

フランツはリンネ協会の特別会員に選ばれ、ロイヤル・ソサエティの特別会員になった。1840年にキューで亡くなる。

兄弟ふたりのうちフェルデナントのほうが有名な植物画家になった。彼は植物学者や探検家とともに旅して、自然の生育地における植物や、地元の自然史の観点から植物を記録した。

1784年にフェルディナントは、

Erica massonii
（マッソンがイギリスに導入したエリカ）

フランツ・アンドレアス・バウアーによるこの挿絵は、『キュー王立植物園で栽培された外来植物の概要（Delineations of Exotick Plants Cultivated in the Royal Garden at Kew）』に使われた。リンネの体系にしたがって植物学的特徴を示している。

植物学者でオックスフォード大学の教授であるジョン・シブソープのギリシア旅行に同行した。これは『ギリシア植物誌（Flora Graeca）』の出版につながり、この本のいたるところにギリシアの植物を描いたフェルディナントのすばらしい挿絵が掲載されている。

その後、ジョーゼフ・バンクス卿の推薦で、ボタニカル・イラストレーターとしてバンクス配下の植物学者ロバート・ブラウンに同行し、インヴェスティゲーター号でオーストラリアへ旅した。そして、この航海のあいだに目にしたり収集したりした動植物のスケッチを約1300点制作した。彩色された図版はオーストラリアの植物相と動物相の驚異を広く知らしめ、何枚かの絵は『オーストラリア植物図譜（Illustrationes Florae Novae Hollandiae）』で版画の形で発表された。これは、オーストラリア大陸の自然史についてはじめて詳しく説明した書物である。

インヴェスティゲーター号がイギリスへ帰国するため出帆したとき、フェルディナントはシドニーに残り、ニュー・サウス・ウェールズとノーフォーク島へのさらなる探検に参加した。

そして1814年にオーストリアに戻り、エィルマー・バーク・ランバートの『マツ属の解説（A Description of the Genus Pinus）』やジョン・リンドリーのためのジギタリス属（*Digitalis*）の図版など、イギリスの出版物の仕事を続けた。シェーンブルン植物園の近くに住み、絵を描きオーストリア・アルプスへ旅行してすごし、1826年に亡くなった。

オーストラリアの植物種でフェルディナント・バウアーにちなんで命名されたものがいくつもあり、*Bauera*（エリカモドキ属）とオーストラリアの海岸にあるバウアー岬も彼にちなんで命名された。

植物の学名に言及する場合、標準的な命名者略記F. L. Bauerが命名者としての彼をさすのに使われる。

Thapsia garganica
（セリ科の多年草）

『ギリシア植物誌』の挿絵に使われた、フェルディナント・バウアーによる多数のすばらしいギリシアの植物の図版のひとつ。

植物の育種——栽培下での進化

植物の進化のメカニズムは自然状態でも栽培下でも同じであり、唯一の違いは選択の圧力である。自然状態では、たとえば弱い形質を示す植物はすぐに死んでしまい、この過程は自然選択（または自然淘汰）あるいは「適者生存」とよばれる。栽培下では、植物育種家は望ましい特徴（たとえば大きな花、高い収量、色彩豊かな葉）を示す植物だけを選択する。あとのものはすてられ、この過程は人為選択（または人為淘汰）とよばれる。

植物の選択

植物育種の起源は、狩猟採集民が野生の植物から収穫をした約１万年前の農業の黎明期までさかのぼることができる。

当時、人類は遊牧生活をしていて、（主たる食料源である）動物を追い、動きまわりながら植物から食料を集めた。イヌ、ブタ、ヒツジがうまく管理され家畜化された最初の動物で、家畜の利用により今度はもっと半遊牧的な生活様式になった。初期の農民は、自分たちにとって有用な植物のなかに蓄えたり種子からふたたび育てたりできるものがあることに気づいた。

時がすぎ、農民が経験から学ぶにつれ、栽培される作物の範囲が広がり、農民は次のシーズンに育てるために作物から最良の植物だけを選びはじめた。その結果、ゆっくりだが徐々に作物の改良のプロセスが進みはじめた。

栽培による数千年の改良により、今ではジャガイモ（*Solanum tuberosum*）やスイートコーン（*Zea mays*）のように一部の作物は野生の先祖から大きく変わっている。そうした作物の栽培品種は人工の環境でのみ丈夫に育つことができ、野生状態では生き残ることができない。しかし、カカオ（*Theobroma cacao*）やリーキ（*Allium porrum*）のようないくつかの作物は、野生種からあまり変わっていない。イガマメ（*Onobrychis viciifolia*）——かつて人気のあったマメ科植物——のように、栽培の主流から消えてしまったものもある。

高木と低木は成熟するまでに非常に長い時間がかかり、多くの遊牧あるいは半遊牧民は、それを作物として利用するほど長くひとつの場所にとどまることはなかっただろう。このため、高木と低木の作物（おもに果実）が栽培されるようになったのは、人類がそれほどひんぱんに移動しなくなった比較的最近になってからのことである。西アジアの自然のリンゴやナシの林のそばに定住したことが、最初の果樹園ができるきっかけになった。燃料や建築材料のために森を切りはらうとき、もっとも生産力のある樹木を残したのだろう。

***Zea mays*
スイートコーン**

もっと最近になると、観賞植物の栽培すなわち園芸が発達しはじめた。初期のガーデナーたちも同じような選択の手法を使ったのだろうが、収量に注目するのではなく植物の装飾的な面での長所に関心をもつようになったのである。イチジク、オリーブ、ブドウのような作物はすでに栽培植物化されて有用な作物が作り出されていたから、初期の庭園にとって疑問の余地のない選択肢だったはずである。こうした作物のなかには、ある種の宗教的あるいは文化的意味ももつものがあったと考えられ、そのような要素が、バラ、イチイ、ゲッケイジュのような作物以外のかぎられた少数の植物にまで広がったのかもしれない。また、たんに栽培が簡単だとか日陰や風雨をよける場所を提供するという理由で選ばれた植物もあるだろう。植物育種により、1200年にはすでに5系列の観賞用のバラ、すなわちアルバ、ケンティフォリア、ダマスク、ガリカ、スコットがあった。

15世紀から18世紀にかけての新世界の発見により、多数の新しい植物が栽培されるようになった。トウモロコシあるいはスイートコーン（*Zea mays*）のように、今では世界的な品目で植物育種学の最前線にある植物もあれば、赤い花の咲くフサスグリ（*Ribes sanguineum*）のように非常に頼もしい園芸植物になったものもある。

観賞植物の発見の黄金時代は19世紀と考えられ、プラントハンターたちが世界中に派遣されて新種を探し、それらは当然、母国へ送られ、梱包を解かれて増殖が行なわれた。世界が「小さく」なるにつれ、プラントハンターの仕事はより真剣で特定の場所に集中するようになった。それはウェールズのクルーグ・ファーム・プランツのブレディン・アンド・スー・ウィン＝ジョーンズのような人々の旅によって続き、彼らは多くの新しい園芸植物をとくにアジアから導入した。

新しく発見された植物がガーデナーに広く受け入れられるようになるまでには時間がかかる

Vitis vinifera
ヨーロッパブドウ

ことも多いが、そうした植物によって植物育種家が利用できる材料が増える。たとえば、長く栽培された *Helleborus niger* と最近導入された *H. thibetanus* の雑種である *Helleborus* × *belcheri* のような新しい種類のクリスマスローズが市場に登場しているのを、ガーデナーは目にするようになった。

植物育種の科学は今日、すさまじい勢いで進みつづけている。農業の世界では、たいへん幸運なことに、非常に多数の異なる果物や野菜が簡単に手に入る。ガーデニングの世界では、最新の『王立園芸協会プラント・ファインダー（RHS Plant Finder）』に、現在栽培されている7万5000という驚くほどの数の観賞植物が記載されている。そして、それはイギリスで入手できるものだけなのである。

現代の植物育種

植物育種において選択はいまだに大きな役割をはたしているが、時間がかかる場合もあり、栽培品種がガーデナーの手にわたるまでに、ときには10年もかかることがある。それは一般に、選抜、排除、比較の3つのステップからなる。

まず、選ばれた個体群から見こみのある植物が多数選抜され、これは通常、変異性が大きい。これら選ばれた植物は数年にわたって異なる環境条件のもとで観察目的で栽培され、成績の悪いものから排除される。最後に、残っている植物が改良されているかどうか確かめるために、既存の栽培品種と比較される。

場合によってはこの手順がずっと速く進むことがある。鋭い目をもつ育種家が自然突然変異や変異体（121ページ参照）を見つけるかもしれないのである。その場合、それらは栄養繁殖によって増やされ、観察と試験の対象にされる。この方

法により、独特の直立した姿をしたアイルランドイチイ（*Taxus baccata* 'Fastigiata'）やネクタリン（*Prunus persica* var. *nectarina*）——要するに毛のないモモ——をガーデナーは手に入れてきたのである。

交配

　ふたつの異なる植物の好ましい形質を一緒にすることを目的とした他家受粉による交配は、今日ひんぱんに用いられている植物育種の手法である。その原理は、花の性的機能が明らかにされた17世紀に実施された観察にもとづいているが、植物育種家が実際的なやり方でこの知識を利用しはじめたのは19世紀になってからである。

　それまでは、「原始的な」交配家はふたつのまったく異なる栽培品種を鉢植えにして、両方が満開になったときに一緒に置くということをしていたが、それは、両者が交雑して両親がもつ特徴を示す苗ができる確率がある程度高いということを知っていたからである。最初の四季咲きのオールドローズはこのようにして生まれたのであり、新たに発見されたコウシンバラ（*Rosa chinensis*）がヨーロッパで栽培されるようになってから、すでに庭で栽培されていたオールドローズと交配されたのである。

　19世紀後半にグレゴール・メンデル（16-17ページ参照）によって最初に証明された、植物の遺伝と遺伝子についての近代的理解は、交配手法に大きな進歩をもたらした。園芸の世界にはかなりの数の有名な交配家がいて、たとえばエリザベス・ストラングマンは最初の八重咲きのクリスマスローズをもたらし、日本の育種家、伊藤東一は木本のボタンと草本のシャクヤクの交配に最初に成功して、シャクヤクの世界で伊藤ハイブリッドとよばれるものを作り出した。

　農業の世界では、近代的交配手法が20世紀なかばの「緑の革命」で全盛をきわめた。近代的殺虫剤、肥料、管理手法とともに高収量の栽培品種の開発により、この「革命」は世界の人口が前例がないほど多くなったときに、数十億の人々を飢餓から救ったとされている。

植物育種におけるF1雑種

　交配家がとる必要のある最初のステップは、各親植物ができるだけ「純粋」で、示している遺伝的変異が最小限であるようにすることである。これは通例、植物が同系交配するように何世代か自家受粉させることによって達成される。

　いったんふたつの純系が生まれたら、次のステップは、それらを他家受粉させることである。その結果、得られたものは、その後、望ましい形質の組みあわせを求めて選抜される。どちらかの親植物との戻し交配をくりかえすことにより、望ましくない形質を除くことができる。

　このような状況での受粉は管理しなければならない。自然と同じように戸外で受粉するにまかせると（放任受粉）、花粉源が保証されず、花粉がどこからでも運ばれてくる。その結果、非常に多様な子孫ができるのである。

　このため、交配家が直面する最大の難問は、ほかの系統から花粉がやってこないようにすることである。その植物の花粉が短距離しか移動しないことがわかっているなら、親植物を栽培する畑を隔離できる。また、温室やポリトンネルのなか、ビニールの袋やドーム状の覆いのなかに入れた花

Rosa chinensis
コウシンバラ

生殖

高度な育種

　知識が増え技術が向上するにつれ、育種家は育種プロセスのスピード、正確さ、範囲を改善する方法を開発してきた。たとえば北半球と南半球で並行して実施することにより年2世代を生じることが可能な選抜プログラムや、人工気象室での植物の栽培などがある。

　もっと最近の実験テクニックを使えば、育種家は個々の細胞やその染色体のレベルで操作できる。また、遺伝子組換えや遺伝子工学により、科学者は新たな遺伝子を既存の植物に挿入して病気への抵抗性を増したり収量を向上させたりできるし、植物にたんに特定の除草剤に対する抵抗性をもたせて雑草防除が簡単になるようにすることもできる。

　現在のところ、遺伝子組換えによって新しい園芸植物を作る大きな動機は存在しない。トウモロコシ（*Zea mays*）、トマト（*Solanum lycopersicum*）、コムギ（*Triticum aestivum*）のような国際的に重要な作物に作業が集中している。

突然変異と枝変わり

　植物によっては自然突然変異や変異体を生じることがあり、植物育種家はそれを新しい栽培品種を作る材料として利用する。自然に生まれた突然変異体や異常な成長部分から生まれた新しい植物は「枝変わり」とよばれ、そのような材料は（たとえばネクタリンの場合のように）自然に現れるものもあるが、通例、化学物質や放射線にさらすことによって人為的に誘導される。

　1950年代に、放射線にさらすことによりバーティシリウム萎凋病に抵抗性を示すペパーミント（*Mentha×piperita*）の品種が作り出されたが、もうそれは市販されていない。ヘメロカリス（*Hemerocallis*）の現代の栽培品種は、多くが化学物質を用いて染色体数を2倍にする育種の結果、出現した。それにより4組の染色体をもつ（四倍体の）栽培品種ができ、それはたいてい比較的大きくしっかりした花をつける。

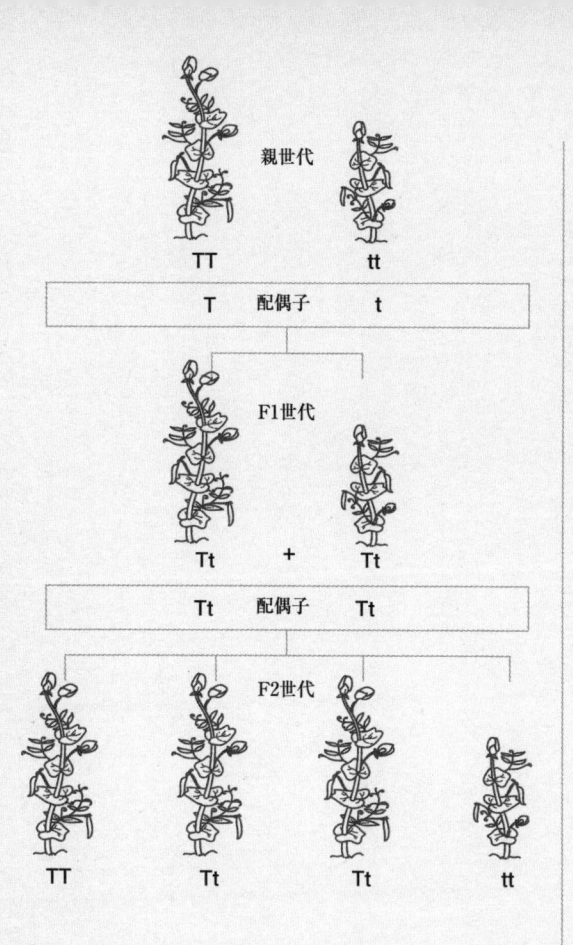

に手で授粉して比較的小さな規模で交配を行なうことにより、受粉を管理できる。

　交雑の結果できる最初の世代はF1世代とよばれる。そしてできた子孫は一般にF1雑種とよばれる。F1は「filial 1」（雑種第1世代）を意味する。注意深く制御された他家受粉でできたF1雑種は新しい独特の特徴をもつ。その開発にかかわる仕事は多額の費用と何年もの時がかかり、そのためF1の種子は放任受粉の種子より高価である。そして、その欠点のひとつは、それが固定していない――それが作る種子は同一レベルの均一性をもたない［つまり同じ形質の子孫を作らない］――ことである。このため、その種子はふつうは保存したり播種したりする価値がない。

Syringa vulgaris
ライラック

第5章
生命のはじまり

　植物を種子から育てる、つまり種子が発芽し、苗が育って成熟した植物になるのを見るのは、ガーデニングの醍醐味といってよいだろう。
　種子は植物の生活環にとって不可欠な部分であり、有性生殖の最終結果で、その種が世代から世代へと生きつづけられるようにし、環境条件が不利なあいだも安全にすごせる仕組みを提供する。ガーデナーにとって、種子はとりわけ一年生の花壇植物や多くの多年草を大量に生産するための安価な方法になっている。一年生の野菜もすべて種子から栽培され、ガーデナーは自分で育てた植物から採種して、無料の種子源とすることもできる。種子にかんするさらに詳しいことは、74-80ページおよび110-115ページを参照のこと。

種子と果実の発達

　いったん受精が起こると（115ページ参照）、子房は果実、胚珠は種子とよばれるようになる。これらふたつの構造は、胚の形成がはじまると発達する。種子は胚（幼植物）と胚乳（幼植物のための養分の蓄え）とそれらを包む種皮からなる。胚は細胞分裂（有糸分裂）によって大きくなりはじめ、成熟するにつれ最初のシュート（幼芽）、最初の根（幼根）、子葉が形成されだす。

　子葉は苗の最初の葉になるだけでなく、胚乳にくわえて養分貯蔵の役割も担っていることがある（75ページ参照）。単子葉植物は子葉を1枚しかもっていないが、双子葉植物は2枚もっている（28ページ参照）。

　胚乳核は有糸分裂をくりかえして胚乳を形成し、胚乳は薄い細胞壁でへだてられた細胞のかたまりで、養分貯蔵庫の役割を果たす。養分は大部分がデンプンの形で蓄えられるが、種によっては油やタンパク質も重要な構成要素となることがある。

イネ科草本

Ricinus communis
トウゴマ

　たとえばトウゴマ（*Ricinus communis*）の種子は油の含有量が多いのに対し、コムギ（*Triticum*）の種子はタンパク質とデンプンの両方を多くふくむ。細かく砕かれてパン用小麦粉になるのは、コムギの胚乳である。

　種子が成熟するにつれ、種皮が熟し、子房だったものが発達して成熟した果実になる。漿果や核果では子房壁が発達して多肉質の果皮になり、種子を守りその散布を助ける働きをする。種子の発達の最終段階で起こることのひとつが水分の減少で、重量で約90パーセントあったのがわずか10〜15パーセントにまで低下する。これにより代謝速度がかなり落ち、それは種子の休眠に不可欠な過程である。

種子の休眠

たいていの植物の種子で、成熟途中で早すぎる発芽が起こらないようにするため、一連の変化が起こる。それは休眠とよばれ、種子散布のための時間をあたえ、環境条件が最適のときに発芽するようにする生き残り戦術である。たとえば夏から秋にかけて生産される多くの種子は、冬がはじまる前に発芽すれば生き残れないだろうから、春のはじまりを発芽時期にするメカニズムが存在する。

非常に長いあいだ休眠しつづけることができる種子もあれば、それができない種子もある。ガーデナーは種子の包みの「使用期限」の日付を見て当惑するかもしれないが、これらの日付は種子の寿命を反映している。この日付をすぎると、一部の種子の胚はもう生育できない可能性があるのである。また、多くのガーデナーが「1年の種まき、7年の草とり」ということわざを知っているだろう。これは土壌中には多数の種子があって、たんに休眠しているだけで、土壌がかく乱されると目を覚ますことをいっている。スガワラビランジ（*Silene stenophylla*）の種子は永久凍土層に埋まる場合があり、発掘された3万1000年以上前のものと推定される種子がうまく発芽したことがある。

休眠は胚の内部か外部のどちらかの条件によってひき起こされる。生理的休眠と機械的休眠が混在している多くのアイリスの種子の場合のように、複数の要因が組みあわさっているのもめずらしいことではない。

Lathyrus odoratus
スイートピー

生理的休眠

生理的休眠は、胚の内部で化学的変化が起こるまで、発芽を防ぐ。アブシジン酸（99ページ参照）のような化学的阻害物質が胚の成長を遅らせて、種皮をつき破れるほど丈夫にならないようにしている場合もある。高温または低温に反応する温度休眠をする種子もあれば、光休眠すなわち光感受性を示す種子もある。

形態的休眠

形態的休眠は、種子散布のときに胚がまだ成熟していない場合にみられる。胚が完全に発達するまで発芽は起こらず、それによって発芽は遅れ、場合によってはさらに水があるかどうかや周囲の温度に影響される。

物理的休眠

物理的休眠は、種子が水をとおさなかったりガス交換をしなかったりする場合に起こる。マメ類が典型的な例で、非常に水分含量が少なく、種皮の吸水がさまたげられている。種皮を切るか削ると水の取入れが可能になり、この方法はスイートピー（*Lathyrus odoratus*）の発芽で推奨されている。

機械的および化学的休眠

機械的休眠は、種皮そのほかの外被が固すぎて発芽のときに胚がふくらむことができない場合に起こる。化学的休眠は、胚のまわりの外被に存在する成長調節物質やそのほかの化学物質によって起こる。こうした化学物質は雨水や雪融け水で種子から洗い流される。ガーデナーは種子を洗ったり水に浸したりして、そのような条件をまねることができる。

種子の発芽

発芽は、胚が（通例、休眠後に）成長を誘発された瞬間から第1葉の形成までの種子の成長と定義できる。発芽が起こる前に、胚が生育できる（生きている）こと、休眠が打破されていること（125ページ参照）、環境条件が好適であること、という3つの基本的な条件が満たされなければならない。

しかし、環境条件はすぐに好適でなくなるかもしれない。すべての種子が発芽すれば、不運にも天候が一転して、一生のうちでもこの無防備な段階で全部が死んでしまう可能性もある。多くの植物でみられる時期をずらした発芽はうまい適応で、保険として働く。最初に発芽しないものは少し遅れて発芽する。

休眠打破

休眠している種子は、発芽するにはその前に休眠を「破る」必要がある。一般的な誘因には、高温または温度変化、凍結と解凍、火や煙、干ばつ、動物の消化液にさらされることなどがある。栽培植物のなかには種子休眠が実質的に存在していないものがあり、そうしたものから意図的に品種改良がなされてきた。

湿潤低温処理

ガーデナーが種子を発芽させたいとき、自然をまねて人為的に休眠打破をして発芽させなければならないこともある。多くの方法があるが、第一の方法は湿潤低温処理で、ガーデナーは種子を正しい方向へちょっとつついてやる必要がある。たとえばエキナセア属（*Echinacea*）は思うように発芽してくれないが、1カ月間冷蔵庫に入れておけば、うまく発芽させることができるようになる。このような処理は落葉高木や低木の多くの種子でうまくいく。暖かい期間に続いて低温期間、そしてもう一度暖かい期間を必要とする種子もある。このような種子の場合、冷蔵庫だけでなく加温した育苗箱があるとよい。

傷付処理

場合によっては、硬い種皮を破るのに少し力がいることもある。傷付処理とよばれる作業である。本来、これは自然の腐敗や動物の行動によって起こる。待っている余裕のないガーデナーには、種皮をやすりでこすったり、（小さな種子なら）内側に紙やすりを貼ったねじ蓋つきの瓶に入れてふるといった方法がある——アカシア（*Acacia*）の

ここに示したペグノキ（*Acacia catechu*）のようなアカシアの種子は、まく前に4時間ほど湯につけるか、紙やすりを使って表面に傷をつけるとよい。

種子はこの処理によく反応する。ほかに、種皮を切ったり、削ったり、針で刺したりする方法がある。

浸種

水につけることにより、種子から自然の化学的阻害物質がとりのぞかれ、種子が吸水できるようになる。種子はふつう、24時間、あるいは目に見えてふくらむまで湯に浸漬し、浮かんでいる種子はすてる。そしてすぐに播種しなければならない。スイートピー（*Lathyrus odoratus*）は、軽く傷つけるだけでなく発芽に先立って水につけると効果がある。

オーストラリアや南アフリカの植物については、種子の休眠を破る誘因として火と煙がよく知られている。高温だけで休眠打破に十分なこともあるが、まず物理的に種子をその「莢」（たとえばユーカリ *Eucalyptus* のガムナッツやバンクシア *Banksia* の乾燥した袋果）から放出する必要がある場合もある。木の煙にふくまれる化学物質が休眠を破る働きをすることもある。

発芽の要因

あらゆる種子の発芽に必要な3つの必須条件が、水、適切な温度、酸素である。多くの場合、光のあるなしも重要な因子であり、たとえばジギタリス（*Digitalis purpurea*）の細かな種子の場合、発芽に光を必要とするため、培養土の上にまかなければならない。

水

種子は水分含量が少なくなっているため、水が不可欠である。なかの細胞がふたたびふくれるには、珠孔（75ページ参照）をとおして水を吸収しなければならない。水は、胚乳に蓄えられた養分を消化するために必要な酵素を活性化するのにも使われる。水によって種子はふくらみ、種皮が裂ける。

一部の種子では、いったん吸水すると発芽のプロセスを止めることができず、そのあとで乾燥す

Ophrys apifera
ビーオーキッド

ると致命的である。しかし、吸水してから何度か水を失っても悪影響を受けない種子もある。

酸素

酸素は好気呼吸に必要とされ、細胞のエネルギーの代謝と燃焼を可能にする。苗が最初の緑の葉を出して光合成ができるようになるまでは、これが唯一のエネルギー源である。胚乳をもたないランの種子は発芽のときに土壌菌類と根菌という共生体を形成する必要があり、この場合、共生相手の菌類が呼吸のための燃料を植物に提供する。

温度

通例、その範囲外では種子が発芽しない特有の温度がある。温度は細胞の代謝速度と酵素活性の程度に影響をおよぼす。低すぎたり高すぎたりすると全プロセスが止まってしまう。ガーデナーは種子が必要とする条件を知り、安定した温度を維

光

　種子によっては光に依存して発芽するものもある。これは種子が埋まっている場合に有用な働きをし、種子が表面近くにもってこられたときにだけ発芽する。埋まっている種子が、発芽してシュートが地面に達することができるほど十分な養分の蓄えをもっていないかもしれないからである。大多数の種子は光の強さに影響を受けないが、光合成に十分な光がなければ発芽しないものもあり、そのような種子はフィトクロムとよばれる光に反応する色素をふくんでいる。この仕組みはしばしば森林に生える種に見られ、それはおそらく、大木が倒れて生育できるほど十分に光がある条件になったときにのみ植物が発芽するようにする適応だろう。ジギタリス（*Digitalis*）がその例で、森の開けた場所で花がみられる。

発芽の生理学

　たいていの種子は、胚乳または子葉と胚に、炭水化物、脂肪、タンパク質、油を蓄えている。おもな蓄えは油とデンプン（炭水化物の一種）である。吸水の結果、胚が水をふくみ、それによって酵素が活性化されて発芽のプロセスが始動する。

　活動の中心は胚乳と胚のふたつで、酵素で促進される反応は異化（大きな分子が小さな単位に分解される）か同化（小さな単位が大きな単位に組み立てられる）である。貯蔵養分の異化は、タンパク質のアミノ酸への分解、炭水化物の単糖への分解（たとえばデンプンの麦芽糖、続いてブドウ糖への分解）、脂肪の脂肪酸とグリセリンへの分解に集約できる。

　これらの小さな単位は、胚が成長をはじめると、一連の同化作用を受けて新しい細胞を構築する。アミノ酸は集まってタンパク質になり、ブドウ糖はセルロースを作るのに使われ、脂肪酸とグリセリンは細胞膜を作るのに使われる。植物ホルモンも合成され、発芽のプロセスに影響をおよぼす。ブドウ糖は燃料として使われ、胚の成長部分へ送られて細胞の代謝を助ける。

　種子の乾物重の正味の減少は最初の数時間で起こり、種子は貯蔵養分を使い果たす。まだ光合成をして自分で養分を作ることはできない。この重量の減少は種子が最初の緑の葉を作るまで続き、胚乳が縮んでしなびてくる。

Digitalis lutea
キバナジギタリス

この森林に生える植物の種子は発芽に光を必要とするため、播種のときに覆土したり埋めたりせず、培養土に軽く押しつけるだけにする。

胚の成長

胚については、細胞分裂、伸長、分化の3つの成長段階がみられる。

細胞分裂

最初の目に見える成長の兆候は、幼根とよばれる胚からの根の出現である。幼根は正の屈地性を示し、下に向かって成長して種子を地中に固定する。細胞の分裂と拡大が、上胚軸とよばれる幼根基部で起こる。幼根は細かい根毛で覆われ、それが土壌から水とミネラルを吸収しはじめる。

伸長

幼芽とよばれる胚からのシュートは負の屈地性を示し、重力に逆らって上方向に成長する。幼芽の成長の中心は胚軸とよばれ、上胚軸と同じように、幼芽の先端ではなく種子の近くにある。

分化

苗が最初のシュートを土壌より上の空気中に伸ばすやり方はふたつある。幼根が成長して種子が土壌から押し出されるか、幼芽が成長して種子が地下に残るかのどちらかである。前者が地上発芽で、種子は地面から子葉とともに出て、子葉は緑になって開く。種皮が一方の子葉に付着したままになることがあり、これは地上発芽の明白なしるしである。ズッキーニやカボチャが代表的な例である。

幼芽が成長する場合は地下発芽が起こる。幼芽が伸長して最初の葉を形成し、子葉は地下にとどまる。子葉はしおれて分解する。エンドウがその例である。

イネ科草本のような単子葉植物では、出てくる根やシュートは鞘で覆われて保護されており、それぞれ根鞘、子葉鞘とよばれる。子葉鞘が地下から出ると、その成長は止まる。次に、この保護のための鞘から最初の本葉が出現する。

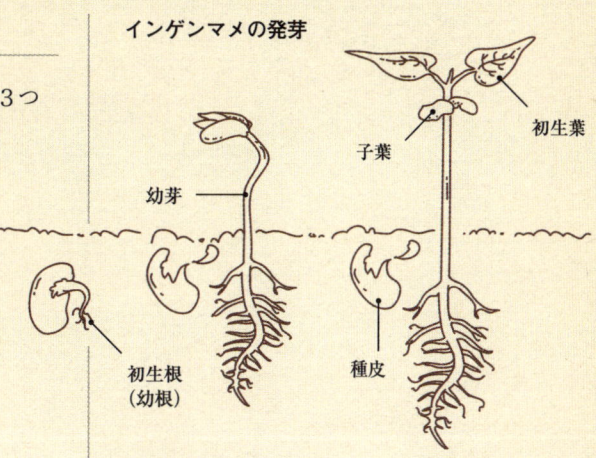

インゲンマメの発芽

地上発芽では、幼芽が伸長して子葉と若茎を土壌から引き上げる。

苗の出現

幼根と幼芽が現れると、種子は苗の段階に入る。発芽は完了し、成熟への道がはじまる。これはあらゆる植物にとって無防備な段階で、苗は草食動物や害虫の害を受けやすく、病気にかかりやすく、場合によっては低温や高温、排水不良や干ばつの影響を受けやすい。

多くの植物は、すくなくともいくつかはうまく定着することを期待して、単純にできるだけ多くの種子をつくる。だが、全エネルギーを少数の種子に投入するという、反対のやり方を採用した植物もいる。この場合、その植物が繁栄するには、発芽率と定着の成功率が比較的高くなくてはならない。こうした植物はしばしば動物の助けをかり、なんらかの報酬を、たとえば多肉質の果実の形で提供する（78-81ページ参照）。

マチルダ・スミス
1854-1926

ボタニカル・イラストレーターのマチルダ・スミスはボンベイ（ムンバイ）で生まれ、幼い頃にイギリスにやってきた。「カーティス・ボタニカル・マガジン（Curtis's Botanical Magazine）」にすばらしい植物の図版を提供した45年間におよぶ活動でもっともよく知られている。

マチルダ・スミスは多作のボタニカル・イラストレーターで、「カーティス・ボタニカル・マガジン」に作品を提供した。

当時、「ザ・ボタニカル・マガジン（The Botanical Magazine）」というタイトルだったこの雑誌の第1号は、1787年に刊行された。200年以上をへた現在、この雑誌は植物のカラー図版を大々的に扱う植物関係の定期刊行物としては最長記録を誇り、年間4号からなる各巻に、一流の国際的ボタニカル・イラストレーターによる水彩画の原画から複製された24点の植物画が掲載されている。1984年から1994年までこの雑誌は「ザ・キュー・マガジン（The Kew Magazine）」のタイトルで出されたが、1995年には原点に戻って、評判のよかった昔ながらの「カーティス・ボタニカル・マガジン」の名称に復帰した。

キュー王立植物園の初代園長であるウィリアム・ジャクソン・フッカー卿は、植物学者としての豊かな経験を生かして、1826年からこの雑誌の編集者になった。そしてジョーゼフ・ダルトン・フッカーが父親のあとを継いで1865年にキュー植物園の園長になったため、彼が編集者になった。この間に、40年にわたって筆頭画家を務めたウォルター・フィッチが、キューのボタニカル・イラストレーターの仕事を辞めた。フィッチを失ったことで、雑誌の存続は、ジョーゼフ・フッカーが献身

Rhododendron concinnum
（ツツジ属の低木）

このジョン・ニュージェント・フィッチによる*Rhododendron concinnum*の図版は、「カーティス・ボタニカル・マガジン」に発表されたマチルダ・スミスによるオリジナルの挿絵をもとにしている。

的な新人イラストレーターを補充して訓練し、このなくてはならない連載を続けることができるかどうかにかかっていた。植物のデッサンについて自分でもかなりの能力をもっていたフッカーは、またいとこのマチルダ・スミスが絵の才能に恵まれていることを知っていて、彼女をさらに教育して仕事を監督することにした。1年たたないうちに、雑誌にマチルダの最初の挿絵が登場した。マチルダは1878年から1923年にかけて2300点以上の図版を描き、「カーティス・ボタニカル・マガジン」のページを飾った。

彼女はほかにも多くの出版物の挿絵を手がけ、キューの標本室から選んだ植物の図と説明をのせたフッカーの『植物図鑑（Icones Plantarum）』のために、1500点以上の図版を描いた。また、キュー図書館にある、希少で不完全なままの蔵書の、欠けている図画を再生したのも彼女で、同時代のどの画家よりも多く現存種の彩色図画を製作

Pandanus furcatus
ヒマラヤタコノキ

この図版は、マチルダ・スミスとウォルター・フィッチが「カーティス・ボタニカル・マガジン」のために描いたものである。

したといわれている。

20年間、とぎれることなく作品を制作したのち、彼女はそのとくにすぐれた技術と雑誌への貢献により、キューの最初の公式の植物画家として植物標本室の職員になることを正式に認められ、こうして初の公務員の植物画家になった。

マチルダ・スミスは、不完全なことも多い、乾燥して押しつぶされた標本を生き生きとよみがえらせる技術でも知られていた。ほかにも『世界の野生および栽培されているワタ（The Wild and Cultivated Cotton Plants of the World）』など多数の本の挿絵を描き、ジョーゼフ・ダルトン・フッカーの著書で、広範にニュージーランドの植物の挿絵を描いた最初の植物画家となった。

ボタニカル・イラストレーション（詳細な植物図）に多大な貢献をしたことから、マチルダはリンネ協会の準会員になった。これは女性としてはふたり目である。また、「とくにボタニカル・マガジンにかかわる植物画を制作したこと」により、王室園芸協会からヴィーチ記念メダル（銀）を授与された。そして、キュー植物園の上級従業員の組織であるキュー・ギルドの会長に、女性としてはじめて任命された。

植物の属 *Smithiantha* と *Smithiella* は彼女をたたえて命名されたものである。

植物の学名に言及するとき、命名者として彼女をさすのに略記 M. Sm. が使われる。

Rhododendron wightii
（ツツジ属の低木）

「カーティス・ボタニカル・マガジン」で使われたマチルダ・スミスの多数のシャクナゲの挿絵のひとつ

播種と種子の保存

78-80ページで自然の種子散布の方法について論じたが、栽培植物の種子散布はまったく別の領域に入ってしまった。つまり人類と密接な関係をもつようになったのである。農業のはじまり以来、人間は種子を集めて保存してきたが、このプロセスは今日も続いている。種子は取引され、ときには世界中で同じものが使われ、多くの場合、種子またはそれがふくまれている果実が貴重な世界的商品になっている（たとえばコムギの穀粒やカカオ豆）。

食べられたりほかのものに加工されたりしなければ、これらの種子の一部はガーデナーや農家の手に戻ってふたたび播種される。それはいっぷう変わった生存戦略であるが、種子がまかれるたびに種子散布の仕事がなしとげられる。

種子と苗の扱い

市販の種子はなんらかの方法であらかじめ処理されて保護され、扱いやすくなっていることがある。スイートコーンをはじめて栽培する人は、その種子が実際にはしなびたトウモロコシの粒で、場合によっては人間が食べないように色がつけられているのを見て、驚くかもしれない。また、種子がすぐに発芽するように処理してある場合もある。ペレット種子はペレットに埋めこんであって扱いやすくなっており、種子が殺菌剤で覆われている場合もある。種子が水溶性のテープやマットに封入されていて、ガーデナーにとって作業が非常に簡単になっているものもある。

ガーデナーはふつう、種子を手でトレイや鉢、苗床、あるいは畑に直接まく。植物にはそれぞれ特有のさまざまな要求があるが、幸い、種子のパッケージの裏に注意事項が書いてある。播種についての指示は多くの場合、その植物が自然の生育場所でどのように進化してきたかを反映しており、ジギタリス（*Digitalis purpurea*）の種子は光を要求し、多くのオーク（*Quercus* spp.）の殻斗果は深く埋める必要がある（しばしば動物が集めて埋める）。

経験を積んだガーデナーはたいてい自分なりのうまいやり方やコツを知っていて、それはしばしば世代から世代へ伝えられる。場合によっては、種子をコーンスターチのゲルの層の上、あるいは2枚のキッチンタオルのあいだで、あらかじめ発芽させておくこともできる。多くの野菜の種子はこのようにして発芽をうながすことができ、（冷涼な気候では）生育期に向けて好スタートをきり、確実に生育能力のある種子のみをまくようにするよい方法である。

栽培するところに直接まくことのできる種子は、ばらまきつまり散播ができるが、筋まきや溝まき

Quercus suber
コルクガシ

をすることもできる。これはずっと素朴でやりたくなる播種方法だが、残念ながらすべての種子に使えるわけではなく、とくに苗の段階で有害生物の被害を受けやすいものには不向きである。おもな成功の秘訣は、直接の播種をいつすべきかいつすべきでないかを知ること、そして雑草や大きな石がなく細かく砕けやすい土壌構造をした、よい苗床を準備することである。

　ガーデナーにとって、植物が自分で種子をまく場合ほど簡単なことはない。その結果できた苗を地面から注意して掘り上げ、もっと大きくなって別のところに植え替えられるようになるまで鉢植えにしておけばよいのである。しかし、自然播種による苗はしばしば典型的なものにならず、親植物を魅力的にしていた特徴が、子の植物では失われたり弱まったりする。クリスマスローズとオダ

ジョゼフ・ピトン・ド・トゥルヌフォールが描いたクリスマスローズ（*Helleborus*）の図版。種子とシードヘッドが示されている。

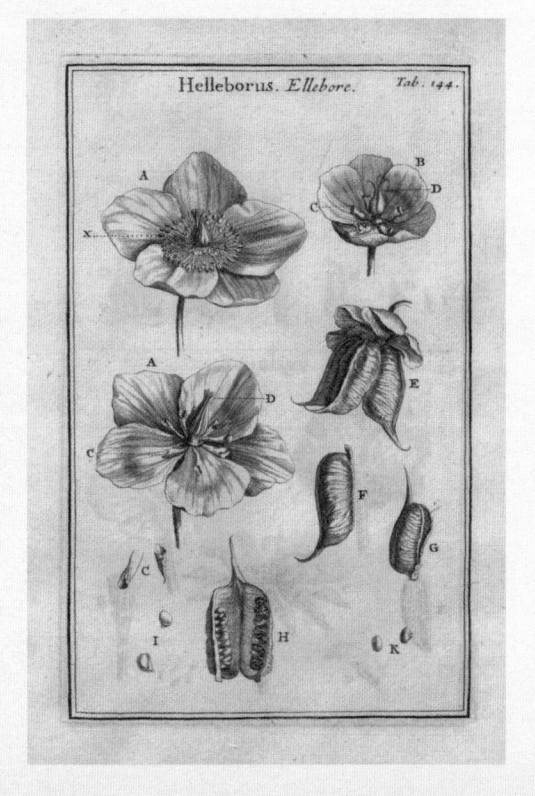

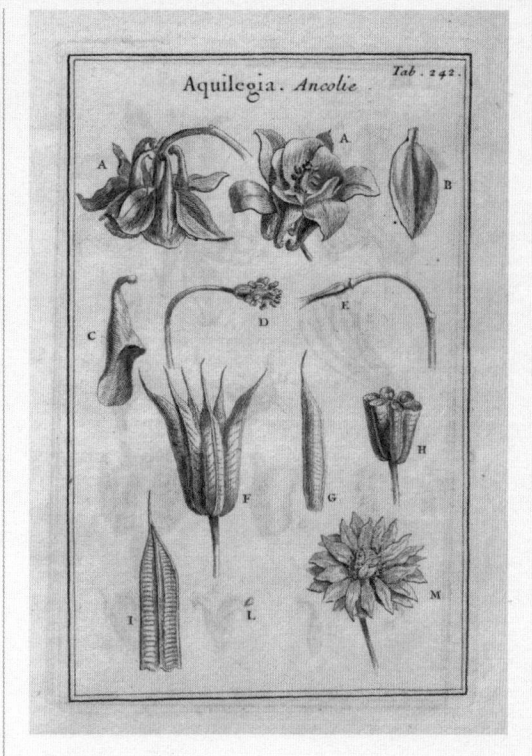

ジョゼフ・ピトン・ド・トゥルヌフォールによるオダマキ（*Aquilegia*）の図版。シードヘッドが示されている。

マキ（*Aquilegia*）が代表的な例で、どちらも十分に自然播種できるので残念である。しかし、ボウルズゴールデングラスとよばれる森林の美しい地被植物（*Milium effusum* 'Aureum'、イブキヌカボの栽培品種）など、いくつかの栽培品種は種子から望みのものが生じる。

　商業規模では、通常、種子は機械で畑にまくか、大規模な苗床で育てたのちに移植する。後者はとくに樹木の種子の場合に行なわれる。種子や苗を一つひとつ扱う費用はひどく高くつくことが多く、このため種子や苗がうまく育つように、除草剤、殺虫剤、殺菌剤、そのほかの農薬が使われる。

種子の保存

種子の保存について論じれば、民族植物学——植物と人間の関係についての学問——の世界に足をふみ入れることになる。特定の土地でよく育つように選抜されてきた特別な植物があちこちにあり、インカの人々にとって神聖な植物だったキノア（*Chenopodium quinoa*）のように文化的に非常に重要なものもある。

人類の歴史を通じて、栽培植物の種子は何千世代にもわたって、無数の人々の手から手へと受け渡されてきた。その結果、現在では非常に多様な作物や観賞植物が存在する。人類は種子の保存に力を注いできたが、種子を維持し、その多様性を増すことは、おそらく人類の未来にとって不可欠なことだろう。

しかし個人レベルでは、種子の保存とは、次の植えつけのために種子を集めることである。おそらくある程度の改良が保証される、最良の植物の種子しか保存されないだろう。現在あるような種子をわれわれが受け継いでいるのは、祖先の人々の地道な活動のおかげである。

したがって、世界中にあるシードライブラリーや種子バンクの仕事は、大金をかけたばかげた計画ではなく、未来へ向けた良識ある一歩である。現代の種子バンクへの道を開いたのは、20世紀中頃のニコライ・ヴァヴィロフのような先駆者である。今では世界中に、さまざまな規模と構想をもつ非営利や政府後援の種子バンク組織が数多くある。たとえばドイツのグローバル作物多様性トラスト、ギリシアのペリティ・シードバンク、カナダのシーズ・オヴ・ダイバーシティなどがある。

現段階でとくに野心的なプロジェクトは、イギリスの（および世界中の約50の国が協力する）キューのミレニアム・シードバンク、世界の破局にも耐えられるように建設されたノルウェーのスヴァールバル世界種子貯蔵庫、もっぱら地中海地方西部の野生種を扱うスペインのUPMシードバンクである。

ガーデナーはほとんどどんな植物から採取した種子も保存することができるが、高度に品種改良されたF1雑種の種子はふつう保存する価値がない。それは遺伝的に純粋でなく、それから生じる苗の形質が一定していないからである。同様に、果樹の栽培品種から種子や核果を採取してまいても、できる植物はたいてい生産量が少ないか、果実の品質が悪い。

種子は完全に熟してから集めるべきだが、植物から散布される前に採種しなければならない。場合によっては猶予期間がほとんどないことがあるため、シードヘッドが成熟したら植物を注意深く観察すること。完全に熟す前に種子を集めると、発芽率が低くなったり、保存中に質が低下して腐ったりすることがある。可能な場合は、晴れて乾燥した日に種子を集める。そうすれば完全に乾いた種子が得られる。湿った種子はすぐに腐ったりだめになったりするため、保存する前に乾かす必要がある。

Chenopodium quinoa
キノア

キノアは穀物のような作物で、その食用になる種子はアンデス文明の重要な主食である。インカの人々はそれを神聖な作物とみなした。

土壌シードバンク

　自然はそれ自体、種子を保存する手段をもっており、それは土壌中に保存するやり方である。土壌のどんなサンプルにも何百という植物の種子が休眠しており、好適な条件になればすぐに発芽する。かく乱や大災害のあとに植物がすぐに回復できるのはこのためで、生態学的な重要性はかなり大きい。山火事によってもたらされた荒廃と、いかに短期間で自然がその土地を再生するか目撃したことがある人なら、だれもその有効性を否定できないだろう。第1次世界大戦中の1915年に、フランスとベルギーの放置された戦場に自然にできた有名なケシの原は、土壌が掘り返されて雑草の種子が発芽した結果できたものである。

　残念ながら、ガーデナーには土壌にある種子バンクなどほとんどかまっていられないだろう。雑草を根絶しようとすると、たいていの雑草はガーデナーにとってしつこい頭痛の種になる。「1年の種まき、7年の草とり」という古いことわざは、雑草を放置して結実するにまかせれば（非常にすばやく簡単に結実する雑草もある）、土壌で休眠に入った種子がしばらくそこで休眠しつづけることができるという警告である。

　実際、種子が休眠しつづけることができるのは2～3カ月から100年以上まで、さまざまである。そんなことを聞けば気が重くなるかもしれないが、何年も丹念に世話されてきたよく耕された庭や畑は、放置されたところより雑草の害がずっと少なくてすむ。

　ただし、いうまでもないが、どんな庭でも1～2シーズン放っておいたら、過去にどんなによく世話していたとしても、自然がすぐに、本来、自分のものである土地をとりもどしてしまう。庭は人間の目的を満たすために作られた人工的な構造物にすぎないということを忘れてはならない。イギリス、コーンウォール州にあるヘリガンの失われた庭園がよい例で、何年も忘れられていたが、1990年代に苦労して自然からとりもどされた。

Papaver rhoeas ヒナゲシ

生きている植物学

生きるための競争

　庭では、ガーデナーは審判のようにふるまう。植物はあるところでは育つのを許されるが別のところでは許されず、雑草は根絶やしにされ、求められていない植物や満足な成果をあげない植物は新しいものに植え替えられる。そしてそれでもまだ、ぎゅうぎゅうづめの庭で植物は生きるための闘いをしなければならない。庭は、よじのぼり植物のための壁、森林の多年草のための日陰、高木のための日あたりのよい場所といった、さまざまな特殊な生育環境からできている。このような観点から見ると、ガーデナーは植物の生きるための闘いを助けることができる。正しい場所に正しい植物を選び、それぞれに十分な成長をするために必要なものをあたえてやるのである。手に入るあらゆる生息環境をうまく利用すれば、豊かで変化のある庭が生まれるだろう。

Tulipa
チューリップ

第6章
外的要因

　本章のテーマは植物の外部環境にかんすることである。植物は動きまわることができないため、暑い日差しや干ばつから極端な低温、凍結、雪、大雨まで、環境が投じてくるどんなものにも耐えなければならない。このため、外部環境はあらゆる植物に非常に大きな影響をあたえる。

　したがって、すべての植物は自然の生息環境で経験する極端な条件の大半を耐えるように進化してきた。たとえば熱帯雨林の植物は、多雨と高湿度、痩せた浅い土壌、そして生えているところが森の下層か高木の樹冠の高いところかによって、弱いか強いかどちらかの光に対処できなくてはならない。砂漠の植物は極端に乾燥した環境に適応しており、ときおり降る短期間の雨を最大限に利用する必要があり、地中海地方の生態系の植物は、雨が夏に少なくて冬に多く、水はけのよい痩せた土壌の、火事が起きやすい環境に生育している。

　庭で栽培されている植物の大多数は、冷涼または温暖な地方原産のものである。その範囲内でもそれぞれの植物の耐性は非常に多様であるが、多くのものが、変わりやすい夏の気温、凍りつく冬の気温、強風、降雨のほか、ときおり起こる干ばつに耐えなければならない。

土壌

　土壌はたんなる土ではなく、ひとつの生態系である。植物に対して作用する外的要因という点では、土壌はもっとも重要な作用圏といえるだろう。土壌は空気、水、岩石、生きた有機体がすべて一緒に存在する唯一の場所である。古いことわざにあるように、「答えは土のなかにある」。

　土壌の重要な機能のひとつが生命を支えることで、土壌は微生物からもっと大きな昆虫やミミズまで、生物に満ちあふれている。土壌は植物を固定する媒体となり、植物がしっかりと根をおろして安定できるようにするだけでなく、成長に必要な水や必須無機栄養素の大半を供給する。土壌の構造、構成、含有物は非常に重要で、もっぱらその研究をする科学の一領域、すなわち土壌学が存在するほどである。

　ガーデニングにとって理想的な土壌は、耕したり作業するのが容易で、春にすぐに温かくなって植物が早く成長しはじめ、植物が健康に成長できる適切な量の水を保持するが、排水がよくて水びたしにならないものである。肥沃度が高いことも重要で、よく肥えた土壌は植物の必須栄養素を多くふくみ、そこに生棲している動植物のためになるだけでなく土壌の構造をよくする有機物が豊富である。残念ながら、ガーデナーはしばしばこの理想的な土壌からかけ離れたものを扱わねばならず、土壌の改良にいくらか時間と労力をかける必要がある。

なぜ土壌が異なるのか

　複数の庭で庭いじりをしたことがある人なら、地域によって土壌がかなり違う場合があるのを知っているだろう。密で重いものもあれば、軽くて勝手に水が抜けるものもある。土壌は非常に大きな多様性をもち、その構成とふるまいは地質あるいは地形学的な歴史、さらには人間の歴史に左右される。

　地質学的観点からいうと、土壌の原料は、母岩が浸食や風化によってさまざまな大きさの粒子の混合物になったものである。土壌は大部分がこれら風化した固形物でできている。地形学的観点からいうと、地形、気候、風雨など自然力への暴露が、土壌の浸食、堆積、排水のパターンを決定する。地形は有機物の蓄積の速度やパターンにも影響をおよぼす。

　人間にかんしていえば、人間は耕作や土壌改良をすることで、自然の土壌型に手をくわえる。排水を改善し、土壌pHを調節し、肥料をくわえることにより栄養素の含有量を変える。人間の活動は土壌に非常に有害な影響をあたえることもあり、

Laburnum anagyroides
キングサリ

植物をとりのぞくことによって浸食の量が増し、重いものが通ることで土壌から空気がすべてしぼり出されて圧縮が起こる。ヨーロッパの地中海地方の土壌は、人間の誤った管理によってしだいに質が低下してきたと考えられている。

土壌の違いを表現する方法は多数ある。ガーデナーにもっともなじみがあるのはおそらく「土壌構造」や「土性」という用語だろう。両者は土壌型を表す異なる尺度だが、互いに影響しあうため一緒に使われる。また、特定の地域の土壌の型と特徴の分布状況を示す土壌図というものがある。

土壌断面

十分な深さの穴を掘ると、土壌断面とよばれる土壌の垂直断面を見ることができる。それから土壌の構造と肥沃度についての重要な情報を収集することができる。断面のようすは深さによって変わり、岩盤に近くなるほど土壌の鉱物の起源がはっきりしてくる。土壌断面にはおもに次のふたつの層がある。

表土

表土は土壌の上層で、植物は多くの場合そこに根を集中させ、そこで大部分の栄養素を得る。深さはさまざまであるが、たいていの庭では15センチ程度の深さであることが多い。有機物や微生物の含有量がもっとも多いため、表土はもっとも肥沃な部分である。その深さは、地表から最初の密につまった土壌の層、すなわち心土までを測ればよい。

土壌断面からガーデナーは表土の深さを知ることができ、その土壌の水はけがどの程度かもわかる。硬土層（植物が侵入できない障壁を形成する硬い層）が存在するのが見えることがあるし、耕作の邪魔になるかもしれない石の質や大きさがわかる。表土全体に細かく白い根があるのは水はけと通気がよいことを示し、暗い色、さらには黒い表土は有機物が豊富なしるしで、たいてい多数のミミズが活動している。ミミズは土壌に空気をふくませ、有機物を混ぜる。非常に強い酸性土壌や水びたしの土壌にはミミズはいない。

表土の無機物は赤やオレンジ、黄色をしていることが多い。青や灰色は排水不良と通気の悪さを示しているからよくない徴候であり、そのような土壌は悪臭がすることもある。通気は植物の成長にとってだけでなく、細菌、とくに大気中の窒素を固定する細菌の活動にとっても重要である。白い無機物の堆積物は通例、炭酸カルシウム——石灰石や白亜——である。

心土

心土は表土と同様、さまざまな混合率の砂、粘土、シルトで構成されているが、表土より空隙が少なく、つまっている。また、有機物の含有率がかなり少なく、そのためたいてい表土とまったく異なる色をしている。心土に高木のような深根性の植物の根がふくまれることもあるが、植物の根の大多数は表土にある。

心土の下が基層で、母材の岩盤の残りとその堆積物である。地域によっては、地質学的活動の結果、氷河や河川の活動によってもたらされたかなり離れたところの岩盤に由来する土壌が堆積していることもある。この場合、表土および心土の鉱物構成が岩盤と異なっているかもしれない。たとえば白亜質の土壌が花崗岩の岩盤の上にかぶさっていることもある。

ガーデナーは心土と表土を混ぜないように注意しなくてはならない。そんなことをすれば土壌の構造や肥沃度、生物活動に悪影響をおよぼして、土壌をそこなうことになる。そして土壌が回復するのに何年もかかるかもしれない。庭園を造成する際や、建築工事で基礎から掘り返す必要があるとき、表土と心土が簡単に混ざってしまう。まず表土を除き、心土から分けておかなければならない。イングランド南部の白亜質の丘陵地帯では、一部の表土は非常に薄く、7.5センチ以上耕すことができないところもある。これより深く耕すと、多くの白亜が上に出てきて、何年も害をおよぼすことになりかねない。

土性

　土性は土壌中の鉱物および岩石粒子の相対的比率を表現するものである。砂質か、粗粒状か、それとも粘質かといった土壌のきめは指でつまんでみればわかるため、検査は家庭でも簡単にできる。

　1905年にスウェーデンの化学者アルベルト・アッテルベリが最初に提案した、土壌のきめの等級にかんする国際基準では、岩石粒子を大きさで分類している。2ミリより大きいものは石、2ミリより小さいが0.05ミリより大きいものは砂と分類され、0.05と0.002ミリのあいだのものがシルトとよばれ、0.002ミリより小さいものが粘土粒子である。土壌の物理特性は比較的小さな3つの粒子、すなわち砂とシルトと粘土によって決まる。土性の尺度になっているのがこれらの相対的比率で、優勢な粒子によって土壌のおもな特徴が決まってくる。一般に、もっとも大きな粒子——砂や小さな石（あら砂など）——が通気と水はけに寄与し、微細な粘土粒子は水や植物の栄養素との結合に寄与する。

タニウツギ属（*Weigela*）の植物は粘土質やシルト質の土壌に理想的で、どんな土壌pHにも適す。

砂土

　乾燥しているときはボロボロともろく、濡らし

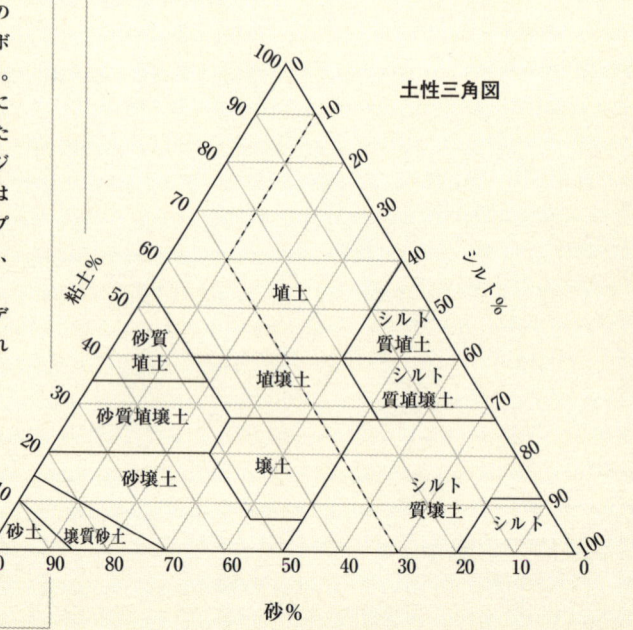

> ### 生きている植物学
>
> 　土壌をにぎりすくって少し湿らせ、両手のあいだでころがしてボールを作ってみよう。ボールができなければ、その土壌は砂質である。ボールができたら、ソーセージ、さらには輪にできるかやってみよう。輪を作ることができたら、その土壌は粘土含有率が高い。ソーセージがすぐくずれたり砕けやすかったり、あるいは輪にできなかったら、その土壌は異なるタイプの粒子の混合である。絹のような手触りなら、シルトの含有率が高い。
>
> 　3つの土壌型はすべて、極端な場合はガーデナーにとって問題となるが、適正な比率であればそれぞれの性質を互いに補いあうことができる。三種類の粒子すべてが同じくらい混ざっているものはローム（壌土）とよばれる。ローム質の土壌は肥沃で水はけがよく、作業しやすいため、ガーデナーにとってよい土壌である。12種類の土性に分類されている（図を参照のこと）。

土性三角図

外的要因

ても粘り気がない。

壌質砂土
湿るとわずかに結合する程度には粘土をふくむ。

砂壌土
簡単にボール状に丸まるが粘り気はなく、親指と人差し指で押すとくずれる。

壌土
簡単にボール状に丸まり、わずかに粘り気があり、ソーセージ状にすることができるが、砕けやすくて曲げることができない。

シルト質壌土
壌土と同様だが、もっとなめらかで、絹のような感触がある。

ロブスタークロウとよばれる *Clianthus puniceus* はよじのぼる常緑低木で、温暖な地域での栽培に適する。

砂質埴壌土
ソーセージ状にでき、慎重に支えれば曲げることができる。粘り気が感じられるが、まだ砂のざらざらした触感がある。

埴壌土
砂質埴壌土と同様だが、ざらざらした感じが少ない。

シルト質埴壌土
埴壌土と同様だが、つるつるした感じがある。

シルト
独特のつるつるした感じ、あるいは絹のような感触がある（純粋なシルト土壌の庭はめったにない）。

砂質埴土
簡単にソーセージ状に成形でき、曲げて輪にできる。ざらざらした砂の感触がはっきりわかる。

埴土
中程度の埴土は砂質埴土と同様だが、粘り気があってざらざらしておらず、こすると表面が磨いたようになる。重粘土は非常に粘り気があって、どんな形にも簡単に成形できる。表面に指紋をつけることができる。

シルト質埴土
埴土と同様に非常に粘り気があるが、独特のつるつるした感触がある。

砂質土壌

砂質土壌は軽しょう土とよばれ、耕しやすい。春には埴土に比べてずっと早く温度が上がるが、水分をあまり保持しないため、すぐに乾いてしまう。砂質土壌は植物の栄養素も少なく、それはつなぎとめるものがないため栄養素が雨で簡単に流されてしまうからである。ボロボロともろいため、浸食も問題になる。砂質土壌は酸性のことが多い。

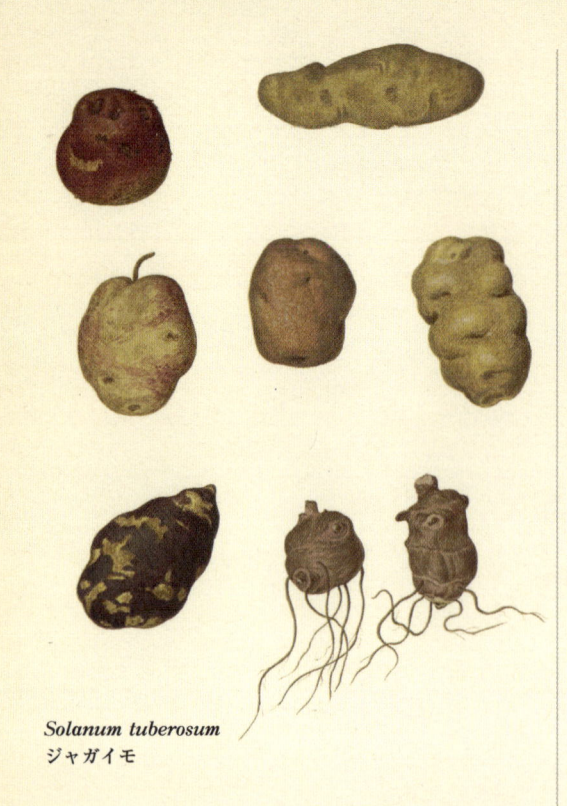

Solanum tuberosum
ジャガイモ

砂質土壌の水分と栄養素の保持能力は、有機物を豊富にくわえることで改良でき、ばらばらの砂の粒子を有機物が結合し、より生産力のある団粒にして肥沃度を増してくれる。砂質土壌は春にすぐに温度が上がるため、春植えのジャガイモやイチゴのような早植えの作物を、とくに日光があたる斜面に植える場合に理想的である。

粘土質土壌

重粘土壌とよばれる粘土の粒子は、非常に小さくて化学的に活発である。無機イオン（栄養素）の保持と土壌粒子の結合において重要な役割を果たし、粘土質土壌が非常に肥沃なのはそのためである。また、粘土質土壌は粒子のあいだの小さな間隙の毛管引力により、多くの水を保持する。

粘土質土壌は湿ると粘り気があって、なかなか排水できない。排水が悪いと、雨天に非常に水っぽくなり、水びたしになることさえある。この状態では、土壌の圧縮につながるため、作業したり上を歩いたりしてはいけない。夏には土壌が乾燥すると、粘土粒子はほかのものに比べて互いにくっつく傾向があり、その結果、土壌が硬く固まって耕すこともできなくなる。

重粘土は作業がむずかしいことがあるが、粘土含量の多い土壌は本質的に肥沃で、多くの栄養素を保持するため、最良のガーデニング用土壌といえる。重粘土を改良するには、よく分解した有機物を多量に埋めこみ、さらにはシャープサンド（角張った粒からなる砂）やあら砂を混ぜる。こうしたものによって粘土がより小さな別々の団粒に分かれ、構造全体が改良され、粘土粒子のなかに保持されている水と栄養素を植物の根が利用しやすくなる。

シルト質土壌

肥沃で、かなり水はけがよく、砂質土壌に比べて水分と栄養素を多く保持する。欠点は簡単に圧縮され、浸食されやすいことである。ほかの土壌型と同様、構造と肥沃度を改良するには、堆厩肥やガーデンコンポストのようなよく分解した有機物を定期的にくわえる。

白亜質土壌

白亜質土壌は分けて考える必要がある。白亜は土壌型ではなく、岩石あるいは鉱物である。イングランド南東部の場合のように、土地が海底だったときに堆積した無数の貝殻や小さな海洋生物の骨格からできている。土壌中に白亜が存在すると非常にアルカリ性が強くなり、その結果、オークの木がなんとか生えても茂ることはなく、カバノキやシャクナゲはほとんど知られておらず、バラがほんとうにうまく育つことはけっしてない。

白亜は排水がよく、そのため春に早く温度が上がり、すぐに凍結するが、作業はしやすい。しかし定期的に多量の有機物をくわえる必要があり、それは白亜では有機物がすぐに分解するからである。多くのガーデナーが毎年どれくらいの量の有

機物を土壌に入れる必要があるか過小評価しており、白亜の庭ほど貪欲な庭はない。

植物の死骸が十分に分解できずに土壌中に蓄積した泥炭地や湿地草原の土壌のように、完全に有機物が優勢な土壌もある。泥炭が採掘されるのはそのような土壌からである。土性の評価法の限界として重要な点が、有機物を考慮に入れていないことである。

土壌構造

土壌の構造はその構成要素（すなわち粒子）がよく結合しているかどうかによって決まる。有機物と粘土が存在すると粒子は凝集して「団粒」になり、孔隙の網目がそれらをつなぎ、そこを通って水や溶けた栄養素、空気が動きまわることができる。

土壌構造は、水の保持、栄養素の供給、通気、雨水の浸透、排水をとおして、植物の根への資源の供給に影響をおよぼす。そして全体として土壌の生産性を決定する。よい構造の土壌は約60パーセントが孔隙でできているが、よくない構造の土壌では20パーセントという低さのこともある。根、ミミズ、微生物の活動は土壌構造において重要な役割を果たし、暑いときと寒いときの土壌の膨張と縮小も重要である。耕作は土壌構造の改良につながる。

土壌構造を改良するひとつの方法はよく分解した有機物を入れることで、とくにひとつの粒子タイプ（砂かシルトか粘土）が多量にある場合に有効である。有機物は粘土質土壌の「凝集」（団粒形成）も助け、石灰や石膏をくわえても同じような効果がある。カルシウムイオンの存在によって団粒化が進むのは、カルシウムイオンが負に帯電した粘土粒子に引きつけられるからである。

土壌構造は湿っているときにもっとも弱く、それは凝集物質（団粒を結合させている「接着剤」）が溶けやすくなるからである。湿った土壌の上を歩くだけで土壌構造がそこなわれることがあり、圧縮とキャッピング（上部が押しつけられて硬い層になり、こね土で栓をしたようになる）につながる。このため、雨天には重粘土壌をけっして耕してはいけない。水はけのよい土壌は凝集物質が溶ける可能性が小さいため、濡れても被害は出にくい。土壌が長靴にくっつくときは掘るには濡れすぎているということを覚えておこう。

構造単位には板状構造、塊状構造、柱状構造、団粒構造の4種類がある。最初の3つは心土に認められ、ガーデナーにとっては学問的興味の対象にすぎない。これに対し、団粒構造は表土で顕著なため、非常に重要である。団粒は小さな粒子が丸く集合したもので、はっきりした孔隙がある。その名（英語でクラムという）が示すようにパンくずに似た外観をしており、よい表土になる。レーキでかいてならすとよい耕地になり、播種するのに理想的である。

ムラサキギボウシ（*Hosta ventricosa*）。ギボウシは肥沃で湿っているが水はけのよい土壌を必要とする。

土壌pH

pHはガーデナーならよく耳にする言葉だろう。酸性とアルカリ性の尺度であり、0から14の値で表現され、0は非常に強い酸性、7は中性、14は非常に強いアルカリ性である。たいていの土壌は3.5〜9の範囲にある。大半の植物にとって最適のpHの範囲は5.5〜7.5である。「チョーキー（chalky）」や「好石灰」はアルカリ土壌にかんする言葉であり、「エリケイシャス（ericaceous）」や「嫌石灰」は酸性土壌を好む植物をさすのに使われる。

土壌pHはおもに母岩とそれから浸出する無機イオンによって決まる。マグネシウムイオンとカルシウムイオンがもっとも重要で、白亜や石灰岩のようなカルシウムが豊富な土壌ではpHは高い（アルカリ性の）ままであることが多い。多くの土壌はpH4より下がることはなく、アルカリ性土壌もpH8を超えることはめったにない。

土壌の酸性とアルカリ性の程度は土壌のふるまいに大きな影響をおよぼし、それはおもにそれがさまざまなミネラルの溶解性を支配しているからである。つまり、pHの値が変われば植物の根が利用できるミネラルも変わるのである。酸性土壌で生育する植物（嫌石灰植物とよばれる）もあれば、そうでない植物（好石灰植物とよばれる）もあるのは、このためである。

土壌pHは、（カルシウムイオンの有効性を変えることによって）土壌構造に影響をおよぼし、有機物を分解し栄養素を再循環させる土壌生物の活性にも影響をあたえる。一部の植物は土壌pHのことをあまり気にしないでよいが、非常に限定される植物もある。酸性土壌でのみ育つ植物は「エリケイシャス」とよばれ、シャクナゲやブルーベリー（*Vaccinium*）などがある。好みはあってもそれが必要条件ではない植物もある。たとえば多くの果樹はわずかに酸性（およそpH6.5）の土壌で収量が多くなる。

土壌のpHは岩盤によって決まり、変動したり変わることはめったにない。土壌を酸性化するためにイオウをくわえたり、土壌pHを上げるために石灰をくわえるように、ミネラルをくわえて土壌pHに影響をおよぼすことは可能だが、費用がかかるし、比較的短期間でpHは戻ってしまうだろう。高pHまた低pHの有機物——使用ずみのマッシュルームコンポスト（アルカリ性）や松葉（酸性）など——をくわえても、たいてい土壌pHに少ししか影響をおよぼさない。育てたい植物が土壌pHに適していない場合、ガーデナーがとる行動として最良なのは、その植物の要求に適した培養土を使ってコンテナで栽培することである。

地元のガーデンセンターで検査キットを購入すれば、土壌のpHを簡単に検査できる。平均的な値を得るため、庭のいくつかの地点で数センチの深さから土壌のサンプルをとる。大きな庭の場合は、土壌pHが場所によって違う可能性がある。

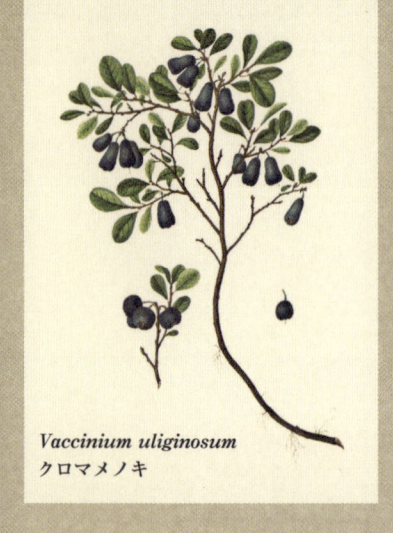

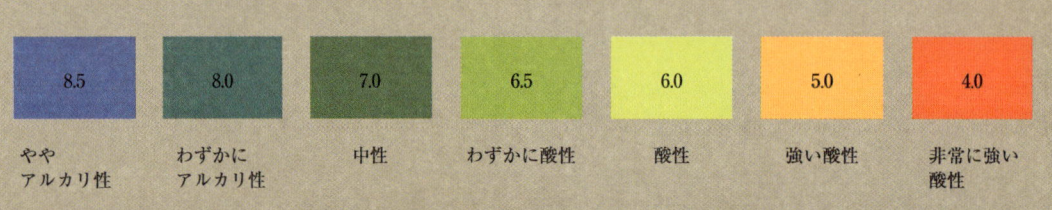

Vaccinium uliginosum
クロマメノキ

8.5	8.0	7.0	6.5	6.0	5.0	4.0
やや アルカリ性	わずかに アルカリ性	中性	わずかに酸性	酸性	強い酸性	非常に強い酸性

土壌の肥沃度

植物は無機栄養素をすべて根をとおして土壌から吸収するため、土壌の肥沃度は植物や植物の生育程度に直接的な影響をおよぼす。

すでに述べたように、土壌の肥沃度は土性、土壌構造、pHによって変わる。そのため、ガーデナーは土壌に肥料をほどこしてうまくいくよう願うだけでは十分ではない。土壌は手入れしてやらなければならない。それがガーデニングの基本である。

有機物と腐植

腐植は、土壌中にある分解し安定した有機物である。黒っぽい色をしていて、3種類ある土壌中の有機物のひとつである。ほかのふたつは、新鮮な未分解の植物や動物の残渣と、その分解物から形成された化合物である。腐植はこれらすべての相互作用の結果であり、分解にさらに時間がかかっている。

すべての有機物は最終的には微生物によって分解され、二酸化炭素と無機塩類になる。この無機塩類は植物の栄養素として重要だが、大半の種類の有機物は肥料に比べて低濃度の栄養素しかふくんでいない。適度に未分解の有機物は、ミミズ、ナメクジ、カタツムリなどの土壌生物にとって重要な食料である。その分解過程で一部の微生物は粘液物質を生産し、それによって土壌粒子が結合して土壌の団粒構造が改善され、通気性が向上する。

さらに、腐植に存在するフルボ酸とフミン酸が粘土などの土壌粒子と結合してその物理特性を変え、団粒構造に影響をおよぼす。埴土に腐植をくわえると、粘性が小さくなり通気がよくなる。重金属で汚染された土壌に有機物を施用することがあり、それは有機物が重金属イオンと強い化学結合を形成して溶解性を低下させるからである。

腐植は重量の90パーセントまで水分をとりこむことができ、このため腐植が存在すると土壌の保水力と養分の保持率を高めることにつながる。腐植に富む土壌はかなり暗い色をしており、暗い色の土壌はより多くの太陽エネルギーを吸収してより早く温度が上がるため、春によい影響をおよぼす。

腐植の分解速度は多くの要因に影響される。極端な酸性、湛水状態、栄養不足のような条件は微生物の活動を阻害することがあり、地表の残渣の蓄積や、極端な場合や場所によっては泥炭の蓄積につながる。そのような土壌は、石灰や肥料をくわえ排水をよくすることで改善できる。

一般に森林土壌は有機物の量がもっとも多く、次いで草原、それから農地で多い。砂質土壌は粘土質土壌に比べて有機物が少ない。ガーデナーが土壌の有機物含量を増やす簡単で効果的な方法は、コンポスト、腐葉土、完熟した堆厩肥のような粗大有機物をまくことである。土を掘って埋めこんでもよいし、マルチとして散布してもよく、放っておけばミミズが土壌中にもちこんでくれる。

Trillium erectum
バースルート（エンレイソウ属の多年草）

エンレイソウは本来、森林に生育し、有機物を豊富にくわえた肥沃で腐植に富む土壌を必要とする。

窒素循環

　窒素は大気中に豊富にあるが、根で吸収できる形になっている必要があり、直接吸収できる植物は比較的少ない。窒素は、窒素固定細菌の活動に由来する有機物の分解により供給されるか、肥料の施用によって供給されるかのどちらかである。

　「窒素循環」は、窒素がある形の化学物質から別の形の化学物質に変換されるようすを表現している。それは大部分が土壌中で起こり、細菌が重要な役割を果たす。よい構造の土壌には土壌中の小孔を通って多量の空気が入ることができるという利点があり、生物学的相互作用の場となる表面積が大きい。

　循環は大気中の窒素（N_2の形をしている）がまずアンモニア（NH_3）に変えられる（すなわち固定される）ことからはじまり、次に亜硝酸塩（NO_2）に、それから硝酸塩（NO_3）変えられる。植物や動物の破片の堆積物に由来する窒素をふくむごみも、同じプロセスで硝酸塩に変えられる。硝酸塩またはアンモニウムの形の窒素は植物の根に根毛をとおして吸収され、有機分子を形成するのに使われる。

　アンモニア、亜硝酸塩、硝酸塩の発生源は、そのほかに落雷、化石燃料の燃焼、肥料がある。植物が枯れたり動物に食べられると、固定されていた窒素は土壌に戻り、そこで微生物と土壌のあいだを何度も循環したのち、最終的には脱窒菌の働きによりN_2の形で大気中へ戻る。

　硝酸塩は非常に溶けやすく、簡単に土壌から洗い流されて河川に入る。窒素分の多い肥料を大量に施用された土壌から、水が水路へしみ出る場合、それは富栄養化とよばれる大きな生態学的問題をひき起こすことがある。しばしば藻類の異常発生が起こり、それは栄養素の突然の増加で藻類が増殖するからで、深刻な水質低下につながる。そして、それが今度は魚や貝など多くの水生生物の死をもたらすだけでなく、そうしたものに食料を依存している陸上の捕食者の死にもつながる。

土壌添加剤

　肥料が土壌添加剤とみなされることもあるが、肥料は一般に土壌ではなく植物にあたえるために使用される。ほんとうの土壌添加剤は石灰や堆肥などであり、土壌を改良するために使用される。

石灰

　石灰でもっとも重要なのは土壌pHに対する効果で、ふつう、酸性土壌にくわえて土壌pHを高め、そうしてより多くの栄養素を利用可能にする。ガーデナーは、土壌に石灰をやりすぎると養分欠乏につながって逆効果になることがあるのを知っておく必要があり、そのため石灰をくわえる前にかならず土壌pHを調べるようにするとよい。しかし、庭ではたとえば重粘土に使用して土壌構造（上記参照）を改善するなど、ほかにも石灰の使用法がある。

　石灰は、どちらも酸性が強すぎる土壌を嫌うミミズと窒素固定細菌の有用な活動を促進することも知られている。また、いくつかの植物の生育条件を改善し、害虫や病気の害を受けにくくする。アブラナ属植物の根こぶ病がよい例だが、pHを上げると収量が下がる可能性があることを覚えておくことが大切である。

窒素循環

窒素循環はおもに土壌中で起こり、窒素がある形の化学物質から別の形の化学物質へと変化するようすをいう。

Brassica oleracea
観賞用ケール

さまざまな組成の石灰が利用できる。それらはみな、有効成分であるカルシウムをふくんでいる。炭酸カルシウムがもっとも一般的で、白亜や石灰岩を粉砕したものが購入できる。生石灰も使うことができるが、非常に腐食性が強く、取り扱いに危険をともなう。消石灰すなわち水酸化カルシウムは早く作用するが、葉焼けを起こすことがある。

裸地に石灰を施用するのは一年のうちいつの時期でもよいが、とくに秋か冬がよい。厩肥と同時に施用するのは避けること。そのとき起こる化学反応により、厩肥中の有効な窒素の大部分がアンモニアガスに変わってしまうからである。石灰と厩肥は別々にほどこし、すくなくとも数週間の間隔をあけること。同様の理由で、ガーデナーにはもう堆肥積みの上に石灰をまくことは奨励されていない。そんなことをすると窒素濃度が下がってしまう。

粗大有機物

厩肥や自家製コンポストのようなあらゆる種類の土壌改良剤がふくまれるが、自治体が集める剪定枝や雑草から作った完熟堆肥、わら、干し草、マッシュルームコンポスト、ビール醸造所の使用ずみホップなど、たいていどんな植物廃棄物でもかまわない。土壌には分解した有機物だけをくわえるようにすること。新鮮なものはまず処理する必要があり、堆肥積みにくわえて最長2年間おく。少量の木灰を堆肥積みにくわえるとよく、それは木灰はカリウムと微量元素の濃度が高いからである。木灰には石灰施用の効果もあるため、石灰と同じように使うことができ、冬場に裸地に施用してもよい。

堆厩肥

動物の厩肥は土壌に施用する前に完熟させる必要があり、トマトやバラのようにとくに肥料をよくほしがる園芸植物に使うとよい。ガーデンコンポストを作るのは庭のごみを処分するよい方法であるが、今では多くの地方自治体が剪定枝や雑草をほかの家庭ごみとともに収集している。コンポストは作るのが簡単で、さまざまなデザインのコンポスト容器が市販されている。そのほか、ぼかし肥料や、ミミズ箱を使う方法もある。

腐葉土

腐葉土も粗大有機物で、落葉樹の落ち葉を積み重ねて分解させることにより簡単にできる。菌類のゆっくりした作用で分解するため、3年もかかる気の長い仕事である。通気のよい堆肥積みのなかでの細菌の活動と異なり、菌類は積み重なった落ち葉の温度を顕著に上昇させるようなことはない。腐葉土は作るのにガーデンコンポストより長くかかるが、利点のひとつは、最初に積んだらあとは放っておけばよく、ひっくり返す必要がないことである。腐葉土はすぐれた土壌改良剤になる。

土壌水分と雨水

あらゆる植物は定期的な水の供給を必要とし、水はおもに土壌から供給されるが、いくらかは葉をとおして水分を吸収することもできる。庭の土壌がうまく調整されているかぎり水分は容易に利用できるはずだが、長期間にわたる乾季や干ばつの時期には追加の灌水が必要かもしれない。コンテナ栽培の植物は、根が閉じこめられていて水を求めて伸びることができないため、ずっと乾燥しやすく、すべての水と栄養素をガーデナーに完全に依存している。

土壌が湿っていたり濡れているときでも、根が土壌水分を利用できないことがあり、しおれはじめる。これは粘土粒子が土壌水分を保持して離さない非常に重い粘土質土壌の場合、根が害虫や病気による損傷を受けているとき、あるいは土壌が水びたしになっているときに起こり、後者の場合、根が腐って死んでしまうことがある。

幼い植物や苗は水ストレスを受けやすく乾燥しやすい。それは根系が小さくてあまり発達しておらず、遠くまで伸びて土壌断面のなかに入りこんでいないからである。定着した植物、とくに多くの高木や低木は、根が深くまで伸び、土壌中のより深いところで水を求めることができ、その結果、水ストレスを受けにくい。しかし、ヒースやヘザー（ギョリュウモドキ属*Calluna*とエリカ属*Erica*）、ツバキ、アジサイ、シャクナゲ、多くの種類の針葉樹のような浅根性の低木は、乾燥や干ばつの被害を受けやすい。

飽和土壌

土壌が完全に水びたしのときや洪水のときは、水が土壌中の空気を追い出し、植物の根は成長に必要な酸素を奪われてしまう。植物の根が休眠している冬には、過度の被害を受けるまで比較的長期間水びたしになっていても生存できるが、植物の水の要求量が多い夏には2～3日でも致命的なことがある。土壌は最大量すなわち「圃場容水量」

生きている植物学

植物への灌水

灌水を実施するときは十分に水をやることが非常に重要である。少ししかやらないと、土壌の上の数センチに水がとどまり、根がもっともよく利用する土壌断面のもっと深いところにまで移動しない。いつも水を少ししかやっていないと、その結果、根が地表に向かって成長し、ますます乾季の影響を受けやすくなる。

植物にとってたいてい水道水より雨水のほうがよく、それは水道水はアルカリ性が強すぎる場合があるからである。雨のpHはさまざまだが多くの場合酸性で、それは主として、自然または人工の発生源から生じるふたつの強い酸——硫酸と硝酸——が存在するせいである。

まで水分をふくみ、そのあとは空隙がそこなわれる。

しおれ点

土壌のしおれ点とは、これ以上少なくなればその土壌が維持している植物がしおれはじめる土壌水分量である。この点を超える条件が干ばつであり、暑い天候のあいだに土壌が乾ききってしまう。長期にわたる干ばつのあいだに植物はそれぞれの永久しおれ点を超えることがあり、ここまで乾くと植物はもはやふくらんだ状態に回復できず、枯死する。土壌の水分量が危険なほど少ないレベルにまで下がりはじめると、植物はそれに対する反応として葉にある気孔を閉じて水の損失を減らす。気孔を完全に閉じることができるのはまれで、そのためつねに水を失っている。

最初の症状は葉のしおれで、続いて葉と芽が枯死し、最終的には茎と植物全体が枯れこむ。通例、根からもっとも離れた部分が最初に、そしてもっともひどく影響を受ける。

一部の高木で干ばつに対する極端な反応が見られ、突然、大枝がまるごと落ちる。これはオーストラリアのセキザイユーカリ（*Eucalyptus camaldulensis*）でひんぱんに見られ、この木にはウィドウメーカー（後家づくり）という不吉なよび名がつけられている。イギリスでは大枝が落ちることはめったにない。しかし、2003年の非常に乾燥した暑い夏に、王立園芸協会のウィズリー・ガーデンの入り口にある大きなオークの大枝が突然ギフト・ショップの屋根の上に落ちた。幸い、けが人は出なかった。

耐乾燥性と乾生植物

自然状態で非常に乾燥した地域に生育している多くの植物は、日照りや乾燥から身を守る数々の適応を示す。そうした植物は乾生植物とよばれる。

乾生植物はほかの植物に比べて全体の葉の表面積が小さい場合がある。タマサボテンのように多くの短枝をもつものや、葉が小さかったり退化しているものもある。その極端な例がサボテンに見られ、葉はとげになっている。

葉をもつ乾生植物も、厚い蝋質のクチクラや、水を吸収したり捕らえたりする働きをする小さな毛で覆われている。これらの毛の目的は、植物の周囲をより湿った状態にして、気流を減らし、そうして蒸発や蒸散の速度を落とすことにある。さらに、よい香りのする葉をもつ植物もあり、その香りは揮発性の油によって生じる。これらの油は葉の表面にあって水が失われるのを防ぐ働きをし、多くの地中海地方の植物にみられる適応である。淡色、銀色、あるいは白色の葉は太陽光を反射し、そうして葉の温度を下げ、蒸発を少なくする。

多肉多汁植物は茎や葉に水を蓄え、ときには変形した地下茎に蓄えることもある。通例、干ばつ状態のあいだは、鱗茎、根茎、塊茎は休眠しており、そうしたものをもつ植物は、干ばつが終わるまで土壌中で休眠して切りぬけているのであって、真の乾生植物ではない。

多くの乾生植物が、ベンケイソウ型有機酸代謝とよばれる特殊な生理機能をもつ。これは標準的な光合成のプロセスの変形で、気孔が（気温がかなり低い）夜だけ開き、植物は日中にする光合成のための二酸化炭素を蓄えることができる。また、気孔がくぼみのなかにあることもあり、環境にあまりさらされないようになっている。

タマサボテン属（*Echinocactus*）のサボテンは枝分かれしない。葉はとげになっていて、水の損失を最小限に抑えている。

149

ジョン・リンドリー
1799-1865

ジョン・リンドリーはイギリス人の植物学者で、イギリスの植物学と園芸学のさまざまな側面に多大な影響をおよぼし、初期の王立園芸協会で傑出した働きをした。

リンドリーはノリッジ近郊で生まれ、そこで父親が種苗園を運営し、果物を扱う事業をしていた。リンドリーは植物を愛し、可能なときはいつでも父親を助け、空いた時間はワイルドフラワーを採集してすごした。父親が園芸の知識をもっていたにもかかわらず事業は儲からず、一家はいつも借金に追われ、リンドリーは望んでいたように大学に行くことはできなかった。そのかわり、16歳のときにロンドンの種子商人の取次人としてベルギーへ行った。

イギリスに帰ると、植物学者のウィリアム・ジャクソン・フッカー卿に会い、フッカーの植物にかんする蔵書を利用させてもらえることになった。フッカーはリンドリーをジョーゼフ・バンクス卿に紹介し、バンクスはリンドリーを自分の植物標本室の司書補として雇った。リンドリーはバンクスの家でも働き、バラとジギタリスの研究に力をそそいで、最初の著書を出版した。初期の著書には、新種についての記述と彼自身の植物画がいくつか掲載された『バラの植物史（Monographia Rosarum）』のほか、『ジギタリスの植物史（Monographia Digitalium）』、『ナシ科について（Observations on Pomaceae）』がある。大学教育を受けていなかったにもかかわらず、これらの出版物には、注目すべき分類学上の判断や詳細な観察が認められ、英語とラテン語両方の言葉が正確に使用されている。これらの著書と、雑

ジョン・リンドリーは王立園芸協会の創設期に重要な役割を果たした。ロンドンにある協会の図書館は、彼にちなんでリンドリー・ライブラリーとよばれている。

誌「ボタニカル・レジスター（Botanical Register）」への貢献により、彼は国際的な喝采と才気あふれる植物学者という評判を得た。

この時期に彼は、熱心なバラ愛好家でロンドン園芸協会（のちに王立園芸協会になる）の事務局長ジョーゼフ・セイビンと出会った。そしてセイビンからバラのボタニカル・イラストレーションの制作を依頼され、1822年にチズィックにある協会の新しい庭園で働く協会の庭園事務局長補佐に任命され、そこで植物のコレクションを管理した。また、一連の花の祭典を組織し、それはイギリスで最初のフラワー・ショーになり、協会の有名なフラワー・ショーの前身となった。

6年後に彼はロンドンのロイヤル・ソサエティの特別会員に選ばれ、設立されたばかりのロンドン大学の植物学教授に任命された。当時、入手できる本について不満に思っていたため、教え子たちのために植物学の教科書を書いている。この地位に1860年までいて、名誉教授となった。そして、ロンドン園芸協会の仕事をやめる気になれず、同時に両方の職についたまま1827年に副事務局長になり、1858年には事務局長になった。この間、協会の重責を担い、財政的に困難な時期に重要な決定をした。

リンドリーはつねに父親の多額の借金の責任を負っていた。ひとつには経済的必要性から、そしてけっして重労働を回避するような人物ではなかったため、彼は自分がすでに負っているもの

を放棄することなく、さらに多くの義務を引き受けた。たとえば1826年に『ボタニカル・レジスター』の事実上の編集者になり、1836年にはチェルシー薬草園の責任者になった。

リンドリーの知識は当時のほかの多くの重要な問題においても欠かせないものだった。ジョーゼフ・バンクスの死後、キューの王立庭園は衰退しはじめ、リンドリーはその管理にかんする報告書を作成した。彼が庭園を国に移管してイギリスの植物学の本拠地として使うことを勧めたにもかかわらず、政府はその見解を受け入れなかった。それどころか、庭園を廃止して植物を分配することを提案した。だが、リンドリーがこの問題を議会に提起し、政府が撤回して庭園は救われ、そのすべてがキュー王立植物園の設立のもとになったのである。

リンドリーは、アイルランドに飢饉をもたらしたジャガイモ疫病とその影響を調査するために政府が設立した科学委員会のメンバーでもあった。のちに出された報告は、1815年の穀物法廃止の一因となり、この病気の被害を軽減するのに寄与した。

リンドリーはランの分類にかんする最高の権威として定評があり、彼の有名なランのコレクションはキューの標本室に収蔵されている。リンドリーの『園芸の理論と実際（Theory and Practice of Horticulture）』は、園芸の生理学的原則にかんする非常にすぐれた本とみなされた。彼はもっともよく知られている著書『植物界（The Vegetable Kingdom）』（1846）で、独自の自然な植物分類体系を展開した。また、彼の植物にかんする大規模な蔵書は、王立園芸協会のリンドリー・ライブラリーの基礎になった。1841年にリンドリーは定期刊行雑誌「ザ・ガーデナーズ・クロニクル（The Gardeners' Chronicle）」を共同で創刊し、これは150年近く刊行され、彼はその最初の編集者になった。

その華々しい経歴により、リンドリーは数々の賞や褒賞をあたえられた。ロンドンのリンネ協会の特別会員とロンドンのロイヤル・ソサエティの特別会員に選ばれ、ミュンヘン大学から学術博士の名誉学位を授与された。

彼は科学界で高く評価され、多くの種が彼をたたえて命名され、*lindleyi*や*lindleyanus*という小種名がついている。

植物の学名に言及する場合、標準的な命名者略記Lindl.が命名者としての彼をさすのに使われる。

Vanda sanderiana
ワリンワリン

Rosa foetida
フォエティダバラ

ジョン・リンドリーの『バラの植物史』より、ジョン・カーティスによる*Rosa foetida*の手彩色版画。

栄養素と施肥

第3章で論じたように、植物はその一生を完結するためにさまざまな無機栄養素を必要とする。その大部分が根をとおして吸収されるため、土壌はそうした栄養素を適正量、すぐに利用できる形でふくんでいなければならない。

自然状態では、これらの栄養素のすべてが、森の落ち葉の分解など環境から供給されなければならない。しかし庭の場合、植物の健全な成長を維持するには自然の土壌肥沃度では十分でないことがあり、特別多く栄養素を要求する一部の栽培品種ではとくに注意しなければならない。

それはつまり、追加的な施肥が必要な場合が多いということである。芝生も定期的に施肥する必要があり、それはひんぱんに刈ることによって大量の栄養素が除かれ、補給しなければもとに戻らないからである。

コンテナ栽培の植物は根が外の土壌にとどかないため、補給される栄養素にさらに大きく依存している。良質の鉢植え用培養土はふつう5〜6週間植物に供給するに十分な栄養素をふくんでいるが、6カ月も供給できる長期間有効な肥料をふくむものもある。それ以降はガーデナーの腕にかかっている。

植物が施肥を必要とするのは、活発に成長しているときだけである。休眠しているときに肥料をやると、栄養素が有毒なレベルにまで蓄積することがあり、敏感な根毛が損傷を受けたり、さらには死んでしまうことさえある。逆に、栄養素の不足は生理障害（216-217ページ参照）の原因になる。

有機質肥料

一部のガーデナーは大部分の土壌添加剤を有機質肥料とみなしているかもしれないが、添加剤の実際の養分含量は、自家製コンポストと同様、比較的少ない。そうしたものは主として土壌構造を改良するために土壌にくわえられる。ほんとうの有機質肥料は栄養分を比較的多くふくむが、有機物起源であるため、工場で作られた合成肥料に比べて長期にわたって放出する傾向がある。

有機質肥料はしばしば人工の肥料よりすぐれているとみなされる。それは土壌に肥料分を供給して植物に栄養を供給するだけでなく、土壌微生物の個体群を維持することにもつながるからである。また、その製造に使われるエネルギーがかなり少ない傾向がある。海藻抽出物をもとにした肥料や海藻をふくむ肥料は、さまざまな多量養素、微量養素、ビタミン、植物ホルモン、抗生物質をふくむため植物の有用な「強壮剤」であるが、栄養の内容の振れが非常に大きい場合がある。

生きている植物学

葉面散布

植物は根をとおして栄養素を吸収するだけでなく、葉の表皮と気孔をとおして吸収することもできる。その結果、いくつかの非常に溶けやすい肥料は葉面散布剤として使用でき、土壌の上だけでなく葉の上にも灌水すると、合計が吸収された総養分量になる。この施用方法は植物がすぐに栄養を吸収する必要がある場合にしばしば推奨され、多くの場合、「緊急」の処置として用いられる。トマトのような場合には、着花期に葉面散布すると、果実の生産量が劇的に増加すると考えられている。

Solanum lycopersicum
トマト

地上の生活

　土壌の外では、植物は大気、そして極端な気象と気温、降水、霜、強風や冷風といった自然のあらゆる力にさらされている。ガーデナーはさまざまな方法（第7章参照）で植物を守ろうとするだろうが、たいていの場合、自然環境の観点から植物のことを理解するとよい。そうすることで、ガーデナーが植物の栽培に成功する可能性がずっと高くなるのである。

気象と気候

　「気候」という用語は、ある地域の意味のある平均値を得ることができるほど十分に長い期間の気象パターンをいう。「気象」はある特定の時点の大気の状態（すなわち天気）をいう。しばしばいわれるように「人は気候に期待し、天気に甘んじる」という違いがある。

微気候

　微気候は、気候が周囲の地域と異なるかぎられた範囲のことをいう。広々とした野外の、（北半球なら）南向きの崖の側面にある風から守られた場所や、狭い谷を吹き抜ける風でできた吹きさらしのトンネルなどが該当するだろう。庭では、木立ちの下の日陰や、日中は熱を保持して夜に放出する日あたりのよい壁などの微気候が、その近くで育つ植物を特別によく保護する。

気候変動

　気候変動は、しばしば誤用され誤解される言葉である。多くの場合、地球温暖化、すなわち地球の平均気温が上昇しつづけること——科学者たちが何十年にもわたって記録してきた現実の現象——をさすのに使われる。しかし実際には地球はつねに気候変動の状態にあったのであり、何千年も前に氷河期——何度もあったもののひとつ——を経験した。現在は間氷期にあたり、地球は暖かくなりつつある。気候変動への対応でガーデナーができることは、気象に注意をはらい、それに応じた行動をすることである。

アメリカノウゼンカズラ（*Campsis radicans*）はあまり耐寒性のないよじのぼり植物とみなされることが多いが、たいてい−20℃まで低温に耐えることができる。

温度と耐寒性

高温も低温も、極端な温度は植物の成長に悪影響をおよぼす。それ以上だと植物が死んでしまう限界の温度は、死滅温度とよばれる。当然、それは植物によってさまざまで、たとえば多くのサボテンは非常に高い温度でも生存するのに対し、日陰を好む植物はそれよりずっと低い温度で枯死する。温帯の植物は、多くが50℃以上の温度になると枯死する。

その植物が耐えられる最低の温度で耐寒性が決まる。当然のことながら、植物によって大きな差があり、ふつう、おおまかに非耐寒性、半耐寒性、耐寒性の3つに区分される。非耐寒性の植物は凍結温度で枯死するもので、これに対し、半耐寒性の植物はある程度の低温を耐える。耐寒性の植物は凍結温度によく適応しているが、なかにはほかのものより強いものもある。

困ったことに、耐寒性を意味する「ハーディ（hardy）」という言葉はガーデニングにおいては多数の意味をもち、世界のなかでも暑い地域では干ばつや高温に対する植物の耐性のことをいう。また、耐寒性は相対的なものであり、ある国で耐寒性とされている植物が別の国では耐寒性でないかもしれないし、この言葉は非常におおまかに適用されて誤解をまねくこともある。「耐寒性フクシア」がよい例である。いくつかは－10℃の低温を生きのびることができるが、ほかのものは氷点下では短期間しか生きられない。

植物の反応

熱ショックタンパク質

植物はそれぞれ特定の熱ショックタンパク質を生産して熱に対応しており、このタンパク質は極端な温度によるストレスにあっているときに細胞が機能できるようにする。高温に順応した植物はいつでも使えるようにつねに熱ショックタンパク質をいくらかもっているため、さらに極端な温度に対してもすばやく対応できる。

低温ストレス反応

温帯と寒帯では、大多数の植物に影響をおよぼすのは氷点下の温度である。対応として植物は生化学的な変化をする。たとえば細胞中の糖濃度を上げて細胞溶液の濃度を高くし、凍結しにくくして、水の氷点より温度が下がっても液体のままであるようにする。

北極圏内のように非常に寒いところでは、なんと植物は細胞を脱水する。細胞から除かれた水は、細胞壁と細胞壁のあいだで細胞の内容物に損傷をあたえずに凍ることができる。

こうした変化は「低温順化」とよばれ、秋の短日や比較的低い温度によって誘導される。しかし、凍結するような条件に十分に順応するには、植物は凍結が起こる前に何日も寒い天候をへなければならず、耐寒性の植物でも突然の秋の霜で害を受けることがあるのはこれで説明できる。

さらに、植物は不凍タンパク質も生産し、これは細胞内の溶液の濃度を上げることによって、凍結するような低温から守る働きをする。また、これらのタンパク質は細胞内で、放っておけば細胞を破裂させるおそれのある氷の結晶と結合して、それが成長するのをさまたげる。

しばしば「ハーディ・ゼラニウム」とよばれるフウロソウ属（Geranium）の植物——たとえばGeranium argenteum——は－30℃という低温にも耐える。ほかの種はそれほど耐寒性が強くない。

霜と霜穴

物体の表面の温度が氷点下になると、空気中の水蒸気が霜となって堆積しだす。秋に夜間の気温が5℃を下まわりはじめたら、ガーデナーは初霜が降りることを予想して、ダリアやカンナのような霜に弱い植物を保護することを考えなければならない。

霜はとくに、耐寒性のない新たに成長した部分や春の花を傷つける。低温の程度や凍結の継続期間によっては、植物は芽、葉、花、そして発達中の果実を犠牲にして、その条件を生きのびようとすることがある。夏の花壇植物のような霜に弱い植物は、夜間の気温が確実に5℃以上になるまで植えてはいけない。イギリスでは、それは5月の終わりまで来ない。

コンテナ栽培の植物はとくに低温や凍結の害を受けやすい。根が地面より上にあって、周囲の大量の土壌によって断熱されるということがないからである。コンテナ栽培の場合は根鉢全体が凍ることもあり、耐寒性の植物でも被害を受けたり枯死したりすることがある。このため、とくにコンテナが小さい場合、多くのガーデナーは冬にコンテナを断熱材で保護する。そうすれば焼き物の鉢が霜で割れるのを防ぐこともできる。しかし、断熱材では長期にわたる低温や極端な低温から守ることはできない。

Rhododendron calendulaceum
（ツツジ属の低木）

霜穴は、非常に冷たい空気が坂をくだって谷やくぼ地、あるいは柵や密生した生垣のような中身のつまった構造の背後など、ポケット状の空間に集まるときに生じる。それが起こるのは、空気は温度が低いほど重くなるからである。

風

高木のような大きな植物、あるいは吹きさらしのところに生えている植物は、強風や激しい嵐のときに風の被害を受けやすい。自然状態で吹きさらしの条件で生育する植物は、矮性だったり丈が低かったり、あるいはマットを形成して、風にさらされにくくしている。風の意志に永遠に屈従しているような高木の姿は、じつは風にさらされていることに対する反応であり、条件がましな風下側に成長が集中しているのである。

風は植物をはぎとり引き裂き、ときには大きな枝を落下させ、樹木全体を根こそぎにすることもある。バナナの葉には裂けやすい「リップ・ゾーン」があって、そこが裂けることによって風への抵抗が減り、葉全体や株全体の損失を防いでいる。ほかに小さな葉をもつことで、風に対する抵抗を減らしている植物もある。広い葉をもつ落葉樹はとくに、気まぐれな夏や秋の嵐のときに被害を受けやすい。この頃には落葉樹の葉はまだ枝についていて、まともに風を受けてしまうのである。イギリス史において1987年10月16日は永遠に記憶されるだろう。その日の夜、ハリケーンがイングランド南部を襲い、その多くが何世紀も立っていた1500万本以上の成木を全滅させたのである。

生きている植物学

霜への対応

霜はそれ自体、植物に損傷をあたえるが、凍ったり融けたりをくりかえすこと、あるいは急速に融けることが、とくに植物を傷つける。とりわけツバキは急に融ける傾向があり、このため朝日を浴びる場所に植えてはならない。

生きている植物学

　風が吹くと空気が急速に動いて、葉から大量の水を奪う。植物は気孔を閉じて、失われる水の量を少なくする。イネ科草本は葉を丸めて気孔からの水の蒸発を減らすことができ、この反応は干ばつのときにもみられる。単純に葉を落とす植物もある。失われるより速く水をとりもどすことができない場合、風に誘発された葉焼けが生じ、葉縁の周辺に乾いた褐色の部分ができる。

Apera spica-venti
セイヨウヌカボ

雨、雪、雹（ひょう）

　雨水は土壌を湿った状態にしておくために不可欠であるが、豪雨や大雨は植物の地上部に悪影響をおよぼすことがあり、繊細な茎葉や花を破壊する。また、湿った状態が続くと、植物の表面にいる菌類そのほかの病原の成長がうながされる。一部の植物では葉の先端に長い「ドリップチップ」とよばれるとがった部分があり、これは葉の表面に水滴がとどまらないようにする適応と考えられる。先端が長ければ細かな水滴ができ、水滴が細かいほど植物の根の周囲の土壌を浸食しないのである。

　雨と同じように雹も植物の繊細な部分を破壊し、葉をつき破ることさえある。傷をつけたりこすったり、落葉させたり、完全に果実をだめにしたりすることもある。雹によって若い葉や果実に生じた小さな傷は、植物が成長するにつれて非常に目立つようになる。果樹生産者にとって雹は災厄である。

　雪は融けると水分の供給源になるが、それまではその重さで茎に圧力をかけ枝を折って、植物に被害をあたえることがある。長期にわたって地面にいすわる厚い雪の層は植物を光不足におちいらせ、地上部の枯れこみ、さらには枯死の原因になる。しかし、地面の雪の層は丈の短い植物にとって、実際には断熱材の役割を果たすこともあり、もっと低い氷点下の温度や風から守る。高山地域では、草本植物が雪の層がまだ融けないうちに芽を出して成長するが、新しく成長した部分は雪の毛布によって守られ、夏がやってきて雪が融ける頃には植物はすでに花を咲かせている。

海岸の条件と塩

　海岸近くに生える植物にとって、たえずさらされている日光や風雨、そして風が吹きつける砂粒は、特有の困難をもたらし、さらには空気中の塩分も問題になる。植物に付着すると塩は植物の組織から水分を吸い出し、乾燥と葉焼けをひき起こす。水滴が蒸発すると塩が茎や芽、葉に入りこむことがあり、直接的な害をあたえて、その植物の細胞構造や代謝プロセスに影響をおよぼし、芽の枯死、茎の枯れこみ、成長の停止、そして極端な場合は株全体の枯死につながる。不注意で道路の凍結防止剤を植物にあたえても、同じような作用がある。

　砂丘や塩性湿地の植物は、生えている場所の岸からの距離に応じて、塩分濃度の高い環境で生きることにより生じるストレスにうまく適応している。海水が浸入するあいだも耐えることができる植物は塩生植物とよばれる。水中の塩分濃度が高いと水を吸収することがむずかしくなるため、塩生植物はさまざまな生理学的適応を示す。浸水しているあいだに急速に成長して個々の細胞の塩分濃度を低くするもの、葉をふくらませて塩分の有害な影響を薄めるもの、多肉質の葉に水を保持するものなどがある。また、一部のマングローブは、継続的な塩分の流入に対し、それを樹液で運び出

光

ガーデナーはつねに植物の光要求に気をつけておかなければならない。日光を好む植物を暗い日陰で育てるとすぐに弱って枯死し、日陰を好む植物を日なたで育てるとすぐに葉焼けになって乾燥し、しおれてしまう。問題になる要因は光の量と質で、光の量は日長と雲量と日陰の量で決まり、光の質とはどのスペクトル領域の光かということである（林床に生える植物にとって、あるいは世界のなかでも比較的多くの紫外線にさらされている地域に生える植物にとって重要である）。

植物が本来の要求量より少なすぎる光で育てられているとき、黄化が起こる。症状は、長くなりすぎた弱い茎、離れてついた小さくまばらな葉、薄い色などである。黄化は窓台で育てられた発育中の苗によく見られ、傾いて育ち、光源へ向かって伸びる。多くの日光を好む植物も、暗すぎる日陰で育てられると同様の症状を示す。たとえば*Veronicastrum virginicum*（クガイソウ属の多年草）の背の高い花茎は、均等に光があたらないと太陽の方へ向かって伸びる。

光の植物に対する影響については第8章でも述べる。

Veronicastrum virginicum
（クガイソウ属の多年草）

環境の操作

ガーデナーが環境に影響をおよぼして植物の生育条件を改善できる場面はたくさんあり、生育期を延ばしてできばえをよくしたり、収量を増やしたりすることもできる。ガーデナーは、土壌の手入れをし適切な場所で植物を育てることによって植物の健康を維持するだけでなく、温室、クロッシュ（苗帽子）、不織布、そのほかの施設園芸用資材を使う場合もある。

たとえば不織布やベル・クロッシュ（釣鐘型の苗帽子）は、出芽部分の上の空気を温かく静かに保つことにより、植物に早く成長を開始させるのに使われ、温室やポリトンネルを使って（たとえばブドウやトウガラシで行なわれているように）果実をつける植物を、冬がはじまるまでできるだけ長く収穫できるようにすることができる。

強風や冷風から庭を守るために、風よけや防風林が使われる。そうしたものは風下側でその高さの10倍の距離まで風をかなり弱めるため、植物が生育しやすい穏やかな環境を作るのに非常に有効である。風よけは保護する必要のある範囲より長くすべきで、それは風がわきをまわりこむからである。

有機物の厚いマルチは、冬には断熱して土壌を冷気から守り、夏には根を低温に保ち、蒸発で失われる水の量を減らすうえで非常に有効である。マルチは、放っておけば植物が利用できる土壌の水分と栄養素を奪ってしまう雑草の生育も抑える。

冬から早春にかけては光が弱すぎて、幼植物や苗が力強くコンパクトな成長をしないことがあり、黄化につながる可能性がある。このような場合、温室や屋内で400〜450nmと650〜700nmという適正な波長の光を出すランプを使って補足的な照明をすることにより、生育を改善することができる。

Rosa
バラ

第7章
剪定

　剪定は、植物の生産力と健康を改善するためや、栽培場面で植物の全体の姿と大きさを改善するために、植物からその一部を取り除くことである。ふつう、木本植物に使われる言葉であるが、成長したものを落とすことにつながるあらゆる行為をさす、厳密ではない使い方もできる。これにはおもに、花がら摘み、枝の除去、刈りこみのようなガーデナーがする剪定がふくまれるが、植物がみずから誘導する剪定もふくめることができ、これは「自己剪定」あるいは器官離脱とよばれる（161ページ参照）。

　剪定は、芸術と科学の両方の性格をそなえているといわれてきた。何をすべきか、どのようにすべきかについての知識と、それによって達成できる全体的な美のバランスが重要なのである。もちろん、森や林のような自然環境で起こっているように、すべての植物は剪定しないで成長するにまかせてもかまわないが、庭ではたいていの植物がすぐに、だらしなく生い茂った状態になるだろう。

　剪定は植物の成長パターンに影響をおよぼすことによって効果を上げる。剪定によって誘導されるホルモンの変化が、休眠芽をうながしてシュートを出させたり、新しい芽を形成させる。そして地下部と地上部の成長量の比率の変化が、それぞれ独特の成長反応を誘導する。

なぜ剪定するのか

剪定は植物の成長の仕方に影響をおよぼし、ガーデナーはその生理的反応を利用して、植物の姿のほか、花や果実の生産能力を改善する。枯れた部分や病気の部分、損傷を受けた部分も剪定でとりのぞいて、その植物の全般的な健康を改善することができる。

ほとんど剪定を必要としない植物もあれば、望むような成績を確実にあげるには毎年剪定する必要がある植物もある。剪定したことがなかったり剪定の仕方が悪かったりして伸びすぎた植物は、もとの姿をとりもどしふたたび開花や結実をさせるには、強く剪定する必要があるかもしれない。

多くの初心者のガーデナーは、ごく小さな枝を切り落としても植物におそろしいことが起こるのではないかと、不必要に心配する。しかし実際には、たいていの植物は剪定に対して非常に寛容で、よい反応をする。強い切返しに対してよい反応をする植物もあり、そのような場合、寿命が延びることさえある。その一方で、ゴジアオイ（*Cistus*）やキングサリのように剪定されるのをあまり好まない植物もある。

庭の場合の剪定

ガーデナーは、庭が半自然の環境であるという事実を忘れてはいけない。自然にまかせるとたちまち見苦しく生い茂るため、人為的な要素が不可欠である。除草はもちろん、剪定と切返しは庭園維持のかなめである。第一に、剪定により植物を一定の区画内、あるいは庭に適した規模や比率の範囲内に保つことができる。成長しすぎた高木や低木はすぐに優勢になりすぎて、ほかのあらゆる庭園要素のバランスをだいなしにしてしまう。

このため、高木や低木を早めに整枝して、必要とされる形や状態を作り出し維持することが非常に重要である。枝ぶりがわかりやすい植物については、弱い部分、交差する部分、こすれあう部分、混みあった部分も、外観をそこなうためとりのぞくべきである。しかしこれは、たとえばセイヨウヒイラギやゲッケイジュのような密集したやぶ状の常緑低木の場合は、枝があまりはっきり見えないため、それほど重要ではない。ただし、こすれあう部分は、とりのぞかなければ樹皮を傷めて感染につながるおそれがある。

枯れた部分、病気の部分、枯れそうな部分、損傷を受けた部分も除く必要があり、美的理由からだけでなく、感染症が植物体に広がったり入りこんだりするのを防ぐためでもある。病気の枝や枯れ枝のある大きな高木は安全上、問題になることもあり、資格をもつ専門家に見せて処理してもらうべきである。

剪定によって開花と結実を改善することもできるし、トピアリーや（萌芽更新や刈りこみによる）茎葉の効果、盆栽のように、それ自体の視覚的効果を生み出すために用いることもできる。

接ぎ木した植物は台木から吸枝を生じることが

Cistus salviifolius
（ゴジアオイ属の小低木）

Ilex aquifolium
'Angustimarginata Aurea'
セイヨウヒイラギの斑入り品種

は古い葉から若い葉へと進み、場合によっては続いて地上部全体が枯死して休眠する。ガーデナーは晩夏から秋にかけて、多くの時間をさいて、こうした枯れた部分をかたづけて気持ちよく見えるようにする。ときにはそれによって刺激されて、ふたたび新たに成長したり、さらに花を咲かせたりすることさえある。

老化と器官離脱には多数の生物学的利点がある。多くの場合、種の永続は果実の離脱に依存しており、果実はその後、ばらまかれたり新たな場所へ運ばれたりする。古い花や葉がとりのぞかれなければ、新しい葉が日陰になったり病気になったりするかもしれないし、落葉は栄養素を土壌へ戻す働きをする——森林の樹木が瘦せた土壌で生き残るのを助ける、栄養の効率的利用といえる。器官離脱は、蒸散を減らすために葉を落とす必要がある、水分を失った植物でもみられる。

あり、これを見かけたらとりのぞかなければならない。また、多くの斑入りの植物が全体が緑の葉をつける部分を生じる傾向があり、その株で優勢になるかもしれないので、これもすぐにとりのぞかなければならない。

自然の老化と器官離脱

加齢にともなって起こる活力減退のプロセスは老化とよばれ、植物の器官の死につながる。そして死んだ器官を落とす実際のプロセスは、器官離脱とよばれる。どちらのプロセスも毎年、落葉樹が冬にそなえて葉を落とすときにみられるが、落花や落果のようなほかの多くの現象もいう。

老化はしばしば季節変化に応じて起こる。一年生植物では毎年起こり、まず葉が枯れ、茎と根系が続く。二年生植物ではそれが2年後に起こる。そして多年生植物の場合は生存期間は決まっておらず、茎と根系が何年も、ときには数百年も生きているが、葉、種子、果実、花はそれぞれ異なる時期に落ちる。

多くの常緑植物の葉は、枯れて落ちるまでに2〜3年しかついていない。多年草では、葉の老化

生きている植物学

葉のなかの葉緑素

多くの高木、低木、一部の多年生植物で、秋の葉の老化が緑から赤、黄、橙色への独特の色の変化で美しい効果をそえる。秋に昼間の長さが短くなり気温が低下するにつれ、葉のなかの葉緑素が減る。それによって、葉に存在しているがそれまで隠されていた黄色のキサントフィルや橙黄色のカロチノイドの色素が見えるようになる。同時に葉がアントシアニンを合成し、これが赤と紫の色をあたえる。

Acer platanoides
'Aureovariegatum'
（ノルウェーカエデの斑入り品種）の秋の黄葉。

剪定に対する生理反応

適切に剪定するために、植物がどのように成長するのか、そして剪定に対してどのように反応するのか理解しておくとよい。新しく成長したシュートは通常、頂芽とよばれる茎のいちばん上の芽が伸びたもので、茎にそった芽の配置は対生、互生、輪生と、植物によって異なる（67-68ページ参照）。開花や結実をさまたげないように剪定するには、タイミングが重要である。特定の植物にかんするそのような知識は、ガーデナーにとって、どこをどのように切るかだけでなく、いつ剪定すればよいか判断する助けになる。

頂芽優勢

頂芽は、それより下の芽や茎の成長、そして側方への成長部分すなわちサイドシュートに対して、頂芽優勢とよばれる影響をおよぼして制御する。頂芽をとり去ると、この優勢が失われて、下の芽が伸びはじめる。ガーデナーはこの反応を利用して植物をやぶ状にしたり、極端な場合は定期的に刈りこんでみごとなトピアリーを作り上げることができる。

植物によって、頂芽をとりのぞくと1本のサイドシュートが強く伸びて優勢になるものもあれば、ふたつ以上の成長点がともに優勢で、2本あるいは複数のシュートを生じるものもある。高木では、優勢なシュートが複数あるとのちに問題になることがあり、このため弱い方をとりのぞいて、強くてまっすぐな方を残すようにする。

頂芽優勢は、植物ホルモンのオーキシン（98ページ参照）を生産する頂芽によって制御される。シュートの先端が活発になるにはオーキシンを主茎に送り出すことができなければならないが、主茎にすでにかなりの量のオーキシンがある場合、送出経路が成立せず、シュートは不活発なままである。すべてのシュートの先端は互いに競争していて、上の先端も下の先端も互いの成長に影響をおよぼす。このため、どこにあろうともっとも強い枝がもっとも勢いよく成長できる。主枝がもっとも優勢なのは、それがその植物の先端にあるからではなく、最初にそこにあったからである。

直立したシュートや枝をひっぱり下ろして水平に誘引しても、頂芽優勢を破ることができる。このシュートに生じるサイドシュートは開花結実する可能性がずっと高い。このテクニックは、よじのぼり植物、壁沿いの低木、いくつかの仕立て法の果樹を誘引するときにとくに有効である。

分岐パターン

植物を茎上の芽の配置によって分類することができる。そして芽の配置によって、互生、対生、輪生という葉や枝の配置が決まる。対生の芽、したがって対生の葉や茎は、茎の両側の同じ高さのところに対になってついている。互生の芽は高さが変わるごとに茎をはさんで交互につく。輪生の芽は各節に3つ以上の葉やシュートが輪状につく（葉と枝の配置については68ページ参照）。

先端の芽とシュートが側芽の成長を抑える

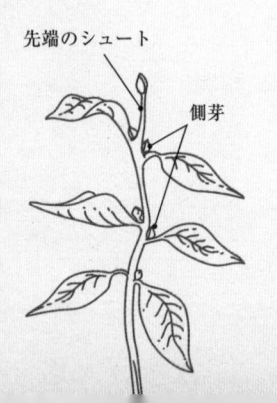

先端のシュート
側芽

優勢な芽が切除されると側芽が刺激される

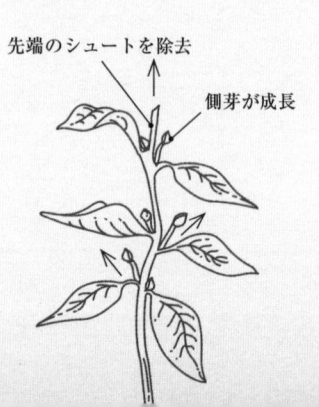

先端のシュートを除去
側芽が成長

オーキシンの役割を証明するため、先端のシュートを切ったあとにオーキシンに浸しておいた寒天塊を置くと、側芽の成長が抑制される。

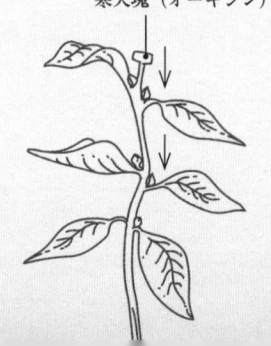

寒天塊（オーキシン）

芽から伸びるシュートは芽がさしていた方向に成長する傾向がある。互生芽の上を剪定すると、芽がさす方向に成長する新しいシュートを誘導することになるのに対し、対生芽の対になった芽の上を剪定すると残った茎の両側に2本のシュートが生じる。

対生のシュートをもつ植物は剪定がむずかしい。それは切り残しが枯れこまないようにするために剪定ばさみの先で芽のすぐ上をV字型に切るのがむずかしいからである。また、対生にシュートが出る植物の成長を望みの方向に向けるのはさらにむずかしい。1本が正しい方向（たいていは中心から外へ）に伸びても、もう1本反対方向に伸びるものがあるのである。ひとつの解決策は不要な芽をかき落とすことで、さもなければ何週間かたってあらためて、生じた不要なシュートを切り落とす。

剪定のタイミング

最良の開花や結実がみられるようにするには、正しいタイミングの剪定が不可欠である。しかし気象や気候も一定の役割を演じるため、ガーデナーは各植物の要求に敏感である必要がある。一部の常緑植物やわずかに非耐寒性の植物に、たとえば春に早すぎる剪定、あるいは秋に遅すぎる剪定をしたら、その結果できた切り傷や新たな成長部分は、霜や冷風の被害を受けやすいだろう。

一年のうちのまちがった時期に剪定すると、おびただしい量の樹液を出す植物もあり、それによって弱ったり、枯死することさえある。夏のカバノキ、春のブドウ、冬のクルミがその例である。そのほか、まちがった時期に剪定すると病気にかかりやすくなる植物もある。

たとえばサクラ属（*Prunus*）の核果をつける植物はすべて、休眠中の冬に剪定するとこぶ病や銀葉病にかかるおそれがあるので、夏まで待ってから剪定すること。

植物の剪定に対する反応は、茎をどの程度切りとるかだけでなく、それをいつするかによって変わる。休眠中の茎を剪定すると、成長してシュートや花になったはずの芽を除くことになり、体内に蓄えられた養分がより少ない芽のあいだで再分配されるため、残った芽から伸びたシュートは勢いよく成長する。生育期が進むにつれ、植物の剪定に対する反応は変化し、夏のなかばをすぎると反応はあまり強くなくなる。

花を目的に栽培される木本植物については、剪定のタイミングは関心をもたれる季節によって決まる。ガーデナーは、花が新しい当年枝につくのか、それとも前の夏に形成された古い枝から生じるのか知っておく必要がある。一般に、新たに成長した部分に花をつける植物は真夏がすぎるまで開花しない。そうした植物では、シーズンの初めの期間は新たな成長部分を形成するのに使われるからである。古い枝に花をつける植物は、シーズンのずっと早い時期に開花でき、一般に真冬から真夏までいつでも開花できる。

Prunus avium
セイヨウミザクラ

樹木の剪定

枝の襟

　高木の場合、枝の構造と相互のつながり方は、結合部に襟（ブランチカラー）あり、襟なし、共優勢（およそ同じ径の2本の枝が同じところから出ていて、どちらももう一方に対して優勢でない）の3種類に分類される。襟には化学的な保護領域を生じる組織があり、切り口の部分を囲って感染が広がらないようにする。

　各結合タイプの枝はそれぞれ特定の切り方をするとよく、そうすれば傷が封じられて腐敗が一部にかぎられる可能性が高い。

枝の結合部

　結合部に襟がある場合は、枝が幹についている樹皮の隆起線とふくらんだ襟の部分のすぐ外側を切る必要がある。襟を切り落としたり切り裂いたりしないこと。ふくらんだブランチカラーのない襟なしの接合部の場合は、枝の樹皮の隆起線の外側からはじまって幹から離れる斜めの線にそって切る。共優勢の枝については、切り目のいちばん上が枝の樹皮の隆起線のしわの寄った樹皮のすぐ外側になるようにして、枝が主枝と出あう外側で終わるようにする。

　実際には枝の樹皮の隆起線と襟を見つけるのがむずかしいことがあり、素人が正確な判断をするのはむずかしい。また、枝の位置によっては、鋸を入れるのが困難だったり不可能だったりすることがある。重い大枝が落ちて樹皮を裂き、さらに切断しなければ治すのがむずかしい損傷をあたえることもある。大きな樹木を剪定する場合は、適切な道具、経験、資格をもつプロを雇うべきで、そのほうが自分自身や樹木の命にかかわるような事故を起こすよりずっとよい。

環状除皮

　65ページで述べたように、環状除皮、すなわち樹皮をリング状にはぐ方法が、植物の成長を制御するのに使える。剪根と同じような効果があり、生産力の低いリンゴやナシの木に非常に有効な処理だが、核果をつける果樹にはよくない。目標は、（地上から適当な高さをとりつつ、いちばん下の枝より十分に下の位置で）6～13ミリ幅の不完全なリング状に、幹から樹皮をとりのぞくことである。切り口は樹皮と形成層を貫通しなければならない。

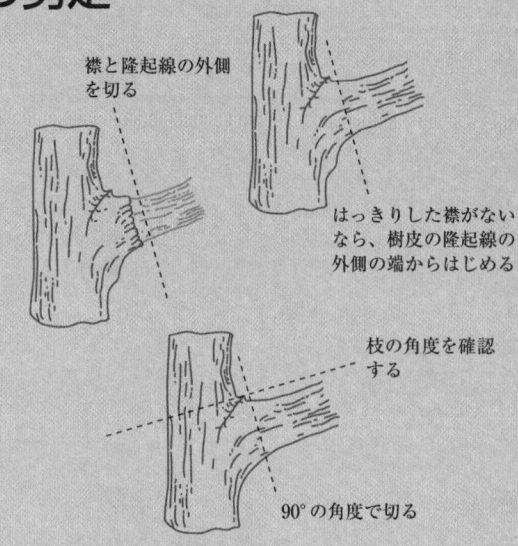

　樹皮の約3分の1を無傷で残す不完全なリングにした場合、その木はまだ水やミネラルを根から吸い上げることができ、糖やそのほかの栄養素の流れがまだ根へ流れ下ることができるが、供給量はかなり少なくなる。その結果、樹勢は大きく抑制されるはずだが、この作業がまちがったやり方でなされれば、木が枯死するおそれもある。

　環状除皮は最後の手段として非常に勢いのよい木に対して用いるべきで、春のなかばから終わりに実施される。環状除皮に似たもうひとつの手法として、芽のすぐ上の樹皮に小さな三日月型の切れこみを入れる方法もあるが、効果はずっと局所的である。その目的は、切り目のすぐ下の芽を刺激して成長させることである。

剪定

　たえず整え、シュートを切りとり、少しずつ切り戻していると、頭でっかちだったり一方に傾いたバランスの悪い成長をしてしまうことがあり、時期を考慮せずにすると、発達しつつある花芽をとりのぞいてしまい、その結果、花も果実も見られないということになりかねない。ガーデナーによっては植物を強く切り戻す（強剪定）人もいれば、臆病で軽く切り整える以上のことはしたがらない人もいる。

　効果を上げるには、ガーデナーはこの2つのやり方のどちらが適切か、どんなときに中間のやり方をとる必要があるか、知っておかなければならない。多くの植物は強剪定にうまく反応しないので気をつけること。それは、そうした植物は休眠芽や不定芽をもっていないため、古い枝や古い成長部分からふたたびシュートが出ないからである。

　思っているのと反対かもしれないが、強剪定はかならずしも成長しすぎの植物の大きさを小さくするための方法ではない。なぜならそのような植物は、しばしば強剪定に反応してさらに勢いよく成長するからである。ただし、根系の大きさ、健康状態、活力によってそれは変わる。このため、大きく成長しすぎた高木の大きさを戻したり小さくしたりするには、通常、何年もかけて（強い剪定ではなく）選択的な剪定をする。強い茎は通例、半分か3分の1ほど軽く切り戻すが、比較的弱い茎は完全に切りとってよい。

剪定傷

　剪定傷ができても早く治るように、また感染の危険を減らすため、いつも清潔で鋭い道具を使わなければならない。正しい時期に正しい場所を正しく切ることも重要である。

　剪定傷はぎざぎざの縁や茎の損傷がないきれいなものにし、できるだけ芽に近くするが、あまり近づけすぎて芽を傷つけないこと。茎が、強い芽か健康な側芽で終わるようにする。

　残りの芽やサイドシュートより先端側に残っ

Wisteria sinensis
シナフジ

フジは、花が形成される短枝をつけるためと、成長しすぎた部分を切りつめるために、夏と冬に剪定する必要がある。

ている部分は、維持する必要のある芽もそのほかの器官もないため、ただ枯れこむ。そのため切り残し部分が病気の感染源になり、残っている茎に広がることがある。

傷の治癒

　剪定後、植物はむき出しになった細胞にタンパク質を蓄積する反応を示し、下にある組織が感染しないように一時的に保護する。道管と師管も抗菌性の化合物を生産することがある。その後、切り口の表面にカルスが形成されはじめる。

　カルスは組織分化していない柔細胞で、切り口の表面を覆いはじめる。これは維管束やコルク細胞から形成され、その後、切り口全体、または少なくとも外縁部が覆われるまで、内側へ向かって成長する。個々の細胞も変化して傷の周囲に「壁」を形成し、感染しても広がらないようにする。

　枝にできた大きな剪定傷は傷用塗料で覆うべきだといわれることも多い。しかし、一般にこのや

セイヨウスモモ（Prunus domestica）。サクラ属（Prunus）の植物を剪定したあとに傷用塗料を使えば、銀葉病に対する追加的予防策になる。

り方はもう推奨されておらず、それはこうした塗料が、カルス形成という自然の治癒プロセスをさまたげることがわかったからである。また、水分を閉じこめて、病原菌にとってより好適な環境にする。唯一の例外はプラムやサクラなどのサクラ属（Prunus）の高木で、この場合は、傷用塗料は銀葉病に対する追加的な予防策として有効と考えられている。

剪根

この作業により、地上部の過剰な栄養成長を減らしたり抑制したりできるが、高木を掘りあげて剪根をするのは、枝の剪定に比べてはるかにむずかしい。剪根は植物の勢いを弱め、結果として葉の成長のかわりに花の形成を促進する。このため、生産性の低い花木や果樹の改善に非常に有効である。樹木が完全に休眠する秋から晩冬にかけて実施される。

若い植物——5年まで——は、単純に掘りあげて根を刈りこんでから植えなおせばよい。それより古く10年までの高木の場合はもっと大規模な準備が必要で、木の周囲、幹からおよそ1.2〜1.5メートルのところに30〜45センチの深さと幅の溝を掘る。これで主要な根は切断されるので、できるだけ早く溝を埋めなおす。古い成熟した高木は若木に比べて回復力がずっと小さいため、最後の手段として行なう以外、剪根はすべきでない。

摘心と摘芽

新しく軟らかい成長部分は、親指と人差し指を使うだけで摘心することができる。これにより、その部分からの伸長成長が減り、サイドシュートの形成がうながされて、やぶ状になる傾向が増す。しばしば苗や若い植物に対して、丈が高く細長くなるのを防ぐために実施されるが、摘心は軟らかい成長部分をもつどんな植物にも実施できる。

摘芽は余分な芽の除去である。これは通常、果樹に対し、花芽の形成が多すぎてその結果、果実が多くなりすぎるのを防ぐために行なわれる。つまり、果実の量と品質を調節するために用いられる。この作業は純粋に花を目的として栽培される植物にも用いることができ、ひとつの植物が作ることのできる花の総量は一定で、大きな花を望むなら数を減らさなければならないということを前提としている。これは大きさだけでなく品質にもいえることで、それは利用可能な栄養と水が、より少ない花のあいだで分配されるからである。

コードントマトのサイドシュートを除いて、まっすぐに成長させ、大きく良質な果実の生産をうながす。

花がら摘み

　花がしぼんだり枯れつつあったり、枯れてしまったときにそれを除く作業は、花がら摘みとよばれる。それによって植物を美しく見せ（枯れた花序はしばしばだらしなくみえる）、植物にその力があれば、さらに花をつけるようにうながす。

　花が受粉したら種子と果実の発達がはじまり、これによってしばしば植物体の残りの部分へシグナルが送られ、それ以上の花の発生が抑制される。定期的な花がら摘みは、種子と果実が作られるのを防ぎ、それらの生産にエネルギーがむだに使われないようにする効果がある。こうしてあまったエネルギーは、より力強い成長と、場合によってはさらなる花の生産に向けられる。

　一般に花がら摘みが行なわれる植物は、花壇用植物、球根植物、多くの多年草などである。球根植物の場合、さらに見せるものがあるわけではないが、花がら摘みをすることで、種子の生産にエネルギーがむだに消費されるのを防ぎ、翌年の花のためにエネルギーが使われるようにできる。発達しつつある種子の莢はとりのぞくが、緑の花柄は光合成をして養分を生産するから、枯れるまでそのまま残しておく。

　花の咲く低木については、花がら摘みが必要な場合はあまりないし、するのは実際的ではない。それは、多くがいずれにしても毎年開花したあとに剪定される（172ページ参照）からである。しかし、一部の低木、とくに大型の花が咲くものでは、花がら摘みのメリットがあり、たとえばツバキ、シャクナゲ、ライラック（*Syringa*）、バラ、ボタンなどがそうである。

　ガーデナーのなかにはまだしぼんでいない花を摘むという人もいる。これは、多くの晩夏に咲く多年草に対して、後半に花茎がたくさん立つようにうながすために行なわれる。初夏から真夏（それよりあとはしない）にかけて一度、出つつある花序を切り戻し、ふたたび成長させる。これに反応する植物として、アスター、フロックス、マツバハルシャギクがある。

生きている植物学

剪定後の施肥

　剪定後に植物に肥料をあたえるのはよい考えである。植物は茎に多くの養分を蓄えているため、それを切り落とすと貯蔵養分の全体量が減り、剪定後にふたたび施肥してよく成長するよううながすことが重要である。

　液肥はすばやく効くが短期的で、粒状肥料のほうが長続きする。肥効調節型肥料は数カ月間、効果が続く。花の咲く高木、低木、つる植物には、たいていカリウムの多い粒状肥料が有効である。

　植物の細根はおもにキャノピー（葉のある範囲）のふちに分布するため、肥料はこの範囲に円形にまくとよい。誤って幹の基部に施用するガーデナーもいるが、そこには肥料を利用する細根がほとんどない。

　施肥のあとは土壌に水をやって肥料を活性化させ、よく分解した堆厩肥、ガーデンコンポスト、あるいはバーク堆肥といった有機物のマルチを厚く敷いて土壌水分を保つ。肥料にかんするさらに詳しいことは、152ページを参照のこと。

しぼんだ花と発達中の
シードヘッド

Helenium
マツバハルシャギク

マリアン・ノース
1830-1890

マリアン・ノースはイギリスの植物画家で博物学者でもある。広く旅して、世界中の植物の絵を描くという夢をかなえた。

当初、歌手になるつもりで声楽家になるレッスンを受けたが、残念ながら声がうまく出なかった。そのため職業の目標を変え、花を描き、外国の植物を描きたいという大きな望みを追求するようになった。

25歳のときから父親とともに広く旅したが、非常に大きな影響を受けた父の死後、マリアンはひとりでさらに旅することにした。彼女の世界旅行は、こうした若い頃の旅とキュー植物園で見た植物のコレクションに触発されたものだった。

41歳で旅行しはじめた彼女は、まずカナダ、アメリカ、ジャマイカ、そしてブラジルへ行った。その後、1875年にテネリフェ［アフリカの北西、大西洋上のスペインの島］で少しすごしたのち、世界をめぐる2年間の旅に出発し、カリフォルニア、

マリアン・ノースはヴィクトリア朝の画家で、世界中を旅して、そこで見つけた植物を絵筆で記録した。

日本、ボルネオ、ジャワ、セイロン、インドの植物や風景を描き、油絵にした。

マリアンにとって幸運なことに、父親の政治的経歴のおかげでよい縁故に恵まれ、旅行中、アメリカ大統領や詩人のヘンリー・ワーズワース・ロングフェローをはじめとする、有力な知人の助けを借りることができた。イギリスにも、チャールズ・ダーウィンや当時キューの園長だったジョーゼフ・フッカーなど、多くの支援者がいた。

こうした有名な知りあいがいたにもかかわらず、マリアンは同伴者なしで、たいていのヨーロッパ人に知られていない地域を多く訪れた。そして、本来の生育地にある野生の状態の植物を見つけて描いているときに、いちばんの幸せを感じるのだった。マリアンが描いた植物のなかには、それまで科学界に知られていなかったものもあり、彼女にちなんで命名された植物がいくつもある。

イギリスに帰ると、彼女はロンドンで植物画の展覧会を何度も開催した。その後、絵画の完全なコレクションをキューの王立植物園に提供し、それらを収蔵するギャラリーを建てる提案さえした。マリアン・ノース・ギャラリーは1882年にオープンし、今日でもまだ続いている。それはイギリスにおける唯一の、女性画家による単独の常設展示である。キュー植物園を訪れた人は、このすばらしいヴィクトリア朝の宝物庫を楽しみ、この先駆的な画家の驚くべき植物画のコレクションを見ることができる。

それでもまだ彼女の旅の日々は終わらなかった。1880年にチャールズ・ダーウィンに勧められてオーストラリアとニュージーランドへ行き、そこで1年間、絵を描いた。そしてマリアン・ノース・ギャラリーがオープンしたのちも旅行と絵を続け、1883年に南アフリカ、セイシェル、チリを訪れた。

彼女の絵の驚くべき科学的正確さは、その作品

「どこか熱帯の国へ行って、その風変わりな植物を豊かな自然のなかで描くことが、わたしの長年の夢でした」

マリアン・ノース

に永遠の植物学的歴史的価値をあたえた。彼女が描いた*Banksia attenuata*、*B. grandis*、*B. robur*の絵は非常に高く評価されている。多数の植物種がマリアン・ノースをたたえて命名されており、*Crinum northianum*（ハマオモト *Crinum asiaticum* の異名）、*Kniphofia northiae*（シャグマユリ属の宿根草）、*Nepenthes northiana*（ウツボカズラ属の食虫植物）、そしてセイシェル諸島固有の*Northia*属（アカテツ科 *Sapotaceae*）がある。

花と果実がついた野生のパイナップル。マリアン・ノースが、世界中を植物や風景を描いてまわった2年間の旅の途中、1876年にボルネオで描いた。

ノースはしばらくのあいだ、ヴィクトリア朝の草花画家バレンタイン・バーソロミューのもとで学んだ。この*Nepenthes northiana*（ウツボカズラ属の食虫植物）の習作は、彼女の力強いスタイルをよく表している。

マリアン・ノース・ギャラリー

キューのマリアン・ノース・ギャラリーには、わずか13年の旅でマリアン・ノースが入念に記録した、世界中の植物、動物、現地の人々の姿を描いた、鮮やかに彩色された絵が832点収蔵されている。それは、画家および探検家、そしてキューへのごく初期の寄贈者のひとりとしてのマリアン・ノースの貢献を世に知らせている。

残念ながら、数年前からこのギャラリーの建物と、なかの絵画が傷みはじめた。現代の展示スペースとは異なり、この建物には適切な環境調節機能がなく、そのため熱、湿気、カビが建物と絵画をそこなっていたのである。屋根はもはや安全とはいえず、壁は風雨を防ぐことができない。ありがたいことに、2008年にキューはナショナル・ロータリーからかなりの補助金を得て、それによってギャラリーと絵画の両方の大々的な修復プロジェクトを開始することができた。それには新たにタッチスクリーンの対話式装置もふくまれている。

大きさと形のための剪定

　庭で栽培されているものの場合、ガーデナーによるなんらかの介入なしに放っておける木本植物は非常に少ない。もっとも重要なのは、適正な大きさに保つことである。多くの高木と低木は制限せずに成長するにまかせると、高くなりすぎてまとまりがなくなり、はびこったつる植物が重くもつれた、見苦しいかたまりになる。

　庭で自然の姿が求められている場合でも、最小限の努力しかしていないという錯覚をあたえるためにも、やはり剪定への注意深い配慮が必要である。開花のあとに軽く剪定すれば、気まぐれな成長や勢いのありすぎる植物を抑えることができ、眺めをさまたげるかもしれない低木をほどほどのところで止めることができる。フサフジウツギ（*Buddleja davidii*）のような比較的大きな低木は、毎年晩冬に強剪定をする必要があり、そうすれば抑制されて、毎年夏に元気をとりもどすことができる。

　一年中くりかえし剪定が必要な植物は、おそらくそれが生育している場所に対して大きすぎるのだろう。このような場合、その植物をとりのぞいて、なにかもっと適当なものに植え替えたほうがよい。よくある例が、ユーカリ、春に花が咲くニイタカハンショウヅル（*Clematis montana*）、レイランドヒノキ（×*Cuprocyparis eylandii*）などで、これらはしばしば生垣として植えられるが、すぐに高くなりすぎる。

枯れた部分、病気になった部分、枯れつつある部分、損傷を受けた部分の除去

　枯れた部分はつねに完全に除去すること。その植物にとってなんの役にも立たないし、感染源になる可能性がある。損傷を受けた部分、病気の部分、あるいは枯れこみはじめている部分も除去する。病気のものはすべて、ただちに感染した場所からとりのぞいて処分しなければならない。

　剪定によって完全あるいは部分的に防除できる害虫は、アブラムシ（とりわけワタムシ）、ナミハダニ、茎穿孔性のイモムシ、カイガラムシなどである。剪定によって防除できる病気には、赤腐れ、癌腫病、コーラルスポット、火傷病、うどんこ病、さび病、銀葉病などがある。しかし、ガーデナーは害虫や病気の防除法を剪定に頼るべきではなく、それは多くの場合、そうした病害虫がいるということは原因となる根本的な問題が存在するということだからである。もっともよいのは、つねに問題の源を見つけてそれを処理することである（第9章参照）。

　損傷を受けたり病気になったりした部分がすでに自然に治っているなら、ふつう、それを切りとって新しく健康な部分を成長させようとするより、そのままにしておくほうがよい。強風、動物の食害、落雷などによって部分的に損傷を受けた枝は、結びつけてもとの位置に戻しても治ることはめったになく、たいてい切り落とすか、適当な代替の茎があるところまで短くするほうがよい。傷ついたり裂けたりした樹皮は、木の残りの部分とふたたび結合する可能性はほとんどない。

Buddleja davidii
フサフジウツギ

樹形を整えるための剪定

　多くの高木や低木は、自然によい形の枝ぶりになる。そうでないもの、とくに成熟したときに最小限の剪定しか必要としない植物の場合、初年目か2年目に樹形を整えるための剪定をするとよい。非常に若い高木、とくに側枝がなかったり少ないものは、若い果樹や低木と同じように、枝ぶりをよくするための剪定がかならず必要である。

　毎年、強く剪定されている低木の整姿剪定は重要ではないが、それでも、込みあったり交差している枝を除くことで、枝と枝のあいだがほどよく開いて、うまくバランスのとれた形や対称性を生むことができる。剪定の結果、枝の間隔が均等でバランスのとれた、すきまのある状態になるのがよい。こうして永続的な枝の骨格が形成され、それから植物体の大半が育っていく。植物は成長しつづけるが、新たな成長部分についてもこのすきまを維持することをめざさなくてはならない。

常緑低木の剪定

　一般に常緑低木は、(できる場合は) 花がら摘み、枯れた枝やシュートの除去、整形のための刈りこみ以外は、最小限の剪定しか必要としない。広い葉をもつ常緑樹は可能なら剪定ばさみで刈るのがいちばんよく、それは大ばさみで刈りこむと比較的大きな葉の縁が醜く褐変することがあるからである。一年のうちで早すぎる時期に剪定をすると春の霜の被害を受けやすい若い成長部分を生じさせることになり、晩夏や秋のような遅すぎる時期に剪定すると軟らかい成長部分が生じて、冬がはじまる前に硬化する時間が十分にないことを覚えておくこと。北半球のガーデナーは、5月下旬の王立園芸協会のチェルシー・フラワーショーのタイミングを目安にすることができる。この時期に剪定すれば、早すぎも遅すぎもしない。これは「チェルシー・チョップ」とよばれている。

　一部の常緑低木は強剪定を明確に嫌う。不定芽を多く作らないため、簡単には古い枝からふたたびシュートを出さないのである。そうした植物には、エニシダ (エニシダ属 *Cytisus* およびヒトツバエニシダ属 *Genista*)、ヒースとヘザー (ギョリュウモドキ属 *Calluna* とエリカ属 *Erica*)、ラベンダー、ローズマリーなどがある。これらの低木を何年も剪定せずに放っておいたのちに古い褐色の枝まで強く切り戻したら、たんに枯れてしまうか、ふたたび成長しても非常にみすぼらしくて弱いひょろひょろしたものが出て、非常に見苦しく、けっしてできばえがよいとはいえないものになる。こうしたことを避け、これらの植物を力強くよく茂った状態に維持し、必要な大きさにしてよく花を咲かせるには、毎年軽く剪定するか整姿する。

Rosmarinus officinalis
ローズマリー

ローズマリーは古い枝からふたたびシュートを出すことがないため、けっして強剪定をしてはいけない。そのかわり、毎年、整姿してやる。

見せるための剪定

剪定は、木本植物によく花を咲かせるためにガーデナーがとることのできる主要な方法のひとつである。そのタイミングはおもに、その植物がいつ花を咲かせるか、新しい当年の成長部分と前年の夏に熟した枝のどちらに花芽がつくかによって決まる。

Penstemon gracilis
（イワブクロ属の多年草）

花

晩秋から晩春（場合によっては初夏）のどこかの時点で開花する植物は、花芽を前の夏に作っておかなければならないから、花芽は「古い」枝につく。夏から初秋に開花する植物は、活発に成長しているときに、当年の成長部分に花をつける。花の咲く低木を剪定する場合の一般的なルールは、花がしぼんだらすぐに剪定するというものである。これにより、シーズンをまるごと翌年の芽の形成に使うことができる。アジサイのように夏から秋の遅い時期に開花する低木は、霜からある程度保護するため、春までそのままにしてから剪定することが多い。通例、成長芽が伸びはじめるまで待ってから剪定するのがよい。

フクシア、ペンステモン、ケープフクシア（*Phygelius*）のように、耐寒性かどうか決めかねる遅咲きの低木は、剪定が早すぎると霜や寒さの害を受けることがあり、寒い天候が続く場合は春のなかば以降までそのままにしておくほうがよい。

果実

果実のための剪定のおもな目的は、花芽あるいは果芽の発生を促進すること、うまく熟すように樹冠のなかに入る日光を増やすこと、生産性の低い部分を除くこと、樹冠を効率的で安定した形にすることである。剪定せずにおいた場合、生産される果実の総量は多いかもしれないが、個々の果実の大きさと品質はずっとおとる。

多くの果樹には、いずれ果実を形成する花芽と、葉と新しい茎を生じる栄養芽の2種類の芽がある。多くの場合、花芽のほうが栄養芽よりふっくらしていて、長い枝のあちこちから出た短いシュート（短枝とよばれる）に生じる。花芽が枝の先に群生する樹木もある。

芽が発生する季節の生育条件とその後の冬の天候が、開花する芽の数に影響をおよぼす。花芽は

Malus domestica
リンゴ

リンゴを正しく剪定すれば、適度な大きさの果実を安定して豊富に収穫できる枝が増える。

シュートをできるだけ多く木に残す――ことによって、この隔年結果のパターンを解消することが可能である。これらのシュートは翌年には果実をつけないが、かわりにその次の年、すなわち次の「不成り」年の花芽をつける。もうひとつの方法は摘花で、開花1週間以内に10房あたり9房をとりのぞく。

ふつう、2～3年たった枝にしかつかないため、若木がかなりの量の収穫高を上げるようになるまでには、何年か整枝する必要があるかもしれない。

隔年結果

いくつかの果樹、とくにリンゴとナシは隔年結果をし、まずまずの収穫があるのは1年おきにしかない。たとえばその木の健康状態や活力、環境要因など、影響をおよぼす要因は数多くあり、一部の栽培品種はほかのものより影響を受けやすい。

樹木は隔年結果のパターンにはまることがあり、「成り」年には豊作になるが、「不成り」年には収量が非常に少ない。「成り」年には、水、養分、エネルギーの供給に非常に大きな負担がかかるため、回復するのに翌シーズンまるごとかかってしまうのである。「不成り」年の直後の冬に注意深く剪定する――通常どおり剪定するが、1年目の

生きている植物学

徒長枝

剪定のしすぎにより、同じところから同時にいくつも芽が出て、徒長枝とよばれる細いシュートが密生して生じることがある。そのうち、ちゃんとした枝が成長して正常に開花し結実するかもしれないが、たいてい数が非常に多いため互いに押しのけあう。徒長枝は間引くか、代替の枝を作る必要がないなら完全にとりのぞくべきである。

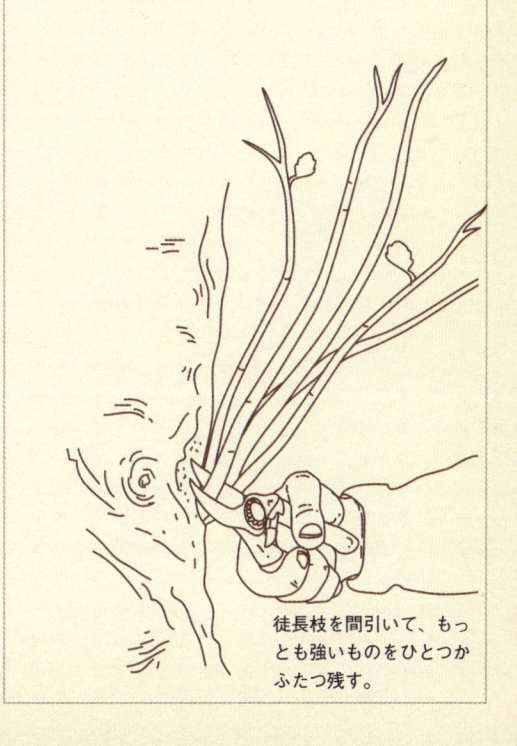

徒長枝を間引いて、もっとも強いものをひとつかふたつ残す。

Cornus alba
シラタマミズキ

萌芽枝を出させるための剪定

少数の落葉低木、とりわけ *Cornus alba*（シラタマミズキ）、*C. sanguinea*、*C. sericea* といったミズキ属、観賞用のキイチゴ（*Rubus*）、いくつかのヤナギ（*Salix*）は、冬の庭にあるとよいカラフルな枝を目的に栽培される。そうした枝は古くなるにつれ色が薄れるため、春に強剪定して、秋に強く発色する新しい枝を出させる。

この剪定はたいてい毎年実施されるが、必要な場合は2～3年に1度に減らしてもよい。ある程度高さのある低木が夏のボーダー花壇にぜひほしい場合、毎年、単純にもっとも古い枝を3分の1から2分の1だけ除き、この剪定法を2～3年のローテーションで実施する。

この地面の高さまで強く切り戻す手法は萌芽更新とよばれる。ミズキやヤナギは台伐り萌芽をすることもでき、すると幹のてっぺんからの萌芽枝の成長がうながされ、その高さはガーデナーの希望に応じて変えられる。すべての高木や低木がこの処理に反応するわけではないので注意すること。

萌芽更新

地面のすぐ上の高さで低木または高木の幹や枝をすべて切り戻す手法は、カラフルな若い枝や美しい葉を出させるためだけでなく、強剪定に耐える植物を若返らせるのにとくに有効である。成長しすぎたハシバミ、シデ、イチイ（強剪定に耐える数少ない針葉樹のひとつ）は、晩冬に地面近くで切ることができる。その結果、新しいシュートが多数出るが、間引いて数を減らし、ふたたび間隔があいて風通しのよい潅木にすることができる。

とくにハシバミは2～3年ごとに萌芽更新をすれば、長くまっすぐな枝が得られ、野菜畑でマメの支柱として使うことができる。萌芽更新は非常に骨が折れる作業だが、放っておくと高く育つ高木を限定された区画内で維持するのに有効な方法である。たとえば萌芽更新により、キリ（*Paulownia tomentosa*）を大型の低木に維持できるが、その場合、この木は簡単に1年で3メートル成長することができ、ふつうより大きくて非常に美しい葉を生じるという不思議な副作用をともなう。いくつかのユーカリ（*Eucalyptus*）にも同様の処理ができ、とくに背の高い木は、風によるゆれの被害を非常に受けやすく強風で吹き倒されるため、行なわれる。

1　萌芽更新に適した、大型の低木や育ちすぎた低木

2　冬または初春に強く剪定する

3　すぐに強い新しいシュートが生じる

4　過剰な萌芽枝は間引く必要があるかもしれない

台伐り萌芽

高木や低木の枝をすべて1本の幹の上まで切り戻すことができ、ポラード（台伐り萌芽）とよばれる。これは、ボーダー花壇の奥に比較的高い構造的な要素を生み出すために有効な手法で、ハンノキ（*Alnus*）、トネリコ（*Fraxinus*）、ユリノキ（*Liriodendron tulipifera*）、クワ（*Morus*）、プラタナス（*Platanus*）、オーク（*Quercus*）、シナノキ（*Tilia*）、ニレ（*Ulmus*）のようないくつかの高木の高さを制限するのにも使える。台伐りをするのに最良の時期は晩冬から早春で、手はじめに若い高木でしてみるとよく、それは若い木質部は負傷に対してすぐに反応し、腐敗の危険が少ないからである。

葉を出させるための剪定

多くの落葉性の低木および高木は、おもにその大きな葉やカラフルな葉を目的に栽培され、そのよい例が、アメリカキササゲ（*Catalpa bignonioides* とその黄色い葉をもつ栽培品種 'Aurea'）、紫色の葉をもつハシバミ（*Corylus maxima* 'Purpurea'）、ケムリノキ（*Cotinus coggygria* 'Royal Purple' とそのほかの栽培品種）、キリ（*Paulownia tomentosa*）、スタグホンハゼノキ（*Rhus typhina*）、さまざまなニワトコ（*Sambucus nigra*）である。これらの低木は、毎年春に強剪定をすると大きな葉を生じる。

残念ながら強剪定をすると開花が多少さまたげられるが、これらの低木の大半にとっては重要ではない。花を咲かせたいのなら、剪定を4年に3回にするか、強剪定をせずに成長させる。

Corylus maxima
（ハシバミ属の低木）

生きている植物学

ポラード（台伐り萌芽）を作る方法

まず高木を望みの高さまで成長させ、それから側枝を除く。すると刺激されて幹のてっぺんから芽が出る。毎年、これらの新しい枝を幹のてっぺんまで切り戻していると、そのうちポラードが太くはっきりしてくる。

ポラードができたら、とくに多数の枝が密生していると新しい枝の重みや傾きによって弱ることがあるため、この刈りこみのサイクルを続けることが重要である。

腐敗の危険性が増すので古い木質部が露出しないようにするため、刈りこむときはいつも萌芽枝を前回の切り口より上で切ること。

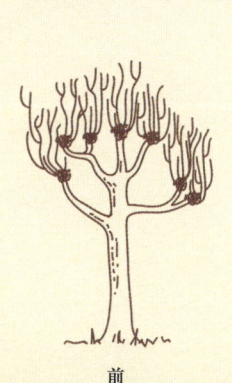

萌芽枝をその基部近くまで強く切り戻す

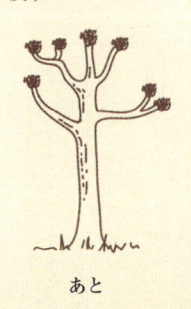

前　　あと

Narcissus tazetta
フサザキズイセン

第 8 章

植物と感覚

　有名な放送家で博物学者のデービッド・アッテンボローの言葉に、「植物は見ることができます。数を数えることもできます。仲間どうしで意志を伝えあうこともできます。ちょっとした接触にも反応します。時間も非常に正確にはかることができます」（『植物の私生活』［手塚勲・小堀民惠訳、山と渓谷社］）というのがある。これは非現実的なことに思えるかもしれないが、植物学者たちは植物のことを知れば知るほど、植物がいかに詳細に周囲のことを感じることができるか発見することになる。

　経験のあるガーデナーは、すでにこれについてうすうす気づいているだろうが、おそらく実際に起こっていることにはおよばないだろう。たいていの人は植物はほとんど動かないものとしか考えておらず、植物の時間の尺度がわれわれのものとまったく異なるため、そのように思われても仕方がないかもしれない。

　しかし、たいていの人がすでに知っているように、新たに発生するシュートは光をみつけ出し、発芽している種子は重力を感じることができる。そして、太陽の方へ向く花や、夜に閉じる花があることはだれでも知っている。さらには、獲物を捕らえたり敵の攻撃をかわす植物さえいる。知れば知るほど多くの例がみつかる。植物の感覚能力は、植物学者も理解しはじめたばかりの現象である。

光を見る

　植物が光を感じ、つまり「見て」、光の存在に反応して光合成（89-90ページ参照）を開始するということは、17世紀中頃のごく初期の実験以来、知られてからかなりの年月がたっている。今日では植物学者は、植物の光に対する反応を何種類も説明することができる。光形態形成により植物は光に反応して構造を発達させ、屈光性によって植物の組織は光と反対または光の方へ成長し、光周性によって植物の成長と時刻が同期する。

　可視光線は、X線、ガンマ線、電波、マイクロ波をふくむ電磁スペクトル全体の一部にすぎない。ちなみに、音はこのスペクトルの構成要素ではない。光の波長はナノメートル（nm、10億分の1メートル）という単位で測定され、人間の目に見えるのは電磁スペクトルの一部である。可視スペクトルを構成している各色はそれぞれ異なる波長をもち、赤の波長がもっとも長く（620～750nm）、紫がもっとも短い（380～450nm）。緑の波長は495～570nmである。あらゆる色の波長を一緒に見るとき、それは白い光になる。可視スペクトルの両側は赤外線（750～1000nm）と紫外線（300～400nm）である。植物はこれらの波長も検知できる。

　植物の器官には光の存在、さらには特定の波長の光に反応する感光性化合物（光受容体）がふくまれている。おもな光受容体は、フィトクロム（赤と青の光を吸収する）、クリプトクロム（青い光と紫外線を吸収する）、UVR8（紫外線を吸収する）、プロトクロロフィリド（赤と青の光）である。このことから、スペクトル上で反対側にある赤と青の波長の光が、植物にとってもっとも有用だということがわかる。面白いことに、人間の目に見える色は物体から反射してきたものである。われわれが植物が緑だと感じるのは、その波長の光を植物が吸収しないからである。

屈光性

　茎と葉は主たる光源の方へ向く場合が多い。根はめったに屈光性を示さないが、光と出あうと光から離れるように曲がる傾向がある。光に向かって成長するのは正の屈光性、光から離れるように成長するのは負の屈光性とよばれる。

　1880年にチャールズ・ダーウィンと息子のフランシスは、植物の成長している先端で屈光刺激が検知されること、ただし先端の屈曲はそれより下の細胞によってひき起こされることを明らかにした。これを証明するため、彼らは発芽中のオートムギの苗の子葉鞘（単子葉植物の苗の出つつあるシュートの周囲を保護している鞘）を使った。先端を覆うと子葉鞘は光に反応できなかったが、先端だけでも露出させると光の方へ成長することができた。一種の化学シグナルが植物の先端からもっと下の細胞へ送られていることが証明されるまでには、デンマークの科学者ボイセン＝イェンセンによる1913年の研究を待たなければならなかった。これはその後、1926年のフリッツ・ウェントによる植物ホルモン、オーキシンの発見につながった。

　光の強さが増すとそれに応じて屈光性が増すが、光が強すぎると負の屈光性、すなわち植物が光から逃げはじめる現象に変わる。とくに紫外線の範囲では、強い光はアントシアニン———一種の天然の日焼け止め——の生産も刺激することがある。植物学者は、屈光性は光スペクトルのうち赤と青の部分によって誘導されることを明らかにし、複数の光受容体が屈光性にかかわっていると考えるようになった。

光周性

　植物の季節や1日の時刻との同期は光周性とよばれる。それは茎の伸長、開花、葉の成長、休眠、気孔の開閉、落葉といった植物の多くの反応をひき起こす。光周性は動物でも広くみられる。じつは、われわれが自然界で目にしている多くのことは、変化する昼と夜の長さを植物や動物が検知できるから起こっているのである。

　季節的な光周性は、植物が日長の季節変化がほとんどない赤道から離れたところにあるほど、大きな役割を果たす。たとえば冷涼な地域では季節変化が大きく、夏がすぎると高木の森全体が葉を落とし、多年草は地表近くにある芽のところまで枯れこむ。

　1年のうちでも日長変化の割合は変わる。夏至と冬至に近いときはほとんど変わらないが、春分と秋分のときは日長はもっと急に変化する。植物が反応しているのは、昼の光ではなく暗闇の長さである。

　植物の場合、光周性の影響についての研究はおもに開花期にかんするもので、それは開花期が通例、季節と関連しているからである。ある特定の植物種を制御された条件下（計算式から導いた気象条件）におくと、毎年ほぼ同じ日に開花する。

　植物には長日植物と短日植物がある。長日植物は日長がそれぞれの臨界日長を超えてはじめて開花し、これらの植物はたいてい日が長くなる晩春から初夏に開花する。短日植物は日長がそれぞれの臨界日長より短くなってはじめて開花し、アスターやキクのように、たいてい晩夏から秋に開花する植物である。月の光のような自然の夜の光や街路灯の光では、開花を妨害するのに十分ではない。

　日長の影響を受けない中性植物もある。多くの一般的な雑草が中性だが、ソラマメやトマトもそうである。これらの植物は、ある全般的な発達段階に達すると開花しはじめるか、低温期間など、さまざまな環境刺激に反応して開花する。

生きている植物学

　植物の種によっては、日長がちょうどよい長さのときだけ開花するものがあるし（たとえばテーブルビート、カブ、レタス、エンドウ）、もっとあいまいで、その日長に完全に達していなくても開花するものもある（イチゴ、ライグラス、オートムギ、クローバー、カーネーションなど）。開花しはじめるには要求される日長あるいはそれに近い日長が数日間は必要だが、アサガオ（*Ipomoea nil*）のように開花サイクルを開始するのに短日を1日しか必要としないものもある。ホルモンが花の誘導にかかわっている証拠があり、フロリゲンと名づけられたが、その存在は論争の的になっている。

Convolvulus tricolor
サンシキアサガオ

光形態形成

方向でも周期性でもない植物の光に対する反応は、光形態形成とよばれる。それは光が植物を発達させるようすをいう。一例が、出てきたシュートが最初に光にあたる発芽のときにみられる。シュートはシグナルを根へ送り、根に枝分かれを開始させる。光形態形成には植物ホルモンが重要な役割を果たし、ホルモンは植物のある部分から送り出されて別の部分に反応を開始させるシグナルの働きをする。ジャガイモの塊茎の形成、光が弱いときの茎の伸長、葉の形成も光形態形成の例である。

色のシグナル

色は植物により、多くの場合、動物の感覚を誘導するのに利用される。大きくカラフルな花を多くつける植物に引かれるのを否定するガーデナーはいないだろう。野生状態ではカラフルな花は花粉媒介者を引き寄せるのに使われ、輝く灯台のような働きをする。

花粉媒介者は光の波長ごとに異なる反応をし、花は特有の色をしてそれぞれの花粉媒介者を引き寄せる。多くの昆虫、とくにミツバチが青、紫、紫外線の範囲の短い波長の光に反応するのに対し、おもに鳥が花粉を媒介する植物は赤やオレンジの色の花をつける。チョウは黄、オレンジ、ピンク、赤を好む。

多くの花にネクターガイドとよばれる縞や筋の模様がある。これは昆虫にとって着陸場になり、蜜や花粉という報酬へ誘導してくれる。ネクターガイドはふつうの光条件で見えるものもあるが、多くは紫外線をあてたときにだけ現れる。蛍光がみられる場合もあり、光が弱くてもわかる。

受精が成功したあとはたいていの花の色がおとろえ、通例、低下するのは色の彩度である。これは、通りかかる花粉媒介者に、その花が古くなったことと、花粉や蜜の報酬がないこと、別の花へ移動すべきだということを教える働きをする。ムラサキ科（*Boraginaceae*）のいくつかの植物のように、受精後、花が実際に色を変える植物もあり、ワスレナグサ（*Myosotis*）やプルモナリア（*Pulmonaria*）はピンクから青に変わる。色の変化は果実でも見られ、熟したことを知らせる。

接触と感覚

植物は接触に対して敏感なだけでなく、重力や気圧のようなそのほかの外部の力に対しても敏感である。接触に対する直接的な反応は屈触性とよばれ、重力に対する反応は屈地性とよばれる。

屈触性

ブドウ（*Vitis*）などいくつかのつる植物の巻きひげは、強い屈触性を示す。巻きひげは、泡状突起や乳頭突起とよばれる表皮の感覚細胞をとおして接触を検知することにより、それが生育している下の堅い物体を感じ、その結果、巻く反応をするのである。支柱に巻きつく茎、しがみつく根、からまる葉柄はいずれも屈触性によってそうしている。

この場合も植物ホルモンのオーキシンが重要な役割をはたしている。物理刺激を受けた細胞でオーキシンが生産され、それが接触したシュートの反対側の成長組織へ運ばれる。するとこの組織がより速く成長し、伸長して、物のまわりで曲がるのである。場合によっては、接触した側の細胞が縮み、それによってさらに屈曲反応が強くなる。

根は負の屈触性反応を示し、触れた物体

Pulmonaria
プルモナリア

Passiflora alata
（トケイソウ属のつる植物）

生きている植物学

風の効果となでる効果

　風の強い場所に生育している植物は、太く丈夫な茎を生じて風の被害を受けないようにする。これはガーデナーにとって、高木を杭で支えるときに考慮すべき実際的事柄である。いちばん下の枝のすぐ下まで達する比較的長い杭ではなく、長さが樹木の高さの3分の1もない短い杭にすれば、風のなかで自由に幹を曲げる木になり、幹の根元近くが太くなる。その結果、杭をとりのぞいたときに自力で立てる木になる。また、若い苗を指や紙でなでると茎が強くなり、より弾力のある苗や幼植物になる。

から離れるように成長する。これにより、抵抗が最小の経路をとって土壌のなかを成長して、石そのほかの大きな障害物を避けることができるのである。

　オジギソウ（*Mimosa pudica*）の葉は触ると閉じて垂れ下がることでよく知られている。しかしこれは屈触性の反応ではなく、傾触性の一種であり、よく似た現象だが別の機械的反応によって起こる。

　傾触性は細胞の膨圧（細胞がどれくらい水をふくんでいるか）の急激な変化にもとづく即時の反応である。細胞の成長によって起こるのではない。そのほか傾触性の反応には、ハエジゴク（*Dionaea muscipula*）の罠が昆虫がとまったときに閉じる反応、絞め殺しの木（*Ficus costaricensis*）の茎や根がからまる反応がある。

屈地性

　屈光性にかんする研究と同じように、この現象を最初に明らかにしたのはチャールズ・ダーウィンとその息子である。重力屈性ともよばれることのある屈地性は、重力に対する植物の成長反応である。根は正の屈地性を示して地球の引力の方向にそって下向きに成長し、茎は負の屈地性を示して反対方向の上向きに成長する。

　庭では屈地性は発芽中の苗で見られ、出てくる根が下向きに土壌を探りはじめる。なお、枝垂れ性すなわち下向きに成長する習性が強調された一部の高木や低木でも屈地性がみられる。例として、枝垂れ性のセイヨウナシ（*Pyrus salicifolia* 'Pendula'）やキルマーノックヤナギ（*Salix caprea* 'Kilmarnock'）がある。ベニシタン（*Cotoneaster horizontalis*）のような植物は、上下でなく地面にそって成長しようとする、いわば中性の屈地性を示す茎を生じる。

ピエール＝ジョゼフ・ルドゥーテ
1759-1840

　ベルギーの画家で植物学者のピエール＝ジョゼフ・ルドゥーテは、おそらくもっとも定評のある植物画家だろう。彼はとくに、フランスのマルメゾン城で描いたユリとバラの水彩画で有名である。彼のバラの絵は、あらゆる植物画家の絵のうちでもっともひんぱんに複製される花の絵だといわれている。彼はしばしば「花のラファエロ」とよばれた。

　ルドゥーテは正規の教育を受けておらず、父親と祖父の志を継いで10代の前半に家を離れて画家になり、肖像画、宗教関係の注文、さらには室内装飾まで手がけた。

　23歳のとき、パリで室内装飾と舞台デザインの仕事をしていた兄アントワーヌ＝フェルディナンのところへ行った。そして、そこで植物学者のルネ・デフォンテーヌと出会い、植物画へと導かれた。当時、パリはヨーロッパの文化と科学の中心とみなされていて、ボタニカル・イラストレーションへの関心は絶頂期にあり、ルドゥーテは大活躍した。

　彼は1786年に自然史博物館で働きはじめ、そこで科学的出版物の挿絵を制作し、植物と動物のコレクションの目録を作り、さらには植物調査の探検にまで参加した。翌年にはキューの王立植物園の植物を調査しに行っている。ここで彼は点刻彫版法とカラー印刷の技術を学び、こうしてその美しいボタニカル・イラストレーションを制作するのに必要な技術的専門知識を得たのである。その後、彼は点刻彫版法をフランスに導入した。また、小さなシャモアの革か綿のかたまりを使って連続した色を銅版画に塗る彩色法も開発した。

　その後の数年、ルドゥーテはフランス科学アカデミーの仕事をした。彼の師となるオランダ人植物画家のヘラルド・ファン・スペンドンクや、パトロンとなり花を解体してその特徴を描写することを教えたフランスの植物学者シャルル＝ルイ・レリティエに会ったのはこのときである。ファン・スペンドンクはルドゥーテに、純色の水彩絵具を使って描く方法を教えた。ルドゥーテは自然を観察して得たことを紙の上に移す技術を磨き、それは非常に需要があった。

　レリティエはルドゥーテをヴェルサイユの宮廷の人々にも紹介し、マリー・アントワネットがパトロンになった。マリー・アントワネットの公式の宮廷画家となったルドゥーテは、彼女の庭園を描いた。そのほかルイ16世からルイ＝フィリップまでのフランス国王もパトロンになった。ルドゥーテはフランス革命の最中もずっと絵を描きつづけた。

　1798年、ナポレオン・ボナパルトの最初の妻であるジョゼフィーヌ・ド・ボアルネ皇后がパトロンになり、最終的にはルドゥーテは彼女の公式

ピエール＝ジョゼフ・ルドゥーテの作品は、もっとも有名なボタニカル・イラストレーションといってよいだろう。

の画家となって、庭園を造りなおして文書に記録するというジョゼフィーヌの計画の一環としてマルメゾン城の植物を描いた。彼はボナパルトのエジプト遠征に同行しさえした。皇后の庇護のもとでルドゥーテの画家としての人生は隆盛をきわめ、彼のもっとも豪華な作品を制作し、アメリカ、日本、南アフリカのような遠く離れた場所が原産の植物を描いた。

皇后の死後、ルドゥーテは自然史博物館の図画講師になり、最後には王族の女性たちに素描を教え、著書『美花選』などにみられるように美学的価値の追求を目的に絵を描いた。

ルドゥーテは当時の一流の植物学者たちと協力し、50近い出版物に挿絵を提供した。主要な作品として、『ゲラニオロギア（Geraniologia）』、『ユリ科植物図譜』（8巻）、『バラ図譜』（3巻）、『美花選』、『P・J・ルドゥーテにより描かれたユリ科植物486点とバラ168点の目録（Catalogue de 486 Liliacées et de 168 roses peintes par P.-J. Redouté）』、『アルファベット花譜（Alphabet Flore）』がある。

フランス革命のあいだ、彼は国有化された多数の庭園を文書に記録した。生涯を通じてルドゥーテは、出版されたものだけでも1800以上の異なる種を描写する2100以上の図版にかかわっている。

上質皮紙（ヴェラム）に描かれたルドゥーテのオリジナルの水彩画は、フランスのマルメゾン国立博物館に収蔵されているコレクションやそのほかの美術館に多数あるが、多くが個人のコレクションになっている。

*Rosa*の栽培品種
バラ

この図版は、ルドゥーテが編纂し、自分の仕事のなかでも最良のものと考えた『美花選』に掲載されたものである。

Sprekelia formosissima
スプレケリア

この図版も『美花選』で使われたものだが、*Amaryllis*と書かれている。

ボタニカルイラストで見る園芸植物学百科

香りを感じる

　第3章で見てきたように、植物は空気中の特定の分子に反応する。もっともよく知られているのがエチレンで、これには成熟中の果実が反応する。エチレンは落花や落葉のような植物の器官の老化に一定の役割を果たすこともわかっており、高等植物のあらゆる部分から発生していることが知られている。この化学物質は、浸水や負傷のような環境ストレスに反応して放出されることも明らかになった。

　研究により、害虫が植物を加害すると、植物は空気中にフェロモンなどさまざまな揮発性化学物質を放出し、これが隣接する植物にとらえられることがわかっている。こうした化学物質のひとつであるジャスモン酸メチルは、そばの植物に有機化学物質、とくにタンニンの生産を誘導し、これは攻撃してくる者を撃退し抵抗するのに役立つ（210-211ページ参照）。刈り草のうっとりするような香りは、実際にはさまざまな揮発性化学物質の放出によって生じる。それは植物を防御する機能をもつものもあれば、ほかの植物がとらえることのできるシグナルの場合もある。

　ネナシカズラ（*Cuscuta*）は寄生植物で、その苗は化学的な感覚を使って宿主を検知し、それに向かって成長していく。アメリカのペンシルヴェニア州立大学の科学者が行なった一連の実験により、ネナシカズラの一種（*C. pentagona*）がトマトが生産する揮発性化学物質の方へ成長することが証明された。彼らはまず、ネナシカズラがもっとも好む宿主であるトマトの方へ引かれるなら、たとえ暗闇でも苗はそれに向かって曲がり成長するだろうと考え、それを証明した。そして次に、トマトのにおいがしない植物の近くに生えるネナシカズラは直立して成長することを明らかにした。また、トマトとコムギの選択をさせた場合、ネナシカズラはつねにトマトの方へ成長することを証明した。最後に、ネナシカズラがトマトのにおいを感じていることを証明するため、1本の管だけで連結されたふたつの別々の箱のなかで両植物を育て、その管を通ってトマトが生産した化学物質がネナシカズラにとどくようにした。すると、ネナシカズラは管の方へ成長したのである。

　さらに、コムギだけを置いた隣で育てるネナシカズラは栄養源を必要としているようにそれに向かって成長するが、選択肢をあたえられるとつねにトマトの方へ成長した。そして、コムギもネナシカズラが検知できるある誘引物質を生産するが、トマトはもっとネナシカズラを引きつける3種類の化学物質の混合物を生産することが明らかになった。

Cuscuta reflexa
（ネナシカズラ属のつる性寄生植物）

誘引物質としての香り

Lonicera fragrantissima
ツシマヒョウタンボク

　一部の花の香りは好ましいものとして記憶に何年も残り、その香りをふたたびかぐとたちまち記憶がよみがえる。植物には、香りが非常に強くて圧倒されるようなものもあれば、むかつくとしか表現できないようなにおいを発するものもある。世界一すばらしい香水をもたらしてくれるのが植物なのは、驚くにあたらない。

　われわれが知っていて、それとわかる植物の香りの大半は花が発するものである。ぜいたくな色と同じように、芳香はたいてい、花では花粉媒介者を引き寄せるために、果実では熟したことを教えるために使われる。生産される揮発性化合物は簡単に蒸発する。種ごとに異なる油がふくまれていて、それらが結合してその植物独特の香りを生み出す。もっとも豊富な揮発性化合物が安息香酸メチルである。

　多くの冬咲きの植物は、香りが非常に強いことがある。庭で好まれるものとして、スイカズラ属のツシマヒョウタンボク（*Lonicera fragrantissima*）、*Daphne bholua*（ジンチョウゲ属の低木）、*Sarcococca confusa*（コッカノキ属の低木）などがよく知られている。香りがこれほど強いのは冬に花粉媒介者が少ないからで、これらの植物はできるだけ広く自分を宣伝して遠くから花粉媒介者を引き寄せなければならないのである。

　香りのする葉をつけるような植物は、おもに草食動物の食害を阻止するためにそうしている（210-211ページ参照）。香りのする葉は暑く乾燥した気候の地域が原産の多くの植物にも認められ、その例として、ローズマリー、バジル、ゲッケイジュ、タイムのような料理用ハーブとして使われるものがある。防御手段としてだけでなく、これらの「精油」は葉を干ばつやそれに続く乾燥から保護するうえで重要な役割を果たす。葉の表面やその周辺の油の層や油の蒸気が、失われる水を少なくする働きをするのである。

ヨウシュハクセン（*Dictamnus albus*）は香りのする葉をつける植物のよい例である。ヨーロッパ南部やアフリカ北部の開けたところに自生し、暑い気象条件のところでは多くの揮発性油を生産し、マッチで火をつけることができるほどで、その英語の普通名バーニング・ブッシュがつけられた。

振動を感じる

まさかと思うかもしれないが、最近の研究により、植物が特定の音や振動に反応できることが証明されている。

植物における音の役割はまだ十分に解明されていないが、そのような科学的研究の背景には、音響信号は自然環境のどこにでもあるため、植物が周囲の環境で起こっていることを知るには音を使うのが有利だという考え方がある。

音の知覚

多くの科の花が、音波の知覚にかんしてある共通の例を示している。葯を適当な振動数で振動させたときだけ、花粉を放出するのである。その振動数は訪れるハチが起こすものであり、ハチは共進化をして飛翔筋をその振動数で振動させるようになったのである。

若いトウモロコシ（*Zea mays*）の根は、聞きとれるほどのクリック音をひんぱんに出すことがわかっている。また、その根は周波数選択的な感受性を示して特定の音に反応し、その結果、音源の方へ曲がる。同じように、水に浮かべられた若いトウモロコシの根は220ヘルツ域で発せられる連続音の音源に向かって成長し、この周波数は根が出す周波数の範囲内にある。そのほかの研究で、音が発芽や成長の速度に変化をもたらす場合があることが示されている。

音の発生

非現実的に思えるかもしれないが、植物が10〜240ヘルツという可聴周波数域下端の音波を発生して放出するだけでなく、20〜300キロヘルツの範囲の超音波も出していることがしばらく前から知られている。ただし、植物が音を発生するメカニズムはあまりわかっていない。

植物の細胞は、そのなかの細胞器官の能動運動によって振動している。そして個々の細胞の振動は音波として隣接する細胞へ伝えられる。受け側の細胞にその振動数に対する受容性があると、その細胞も振動しはじめる。音が植物の外まで伝われば、それはシグナルとして働くかもしれない。

人間の感覚と植物

しかし、植物だけではなく、ガーデナーも感覚をもっている。一部の植物は、ガーデナーが望ま

Zea mays
トウモロコシ

生きている植物学

植物に話しかける

植物に話しかけると生育がよくなると信じているガーデナーがいる。音波がその原因だという証拠はない。呼気中の二酸化炭素や水蒸気が植物の生育を改善すると主張する人もいるが、一時的に濃度が上昇したくらいでは、なんらかの意味のある効果をおよぼすほど植物の近くに長く残るとは考えにくい。

しいと思う特質をもっているから繁栄している。庭には、視覚、聴覚、触覚、味覚、嗅覚というわれわれの感覚をすべて満たす植物がある。

姿と音

　人はふつう、視覚を満足させるために植物を育て、美しい庭をつくろうとする。植物が自分にとって美しく見えるとき、それを栽培するのである。植物は主として花、果実、葉といった装飾的なものを生じて、人間の欲求を満たす。しかしガーデナーは、音や香りといったほかの感覚要素をくわえることによって、さらに奥行きを出すことができる。それらは、視覚に障害がある人にとって、とりわけ魅力的な選択肢である。

　ガーデナーは植物が発生する音を見すごすことが多いが、やさしいそよ風にそよぐ葉のさらさらという音は非常にくつろがせてくれる。とくにイネ科草本やタケが出す音は、このグループの植物の重要な長所のひとつである。

　しかし、庭が幹線道路や鉄道、工業団地、そのほかの騒音の発生源の近くにある場合、音が不快に感じられることもある。このような場合、植物を生きた防音障壁に使うことができる。そうした障壁はしばしば壁や柵より効果的で、それは音波と振動を吸収し、そらせ、分散させるからである。庭の風による被害を防ぎ、交通による大気汚染を緩和するのにも役立つ。

　1列の高木では騒音障壁としてほとんど効果がない。植物相互の反射により2列のほうがずっと効果的で、全体として8デシベルもの騒音低減効果になることもある。多くの場合、植物の高さ1メートルにつき1.5デシベルほど騒音を減らすことができる。この低減量は少ないかもしれないが、騒音源が見えなければはるかに容認しやすくなるため、植物があることで、感じられる騒音は劇的に減少する。

　年間を通じて葉がついている常緑樹がもっとも効果的な遮蔽物と考えられるが、多くの落葉高木や低木も葉の茂った夏のあいだは効果的で、これは庭に出てみるとよくわかる。ウィローウォール（ヤナギの壁）とよばれることもある「フェッジ」は、フェンス（塀）とヘッジ（生垣）をあわせたようなものである。フェッジは生きたヤナギでできていて、編んで高さ4メートルもある2枚の平行な壁にしてある。2枚の壁のあいだの隙間には土壌をつめる。フェッジは騒音を30デシベルも減らし、コンクリート製の壁、塀、土盛りより効果的である。

手触り

　多くのガーデナーにとって、手触りは植物の重要な属性である。植物の感触は、葉の構造によって、軟らかいものから非常に硬いものまでさまざまである。葉には革のように硬いもの、毛がたくさん生えているもの、なめらかなものや光沢があるものがあり、このさまざまな質感により、庭にかなりの多様性と面白味をくわえることができる。

味とにおい

　庭のハーブによい香りや味がなかったら、きっとその多くが栽培されていないだろう。たとえばバジル（*Ocimum basilicum*）にその風味がなかったら、これほど注目される植物になってはいなかっただろう。菜園には鑑賞用として重宝される植物はほとんどないが、多くはその新鮮な風味が理由で愛され、ときには店頭で匹敵するものを見つけるのがむずかしいものもある。

　さらに、庭から香りをとり去ったら、その美しさの大きな構成要素が失われてしまう。香りを定量化するのはむずかしいが、暖かな春の日に庭のにおいに圧倒されることは多い。そして、刈ったばかりの草のにおい、夏の早朝にただようジャスミンの残り香、晴れた秋の日の午後のひんやりとした空気にも。また、においは植物を買うときにきわめて重要な位置を占めることも多い。たとえばバラを買おうとしているとき、しばしばほかのすべてに優先して考慮されるのが香りである。そして残念なことに、すべてのバラが強い香りをもっているわけではない。

Malus floribunda
カイドウズミ

第9章
有害生物、病気、障害

　あらゆる草食性の生物にとって、植物は食料である。植物は、あらゆる草食動物、とりわけ昆虫がたやすく利用できる巨大なエネルギー源を形成している。このため、草食動物の植物への影響を過小評価してはならない。

　しかし、草食動物が潜在的にもつ非常に大きな破壊力も、植物が地球を支配することをさまたげはしなかったし、すくなくとも野生の状態では、有害生物によって植物が完全に葉を落とすのを見ることはめったにない。草食動物の加害戦略に呼応して進化してきた植物の防衛戦略は、生き残るうえで重要な役割を果たす。

　同様に、病気の大流行も同じくらいまれである。ずっと一般的なのは、すでに弱っていたりストレスを受けている個々の植物が細菌や菌類の感染に屈する、孤立した事例である。しかし現代では、もちこまれた有害生物や病気が自生植物や庭の植物に混乱をもたらすことがある。それは、世界のある地域から別のところへと植物が運ばれ、もともとはそこになかった汚染物が一緒にもちこまれるからである。現在、イギリスでは、トネリコがトネリコ立ち枯れ病（*Chalara fraxinea*）とよばれる菌類病によって深刻な脅威にさらされており、カラマツ（*Larix kaempferi*）とブナ科（*Fagaceae*）の高木のほか多くの観賞用低木の脅威となっている、菌類に似た*Phytophthora ramorum*による病気も懸念の的になっている。

害虫

昆虫の農業および園芸に対する影響は、何千年も前から文書に書かれてきた。聖書は出エジプト記で害虫に言及しており、1800年代を通じて北アメリカの開拓農民は、行く手にある植物性のものをすべて食べつくしてしまうおそろしいイナゴの大群に悩まされた。しかし、科学者たちが植物と草食動物のあいだの相互作用を理解するようになったのは、この100年のことにすぎない。

進化の歴史の見地からいうと、草食性昆虫は宿主植物および天敵との関係のなかで進化し、適応してきた。したがって、昆虫のさまざまな種が、それぞれ異なる宿主植物との関係を異なる生活環や摂食メカニズムとの組みあわせで発達させてきたのは意外なことではない。すべては宿主の利用のために必要なことなのである。

どの植物種も進化の過程でそれぞれ特有の昆虫相を「集めて」きたのであり、その多くが特定の植物と密接な関係をもつようになった。栽培植物ではリンゴやナシのコドリンガ（*Cydia pomonella*）がよい例で、ユリクビナガハムシ（*Lilioceris lilii*）もそうである。どちらの場合も、宿主の種類がその学名の一部になっている。いくつかのアブラムシのように、もっといろいろなものを餌にする害虫もいる。特定の植物を宿主とするさまざまな種は、それぞれ独特のやり方でその植物を利用する（次ページ参照）。

昆虫の食料としての植物

成分——大部分は水で、あとはセルロースやリグニンのような消化できない化合物が多い——の観点からいうと、植物の組織の大部分はかなり質の低い食料である。したがって、必要とする栄養を得るため、草食昆虫は各成長期に大量の植物を消費しなければならない。つまりたくさん食べる必要があり、科学用語でいえば「大量消費戦略」を採用している。

種子、花粉、蜜のようないくつかの植物組織は、ほかのものよりよい食料源になる。活発な分裂組織に満ちた急速に成長している若い組織はよい食料源だが、それを利用している昆虫は少ししかいない。それは、それがよくない摂餌戦略——宿主植物を殺してしまうかもしれない——だからである。アブラムシなど、一部の昆虫は師部に口吻を刺しこんで液を吸う。これは通常、（たとえばウイルスの感染や葉のひどい巻縮という結果にならないかぎり）植物の生産装置に直接的な損傷をあたえず、たんに光合成産物の一部を奪うだけである。

植物は昆虫の食害をはばむ仕組みを作り出すことが知られており、みずからをまずくしたり、有毒、あるいは物理的に接近できなくしたりする

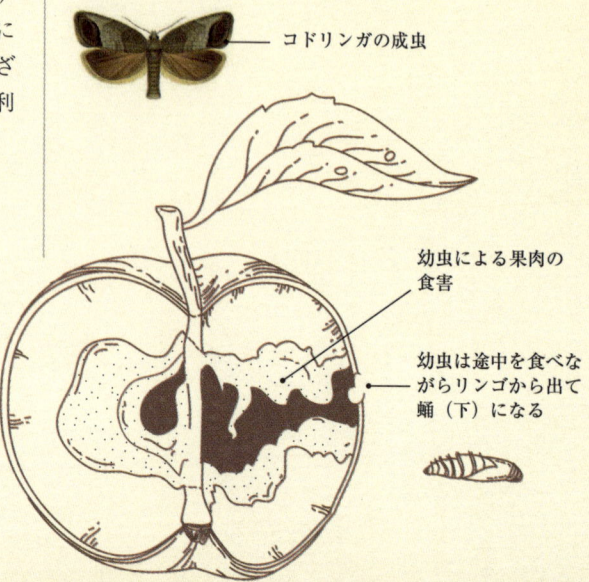

コドリンガの成虫

幼虫による果肉の食害

幼虫は途中を食べながらリンゴから出て蛹（下）になる

雌のコドリンガは、発達しつつある果実、またはその近くに産卵する。孵化後、幼虫は果実に穴をあけて侵入し、トンネルを掘りながら食害して多くの損傷をあたえる。

有害生物、病気、障害

（209ページ参照）。また、中央アメリカではアカシアアリ（*Pseudomyrmex ferruginea*）とブルホーンアカシア（*Acacia cornigera*）のあいだの関係のように、草食昆虫との相利共生の関係がみられる植物もある。このアリは宿主の木からタンパク質をふくむ特別な分泌物をあたえられ、かわりにほかの草食動物を激しく攻撃して宿主を守り、宿主に接触するほかの植物も攻撃する。この驚くべき関係は、1979年に進化生態学者のダニエル・ジャンセンによって最初に記述され、この共生関係によってこの木は競争相手より非常に有利になる。

昆虫はどのようにして食べるか

植物を食べる昆虫は植物の組織を利用するためのさまざまな摂食メカニズムを進化させてきたのであり、口器の多様な構造がその歴史を物語っている。口器はおおまかに、かみ切って咀嚼（そしゃく）するためのものと、植物につき刺して汁を吸うものの2種類に分けられる。

咀嚼昆虫の口器は下顎、上顎、下唇からなる。吸汁昆虫の場合は、こうした基本的な口器が大きく変化して、下顎が伸びて口針とよばれる細長い針状の構造になっている。

すでに述べたように、ひとつの植物種が、それぞれ独特のやり方で食べる多数の異なる昆虫に利用される場合がある。たとえばヤナギラン（*Chamaenerion angustifolium*）は驚くほど多くの草食昆虫の餌になる。その葉をかじるものには、ベニスズメ（*Deilephila elpenor*）の幼虫や*Mompha*属（アカバナキバガ科）の幼虫のほか、カミナリハムシ属（*Altica*）の小型甲虫がいる。そして汁を吸うものには、アブラムシ（葉と茎の師部から吸う）、半翅目の*Craspedolepta nebulosa*（根の師部から吸う）、ナガミドリカスミカメ（*Lygocoris pabulinus*、葉から吸う）、アワフキムシの仲間の*Philaenus spumarius*（茎の木部から吸う）がいる。咀嚼昆虫の口器は植物の一部、おもに葉をかじるようになっているが、花、茎、芽、根も食べる。頭部の両側に対になってある下顎が、食べ物を切る、裂く、つぶす、あるいは咀嚼するために使われる。ごく一般的な咀嚼害虫は、多くの甲虫の幼虫、ハバチ、チョウ、ガ（イモムシ）といくつかの甲虫の成虫である。

潜葉性昆虫（葉もぐり虫）は葉の内部、葉の上側と下側の表面のあいだに生息できるほど小さい昆虫の幼虫である。葉の内部組織を食べ進んで潜孔を残すので、幼虫が進んだあとがわかる。潜葉性昆虫は大半が、ガ、ハバチ、ハエであるが、いくつかの甲虫やハチの幼虫も潜葉性昆虫である。潜葉性昆虫は、セイヨウヒイラギの葉にもぐる*Phytomyza ilicis*やキクの葉にもぐる*P. sygenesiae*のように、ひとつのグループや属の植物を特異的に食害する場合が多い。

吸汁昆虫は口針とよばれる針のような口器をもち、これを植物の表皮に刺して、師部か木部から汁を吸う。幅の広い口針をもつヨコバイ類は例外として、植物の組織に目に見えるような孔はでき

ベニスズメの幼虫（イモムシ）の通常の餌はヤナギランの葉だが、ヤエムグラのようなほかの植物も食べる。

ないが、多くの吸汁昆虫が有毒な唾液を出して葉に変色や巻縮などのよじれをひき起こす。この葉の巻縮は昆虫を天敵からある程度保護する。一部の吸汁昆虫、とくにアブラムシ、ヨコバイ、アザミウマ、コナジラミは、唾液でウイルス病を広めることがある。

たいていの吸汁昆虫は植物の地上部、もっとも一般的には葉につくが、アブラムシ、コナカイガラムシ、一部のウンカには根につく種もいる。一般的な吸汁害虫として、アブラムシ、ヨコバイ、コナカイガラムシ、カイガラムシ、アザミウマ、キジラミ、コナジラミなどがいる。

甘露は吸汁昆虫が排泄物として分泌する糖分に富んだ液である。数種のハチがこれを集める。また、一部のアリは甘露を集めるためにアブラムシを「飼育」し、植物の汁液がもっともよく出る部分へ移動させることさえある。甘露はススカビも好み、粉状の黒いカビが植物の一部を覆うこともある。ススカビは植物に対してほとんど害をおよぼさず、実質的に外観上の問題であるが、葉に達する太陽光の量を減らすこともある。甘露を排泄する昆虫に覆われた木の下に駐車すると、車がたちまちススで汚れることがある。

アブラムシ

アブラムシは庭の害虫としては群をぬいて大きなグループである。その色によってグリーンフライ、ブラックフライなどとよばれることもあるが、種によって黄からピンク、白、あるいは雑色とさまざまである。大きさはおよそ2〜6ミリの範囲にある。

アブラムシの発生は肉眼で容易に見え、シュートの先端、葉の裏側、さらにはつぼみにさえコロニーを形成し、しばしば膨大な数になる。リンゴワタムシ（*Eriosoma lanigerum*）やブナハクロアブラムシ（*Phyllaphis fagi*）など、いくつかの種は体が綿毛のような白い蝋質の分泌物で覆われており、これは乾燥や一部の天敵から身を守る働きをする。

アブラムシはたいへんな速さで繁殖することができ、春に少ししかなくてもすぐに何千匹もの

Aphis pomi
ヨーロッパリンゴアブラムシ

雄の成虫

雌の有性虫の成虫

卵は産卵後、緑から黒へ変わる

巨大なコロニーができるが、結局、その多くは鳥や天敵の昆虫の餌になる。一年の大半、アブラムシのコロニーは宿主を餌とする翅をもたない雌の若虫で構成されている。これらの雌は何回か脱皮したのちに成虫になり、雄の関与を必要としない単為生殖によって娘アブラムシを産む。娘アブラムシは急速に成長して、わずか8〜10日で繁殖しはじめる。春に生まれた1匹の雌から、通常ならひと夏で40〜50世代も生じる。

一部の雌若虫は成熟して翅のある成虫になり、飛んで新たな植物に寄生することができるが、あまり強く飛ぶことはできず、おもに風によって植物から植物へと運ばれる。晩夏から初秋にかけて翅のある雄が現れはじめ、これが雌と交尾して卵が生まれる。たいていのアブラムシのコロニーは冬のあいだに死に絶えてしまうが、この卵により次の年へと命をつなぐことができる。春になると卵から雌の若虫が孵化しはじめ、ふたたびサイクルがはじまる。

第二宿主

草食昆虫のなかには、生活環を完結するのにふたつの植物種を必要とするものがある。栽培されている園芸植物だけでなく雑草の場合もあり、このため雑草の防除が加害を減らすのに役立つことがある。いくつかのアブラムシは1種類の植物上

で一年中すごすが、活発なのは一年のうち一時期だけである。

たとえばマメクロアブラムシ（*Aphis fabae*）は、セイヨウマユミ（*Euonymus europaeus*）、バイカウツギ（*Philadelphus*）、ガマズミ（*Viburnum*）などの低木に産卵し、卵で越冬する。夏をすごす第二宿主は、マメ類、ニンジン、ジャガイモ、トマトのような多数の作物のほか、栽培植物および野生の植物が200種以上ある。

ムギワラギクオマルアブラムシ（*Brachycaudus helichrysi*）［英語名はplum leaf-curling aphidで「プラムの葉を巻くアブラムシ」の意］は越冬卵をサクラ属（*Prunus*）の植物（プラム、サクラ、モモ、ダムソン、ゲージなど）の樹皮や芽に産みつける。このアブラムシは葉で吸汁して特徴的な葉の巻縮を生じさせる。晩春から初夏にかけて有翅成虫がさまざまな草本植物、とくにキク科（*Asteraceae*）の植物へ飛んでいき、そこで夏をすごす。秋には有翅成虫が飛んで樹木へ戻り、越冬卵を産む。

害虫の大発生

一部の昆虫は大きな被害をもたらすことがある。生態学的には、そのような大発生はしばしば単純な植食者と餌のアンバランスの結果で、たとえばある特定の土地である植物種の数が過剰になったときに起こる。これは農家、あるいは野菜や果樹を栽培するガーデナーならだれでも経験することである。特定の種類の植物が比較的高い密度で栽培される場合、通例、孤立して栽培されるものに比べて害虫の加害の影響を受けやすい。また逆に、ガーデナーや農家にとって、ふつう、影響を受けやすい作物が高密度で栽培されているほうが、そのような大発生への対処が容易である。

害虫の大発生には、直線的増加、周期的大発生、爆発的大発生の3種類がある。直線的増加では害虫の密度が突然増加し、しばしば狭い範囲に食料が豊富にあることがきっかけで起こる。しかし食料が枯渇すると、害虫の個体群は移動せざるをえなくなるか、個体群の大崩壊が起こる。

周期的大発生は、食料源である宿主植物の生育期のあとに起こる定期的な大発生である。輪作は、特定の種類の作物を毎年、別の場所へ移動することにより、病気のサイクルだけでなく土壌害虫のサイクルも絶とうとするものである。マツアナアキゾウムシ（*Hylobius abietis*）は針葉樹の植林地で皆伐がなされるときはかならず周期的大発生をする。皆伐の実施が一般的になる前は、この害虫が周期性を示すことはまったく知られていなかった。皆伐ではなく自然の再生が起こっている森では、大発生はめったに起こらなかった。

爆発的大発生はおそらくもっとも大きな被害をもたらす。大発生が突然起き、その後、長いあいだ休止状態になったあと周囲の地域に広がる。大発生のあと、昆虫の個体数はしばらく比較的多い状態が続き、それから正常レベルに戻る。

カンボク（*Viburnum opulus*）は、マメクロアブラムシだけでなくそのほかのアブラムシの冬の宿主にもなる。それらのアブラムシは開いたばかりの春の芽や葉につく。

そのほかの一般的な有害生物

「庭」という言葉を聞くと、すぐにナメクジやカタツムリ、そのほか、庭の代名詞といえる有害生物のことを思い浮かべる人がいるかもしれない。

ナメクジとカタツムリ

ガーデナーの長年の敵であるこれらの軟体動物は、チャンスさえあたえられれば植物のたいていの部位、とくに葉と茎を食べつくす。年間を通じて大きな被害をあたえるが、苗や草本植物の新たに成長した部分がもっとも危険にさらされている。

たいていのナメクジとカタツムリは夜間に餌を食べ、しばしば残されているねばねばした跡が警告になる。暖かいか、やや暖かいじめじめした時期に被害がもっともひどい。カタツムリは殻によって守られているため、ナメクジに比べて乾いたところを自由に動くことができる。ナメクジはカタツムリと違って年間をとおして活発だが、カタツムリは秋から冬にかけて冬眠する。

大多数の種は土壌表面の上または中に生息するが、ニワコウラナメクジ属（*Milax*）の種はおもに根域に生息して食害し、根や塊茎など植物の地下部に深刻な被害をもたらす。主として秋と春に増殖し、丸い白っぽいクリーム色の卵が丸太や石、植木鉢、あるいは土壌中にみつかる。

ハダニ

ハダニはほんとうの昆虫ではなくダニ亜綱に属し、昆虫のように6本脚ではなく8本の脚をもつ。ハダニは大きさが1ミリにも満たず、さまざまな色をしている。多くの種が絹のような細い糸を吐き、その英名スパイダーマイトの「スパイダー」の部分はこのクモの巣のような糸に由来する。

ハダニはたいてい葉の裏側に生息し、そこで植物の細胞を刺して摂食することにより被害をもたらす。これにより葉に斑紋が生じ、ひどい場合は落葉する。大量に寄生された植物はひどく弱り、枯死する場合さえある。

約1200種が存在するが、もっともよく知られているのはナミハダニ（*Tetranychus urticae*）で、広範囲の植物種を加害する。暑く乾燥した条件を好むため、室内や温室の植物においてや、暖かい夏のあいだに被害がひどくなり、最適条件（24～27℃）では膨大な数の個体群が生じ、すぐに植物の外観をだいなしにする。卵はわずか3日で孵化し、5日という短期間で性的に成熟する。1匹の雌が1日に20個の卵を産むことができ、2～4週間生きる。

線虫類

この非常に小さいミミズのような動物は、ネマトーダともよばれ、土壌中に生息している。多くの種が細菌、菌類、およびそのほかの微生物を餌にしている。昆虫などの寄生的捕食者もいて、生物的防除に使われる（213ページ参照）。

植物を害するおもな線虫には、キクを枯らすハガレセンチュウ（*Aphelenchoides ritzemabosi*）、タマネギを加害するナミクキセンチュウ（*Ditylenchus dipsaci*）、ジャガイモシストセンチ

平均的な庭に生息するナメクジには多数の種がいる。大部分の種はさまざまな植物性の物質を餌にする。なかには捕食者もいて、ほかのナメクジやミミズを食べる。

有害生物、病気、障害

Tanacetum coccineum
アカバナムシヨケギク

ユウ（*Heterodera rostochiensis* および *H. pallida*）、ネコブセンチュウ類（*Meloidogyne* spp.）がいる。これらは植物内部に生息して食害するのに対し、ほかの線虫は土壌中にいて植物の根毛を加害する。食害しているあいだに植物ウイルスを伝播する種もいる。加害の症状は、葉の萎縮、歪み、褐変、枯死、茎のふくらみなどである。侵された植物は弱って活力を失い、さらには枯死することもある。

哺乳類と鳥類

　もっと大きな動物にも、植物を無差別にむさぼりくうものがいる。野生状態では、最小のネズミから最大のアフリカゾウまで、さまざまなものがいる。ガーデナーはゾウのような大きなものを目にすることはまずないが、それはありがたいことで、ゾウは食料を求めて非常に破壊的になる動物であり、栄養のある部分を得るために樹木を根こそぎにする。

　ウサギは非常に広範囲の観賞植物、果実、野菜を食べ、草本植物、低木、若い高木に、枯れてしまうほどの損傷を簡単にあたえることができる。成木の樹皮を環状にかじることもある。春に植えられたばかりの植物や軟らかい成長部がもっとも被害を受けやすく、ほかの時期ならふつう食べられない植物も加害される。

　ガーデナーはとくにウサギに用心する必要があり、ウサギは草本植物を地際まで食べ、木本植物も50センチの高さまで葉や柔らかいシュートに被害をおよぼす。ウサギが問題になるところでは、高さ1.4メートルの金網の柵を建て、被害を受けやすい木本植物の幹の周囲にツリーガードを設置する。金網柵の下の30センチを外側へ90度の角度で曲げて土壌表面に寝かせ、ウサギが掘るのを防ぐこと。

　シカ、とくにキョン（*Muntiacus revesi*）とノロジカ（*Capreolus capreolus*）は、さまざまな植物に甚大な被害をあたえる。被害はウサギのものとよく似ているが、大型の動物なので、たいてい被害の規模がもっと大きい。シカはほとんどの植物を食べ、とくに植えられたばかりの植物を食害するが、ボタンのように、たいていそれだけ残されるものもある。

　リス、とくにトウブハイイロリス（*Sciurus carolinensis*）はさまざまな観賞植物、果実、野菜を加害する。葉を食べるのではなく、果実、ナッツ、種子、（とくにツバキとモクレンの）つぼみ、スイートコーンのような野菜を食べる傾向があり、鱗茎や球茎を掘り出して食べ、樹木の樹皮をはぐ——これがもっとも深刻である。

　鳥は重大な庭の有害動物になることもあるが、そうでないもの、とくにシジュウカラ科の小鳥（*Cyanistes* と *Parus* spp.）は害虫をよく食べ、害虫防除に役に立つ。モリバト（*Columba palumbus*）は通例、植物の有害鳥類としては最悪で、さまざまな植物の葉を食べ、とくにアブラナ属植物、エンドウ、サクラ、ライラックを加害する。葉をつつき、大部分をはぎとって、葉柄と比較的大きな葉脈しか残らないことも多い。クロフサスグリやそのほかの果実のなる潅木の芽、葉、果実を食べて裸にすることもある。ウソ（*Pyrrhula pyrrhula*）は一年の大半をワイルドフラワーの種子を食べてすごすが、晩冬に食料が不足してくると、まだ開いていない芽、とくに果樹の芽を喜んで食べだす。

195

ジェームズ・サワビー
1757-1822

　ジェームズ・サワビーはイギリスの博物学者、版画家、挿絵画家、美術史家である。生涯にわたり、独力でイギリスとオーストラリアの数千種の植物、動物、菌類、鉱物の図版を描き、目録を作成した。

　サワビーはふたつの職業をもち、傑出した画家としても鋭敏な科学者としても立派な功績を残した。彼は芸術と科学のあいだのギャップを埋め、植物学者と緊密に協力して、できるだけ正確で科学的な図画を制作した。彼のおもな目標はつねに、自然界をガーデナーや自然の愛好家といったより広範な人々に紹介することだった。

　ロンドンに生まれたサワビーは、草花画家になる決意を固め、ロイヤルアカデミーで絵画を勉強した。彼にはジェームズ・ド・カール・サワビー、ジョージ・ブレッティンガム・サワビー1世、チャールズ・エドワード・サワビーという3人の息子がいて、彼らはみな父親の仕事を継ぎ、博物学者のサワビー一家として知られるようになった。

　息子たちと孫たちは彼がはじめた大著を引き継いで力を注ぎ、サワビー家の名は博物誌の図版と切っても切れないものになっている。

　サワビーは、ロンドンのチェルシー薬草園の園長ウィリアム・カーティスとともにボタニカル・イラストレーションの世界に足をふみいれ、『ロンドン植物誌(Flora Londinensis)』とイギリスで最初に刊行された植物学雑誌「カーティス・ボタニカル・マガジン」の挿絵を制作した。サワビーは挿絵の彫版も行ない、70点が最初の4巻で使われた。これと、植物学者レリティエ・ド・ブリュテルからの初期の依頼でゼラニウムの仲間にかんする彼の大作『ゲラノロギア(Geranologia)』とその後のふたつの著書に花の挿絵を提供したことが、ボタニカル・イラストレーションの分野においてサワビーが名声を得るきっかけとなった。

　ジェームズ・エドワード・スミスが書いた『オーストラリアの植物標本(A Specimen of the Botany of New Holland)』は挿絵も出版もサワビーによるもので、オーストラリアの植物相にかんする最初の研究書である。序文によれば、地球の反対側の新植民地の顕花植物への一般の興味を満たすこととその普及の意図をもって書かれていたが、この本には植物標本にかんするラテン語の植物学的説明もふくまれていた。オリジナルのスケッチかイギリスにもたらされた標本をもとにしたサワビーの手彩色の版画は、どちらも写実的で美しさと正確さの点できわだっていた。この鮮やかな色とわかりやすい文章は、できるだけ広く読者に自然史にかんする著作を届けるというサワビーのなによりも大切な目標への第一歩だった。

　33歳のときサワビーは、いくつもの大規模プロジェクトの最初のものである、36巻におよぶイギリスの植物にかんする著作『イギリス産植物図譜(English Botany of Coloured Figures of

ジェームズ・サワビーは何千種も植物と菌類の挿絵を描いた。彼は科学者と協力して、注意深く非常に正確に精密な作品を制作した。

Agaricus lobatus
（ハラタケ属のキノコ）

カビやキノコの注意深い挿絵はサワビーのいくつもある得意分野のひとつにすぎない。

Telopea speciosissima
テロペア

ジェームズ・サワビーによるこの挿絵は、オーストラリアの植物相にかんする最初の本である『オーストラリアの植物標本』で使われた。

British Plants, with their Essential Characters, Synonyms and Places of Growth)』の制作を開始した。これはその後、24年にわたって刊行され、2592点の手彩色の版画が掲載され、そのなかにははじめて正式に出版物に発表された植物が多数ふくまれており、この本は『サワビーズ・ボタニー』とよばれるようになった。

　裕福なパトロンを喜ばそうとする傾向のある当時のほかの草花画家と違って、サワビーは直接、科学者に協力した。標本や調査をもとに描く彼の注意深く非常に正確な対象の描写は、当時の本を飾っていたロココ時代の花の絵とまったく対照的であった。たいてい鉛筆ですばやくスケッチされた魅力的な手採色の版画は、科学の新分野の研究者によって高く評価されるようになった。

　彼の次のプロジェクトも同じように大規模なもので、イギリスの無脊椎動物の化石の総合的な目録である『イギリスの貝化石（The Mineral Conchology of Great Britain)』の出版だった。これは34年にわたって刊行され、最後は息子のジェームズとジョージによって出版された。また、サワビーは色の理論も展開し、鉱物学にかんするふたつの画期的な挿絵入りの著作『イギリスの鉱物（British Mineralogy)』とその補足である『外国の鉱物（Exotic Mineralogy)』を出版した。

　このように科学的なところのあるサワビーは、仕事で使用する標本をできるだけ多くとっておいた。彼の作品を幅広く集めたコレクションが、ロンドンの自然史博物館に保存されている。それには『イギリス産植物図譜』のための素描と標本のコレクション、化石のコレクションから約5000種類、個人的な文通の大量のコレクションがふくまれている。そしてほかにもロンドンのリンネ協会によって作品が保管されている。

菌類と菌類による病気

ときには植物とみなされることもあるが、菌類は独自の界に分類され、すべてのキノコとカビがふくまれる。遺伝学的研究により、実際には菌類は植物より動物に近縁であることが明らかにされている。植物と菌類のふたつの重要な違いは、菌類が葉緑素をふくまず、その細胞壁がセルロースではなくキチンをふくむことである。菌類にかんする研究は菌類学とよばれる。重要な植物の病気を起こす*Phytophthora*と*Pythium*（水生菌類）のふたつはかつては菌類と考えられていたが、現在はクロミスタ界に属するものとして分類されている。

菌界はきわめて多様な生物を包含し、植物と同様、単細胞の水生の種から大きなキノコまで、その生活様式、生活環、形態は非常に多様である。ガーデナーが菌類に気づくのは、それが子実体すなわちその特徴的なキノコを作るときだけのことが多い。一年のうちそのほかのときは、多くの場合、土壌の下に存在しているか、植物の組織内に隠れている。菌類でも比較的大きな種は、枝分かれした細い糸のような「根」のかたまりからなる菌糸体を形成する。有機物を多くふくむ土壌中にしばしば菌糸の大きなかたまりが認められる。

菌類はその栄養を植物、動物、ほかの菌類の排泄物や堆積物のような有機物から得る。死んだものや腐りかけの有機物を養分にする菌類は腐生菌とよばれ、とりわけ土壌中の栄養の再利用において非常に重要な役割を担っている。そのほかの菌類は植物（あるいは動物）に寄生し、その多くは穀物の重大な病気をひき起こしたり、菌根という共生体を形成するもののようにそれほど被害をあたえない共存関係を結ぶものだったりする。トリュフとよばれる菌類のグループは、ブナ、ハシバミ、カバノキ、シデなどの高木の根と共生関係を結ぶ菌根菌である。

病原菌類

病気をひき起こす菌類は病原菌類とよばれる。灰色かび病菌（*Botrytis cinerea*）など、いくつかのものはいたるところに存在し、さまざまな植物を侵す。うどんこ病菌やさび病菌など、そのほかのものは宿主の範囲が狭く特異的で、しばしばひとつまたは少数の近縁の植物種にかぎられる。菌類による病気は多数あるが、それぞれがひとつの種か種のグループに限定されている。キンギョソウを侵すさび病菌はバラを侵すものとは異なる種であり、ブドウを侵すうどんこ病菌はエンドウを侵すものとは別の種なのである。しかし、それでもガーデナーは、汚染された道具で庭じゅうに病気を広めないように注意しなければならない。

病原菌類は生きている植物組織に定着して、生きている宿主細胞から栄養を得る。死体栄養性の病原菌類は、宿主の組織に感染して殺し、死んだ宿主細胞から栄養を得る。病原菌類はしばしば、萎凋病のようにそれがひき起こす症状の種類によってグループ分けされるが、その症状をひき起こす菌類の属や種が多数ある場合も多い。

Carpinus betulus
セイヨウシデ

問題となる一般的な菌類病

病原菌類は多数存在し、いくつかはほかのものよりずっと重大である。たとえば妖精の輪とよばれるシバフタケ（*Marasmius oreades*）は表面上の美しさをそこなうだけのものとして容認できるのに対し、大型高木についたサルノコシカケはその木の内部構造が深刻なほど悪化していることを示していると考えられる。植物体のいたるところに認められる菌類もいくつかあるが、大部分は特定の組織にかぎられる。次に、庭でみられるごく一般的なものをいくつかあげる。

灰色かび病

灰色かび病菌（*Botrytis cinerea*）は、灰色っぽいけばだったものが生じるため、そうよばれる。これは非常にありふれたカビで、生きたものでも死んだものでもほとんどの植物性のものに生育できる。植物の地上部の構造を侵し、通常、傷口やいたんだ部分から侵入する。ストレス下にある植物も侵すが、とくに湿度の高い条件では健康な植物も同じように侵す。ほかに庭で認められる灰色かび病菌の種に、スノードロップの*B. galanthina*、シャクヤクの立枯病や花腐病をひき起こす*B. paeoniae*、ソラマメの赤色斑点病をひき起こす*B. fabae*、チューリップの褐色斑点病をひき起こす*B. tulipae*がある。

灰色かび病菌をよせつけないためには、とくに植物を温室で栽培している場合、衛生状態をよくしておくことが非常に重要である。枯れたり枯れそうな植物体はただちにとりのぞき、温室はよく換気して植物が過密にならないようにする。

さび病

さび病菌（*Puccinia* spp. およびそのほかの属）は、胞子や胞子堆がたいてい錆のような褐色をしていることからこうよばれ、広範囲の園芸植物を侵す。胞子の色は、さび病菌の種やそれが作る胞子の種類によって違う。たとえばバラさび病菌は夏にはオレンジ色の胞子堆を生じるが、晩夏から秋にかけては冬胞子をふくむ黒い胞子堆に変わる。

ニラのさび病はふつうにみられる葉の病気で、その病原菌（*Puccinia allii*）はタマネギ、ニンニク、および近縁植物を攻撃する。収量を減らし、貯蔵中の作物を侵すこともある。

よく侵される植物は、タチアオイ（*Alcea*）、アリウム、キンギョソウ、キク、フクシア、ヒイラギナンテン、ハッカ（*Mentha*）、テンジクアオイ、ナシ（*Pyrus*）、バラ、ツルニチニチソウ（*Vinca*）などである。さび病菌は通例、宿主をふたつもち、生活環のなかで交互に寄生する。たとえばセイヨウナシ赤星病菌は一時期、ビャクシン上ですごす。

さび病は見苦しく、つねにではないがしばしば植物の活力を低下させ、極端な場合は枯死させることもある。葉がもっともよく侵されるが、茎、花、果実にもさびが認められる。ひどく侵された葉はしばしば黄色になり、成熟しないうちに落葉する。葉の濡れが長引くと感染しやすいため、さび病はたいてい雨の多い夏のほうがひどい。

さび病を防止するには丈夫に成長するような条件をあたえるとよいが、肥料をやりすぎるとさび病菌が定着しやすい軟らかい新たな成長部分が多くなるため、過剰な施肥は避けること。生育期の終わりには枯れたり病気になったりした部分をす

べて除去して、胞子が越冬しにくくする。生育期の初期から葉にさび病が認められる場合は、侵された葉を目にしたらすぐに摘みとることにより、病気の進行を遅らせることができる。しかし、あまり多数の葉を除去するとかえって害になる可能性もある。

うどんこ病とべと病

うどんこ病菌は近縁の菌類のグループ（*Podosphaera* spp. とそのほかの属）で、さまざまな植物を侵し、葉、茎、花を白い粉状のもので覆う。リンゴ、クロフサスグリ、ブドウ、スグリ、エンドウマメのほか、アスター、デルフィニウム、スイカズラ（*Lonicera*）、オーク（*Quercus*）、シャクナゲ、バラのような観賞植物など、多くの植物を侵す。バラうどんこ病に侵された葉のように、植物組織の生育が止まったり曲がったりすることがある。

防除法として効果があるのはマルチと灌水で、水ストレスを低減して植物をずっと感染しにくくする。感染したものをただちに除去することも、再感染の防止につながる。

Delphinium
デルフィニウム

べと病は観賞植物の外観をそこない、食用作物の収量と品質に悪影響をおよぼす。うどんこ病と違って、べと病はそれほど簡単には気がつかない。代表的な症状は上位葉の変色斑で、裏側にカビ状のものをともない、葉がしなびて褐色になるほか、成長が止まって活力がなくなる。感染には長期にわたって葉が濡れている必要があるため、この病気は雨天の病気である。アブラナ属の植物、ニンジン、ブドウ、レタス、タマネギ、パースニップ、エンドウ、ジギタリス（*Digitalis*）、ダイコンソウ、ヘーベ属の植物、インパチエンス（*Impatiens*）、タバコ（*Nicotiana*）、ポピー（*Papaver*）など、さまざまな食用および観賞用の植物がこの病気に侵される。

べと病を防ぐには、侵されたものをすぐに除去して廃棄し（埋めるか燃やす、あるいは自治体の回収容器に入れる）、密植を避けて空気の循環をよくする。温室の場合は窓を開けて換気をよくする。夕方に灌水すると植物の周囲の湿度が高まり、それにともなって感染の可能性が高まるため、避けること。

黒星病

黒星病は*Diplocarpon rosae*によってひき起こされるバラの重大な病気である。葉を侵し、株の活力を大きく低下させる。典型的なものでは、上位葉の表面に紫がかった黒色の斑点が現れる。そしてこの病斑の周囲が黄変し、しばしば葉が落ちる。ひどい場合は葉がほとんどすべて落ちることもある。このカビは遺伝的に非常に多様で、すぐに新しい系統が出現する。これは、新しい栽培品種に導入された病気への抵抗性がたいてい長続きしないことを意味する。

秋に落ち葉を集めて処分するか埋めると、翌年の病気の開始を遅らせることができる。殺菌剤を使用したほうが効果的なこともあり、効果を最大にするにはいくつかの剤を交替で使うのがよい。

癌腫病と萎凋病

癌腫は一般に円形や長円形をした死んで陥没した組織の部分で、しばしば傷や芽の部分からはじまる。病原細菌によってひき起こされる癌腫もある（205-206ページ参照）。リンゴの癌腫病は*Neonectria galligena*によってひき起こされ、これはリンゴやそのほかいくつかの樹木の樹皮を侵す。ヤナギの癌腫病は茎を侵し、*Glomerella miyabeana*によってひき起こされる。パースニップの癌腫病はおもに*Itersonilia perplexans*による。

癌腫病を防ぐには、植物の栽培条件に注意をはらい、排水や土壌pHの必要条件が満たされるようにする。侵された部分は、感染部位よりかなり下まで完全に切りとって処分すること。幹や大枝にできた癌腫は防除がずっとむずかしい。感染部分周辺の外側の樹皮を除去して癌腫を乾燥条件にさらすと、癌腫がひからびて治ることもある。ひどく侵された植物は除去を検討する。

植物の萎凋（しおれ）は、干ばつが原因でなければ菌類が原因のことが多い。萎凋病をひき起こす菌類の種にはさまざまなものがあり、それらの菌類は同様にさまざまな植物を侵す。そうしたものには*Verticillium*と*Fusarium*があり、草本植物も木本植物も侵す。もっと宿主特異的なものにクレマチスの萎凋病をひき起こす*Phoma clematidina*がある。*Verticillium*による萎凋病では黄化し下葉がしなびて、とくに暑い日に株の一部または全体が突然しおれる。樹皮の下の組織に褐色または黒色の筋がみられる。いくつかの雑草がこの病原菌の宿主なので、とくに雑草防除に注意をはらい、汚染された土壌で庭じゅうに菌を広げないように気をつけること。*Fusarium*による萎凋病では、多数の観賞植物で成長の停止や葉の黄変と萎凋が起こる。菌体が白、ピンク、あるいはオレンジをしているため、木部道管の赤味をおびた変色、そして根や茎の腐敗が感染の指標である。感染した植物はただちにとりのぞいて処分すること。

クレマチスの萎凋病では急速な萎凋が起こり、ひどい場合は株全体が枯れることもある。抵抗性の栽培品種が入手可能だが、植えつけ時に穴を深く耕したりマルチをして根へのストレスを減らし、植物がよいスタートをきれるようにしてやることにより、感染を防止することができる。しおれた部分を健康な茎のところまですべてとりのぞいて処分すること。その後、新しい健康なシュートが地際に生じるかもしれない。

斑点病

葉に斑点が生じる生理障害も多くあり（217-218ページ参照）、このため症状が菌類によるものなのか、関係のないなんらかの環境要因によるものなのか、見分けるのが非常にむずかしい。よくある菌類による斑点病として、*Microsphaeropsis hellebori*によってひき起こされるクリスマスローズの斑点病、*Ramularia*のいくつもの菌によるプリムラの斑点病、*Ramularia lactea*、*R. agrestis*、*Mycocentrospora acerina*によるスミレの斑点病、

イチゴは、*Mycosphaerella fragariae*（一般的な斑点病、じゃのめ病とよばれる）、*Diplocarpon earliana*（葉焼け）、*Phomopsis obscurans*（葉枯れ）、*Gnomonia fructicola*（グノモニア輪斑病）など、さまざまな菌類病に侵される。

*Drepanopeziza ribis*によるフサスグリとスグリの斑点病がある。

侵された葉はとりのぞいて処分すること。植物の栽培の必要条件を満たして丈夫に成長させることにより、感染を防止できる。感染したフサスグリやスグリの低木にはよく肥料をやってマルチをし、水ストレスを減らす。ある程度の抵抗性を示す栽培品種も存在する。

ナラタケ

ナラタケは、多くの木本および多年生植物の根を加害して枯らすナラタケ属（*Armillaria*）のいくつかの異なる種にあたえられた普通名である。もっとも特徴的な症状は樹皮と木部のあいだの白い菌糸体で、ふつう、地際部かそのすぐ上にあり、強いキノコのにおいがする。場合によっては感染した切り株に秋に蜂蜜色のキノコの集団が現れ、土壌に黒い「靴ひも」のような根状菌糸束がみられることもある。ナラタケは地下を広がって多年生植物の根を加害して殺し、死んだ木質部を腐らせる。これは庭におけるもっとも破壊的な菌類病といってよいだろう。

感染していない植物にナラタケが広がるのを防ぐには、ゴム製の池の中敷きで作った物理的障壁を土壌の深さ45センチのところに設置し、上に3センチつき出させる。これと定期的な深耕により、根状菌糸束の広がりを絶って阻止することができる。ナラタケが確認されたら、根もふくめ侵された植物をとりのぞいて処分するか、ごみの埋め立て処理場へ送ること。さもないとそれが菌を供給しつづける。

疫病菌

エキビョウキン属（*Phytophthora*）には、トマトやジャガイモの疫病をひき起こす*Phytophthora infestans*など、きわめて破壊的な植物の病気を起こすものがいくつかふくまれている。ほかにエキビョウキン属の種として、100種以上の宿主をもつ*P. ramorum*、シャクナゲに根腐れを起こしケヤキに癌腫を作る*P. cactorum*がある。

根腐れをひき起こすエキビョウキン属の種は

*Phytophthora infestans*によるジャガイモ疫病は葉からはじまるが、土壌を経由して塊茎に入り、そこでひどい腐敗をひき起こしてジャガイモを食べられなくする。

いくつもあり、庭の高木や低木の根や茎の腐敗の原因としてナラタケに次ぐものである。多年生草本、花壇植物、球根植物も侵される。疫病菌による根腐れは主として重い土壌や水はけの悪い土壌の病気で、この症状はたんなる排水不良が原因で起こったもの——萎凋、葉が黄化したりまばらになる、枝の枯れこみ——との区別が非常にむずかしい場合がある。*Pythium*の種も多数の植物に根腐れをひき起こし、伸びつつある苗を枯らすとき、「立枯れ」とよばれる。*Rhizoctonia solani*も立枯れをひき起こす。

これらは防除が非常にむずかしいが、土壌の排水を改善することにより、植物が疫病菌による病気に倒れるリスクを大きく低減できる。この病気が新しく発生したり局所的に発生した庭では、感染した植物を処分し、土壌を新しい表土と入れ替えること。イギリスでは、*P. ramorum*が疑われる場合は植物検疫・種子監察局（PHSI）へ報告しなければならない。

ウイルス病

ウイルスの存在は、1892年にロシアの生物学者ディミトリー・イワノフスキーによって発見された。彼は、当時、タバコ作物に大きな問題をひき起こしていたタバコのモザイク病の原因細菌を見つけようとしていた。そして結局、細菌よりずっと小さな粒子を発見し、これを「見えない病気」とよんだ。これはその後、ウイルスと名づけられ、ウイルスが実際に観察できたのは1930年代に電子顕微鏡が発明されてからのことである。ウイルスの大きさは直径20〜300nmである。

ウイルスは、成長しない（増殖するだけ）、呼吸しない、細胞状でないという理由で、生物に分類することができない。ウイルスを「可動遺伝要素」とよぶ科学者もおり、それはウイルスが核酸のコアがタンパク質の鞘で覆われたものでしかないからである。感染するとウイルスは宿主の細胞のDNAのスイッチを切り、自分の核酸を使って細胞器官に指示して新しいウイルスを作らせる。このためウイルスは宿主が存在しなければ複製することができず、したがって絶対寄生者である。

庭である程度ひんぱんにみられるウイルスは少ししかないが、植物ウイルスはおよそ50科あり、70以上の属にグループ分けされている。ウイルスは、それが発見された最初の宿主にひき起こす症状によって命名されている。たとえば最初に発見されたウイルスはジャガイモ、トマト、トウガラシ、キュウリ、さまざまな観賞植物も侵すが、今でもタバコモザイクウイルス（TMV）とよばれている。

ウイルスは全身性——感染した植物のいたるところで見つかる——だが、その症状は一部でしか見られなかったり部位によって異なっていたりする。植物ウイルスは多くの植物を侵し、葉、シュート、茎、花に成長の歪みや変色をひき起こすだけでなく、活力の低下や収穫量の減少をもたらすが、その植物を殺すことはめったにない。

ウイルスの伝播

繁栄するためには、ウイルスは宿主から宿主へ広がることができなければならない。植物は動きまわらないため、植物から植物への移動には通常、媒介者がかかわっている。タバコモザイクウイルスの場合、人間が主要な媒介者である。このウイルスは非常に安定で耐熱性があるため、タバコのなかにそのまま残り、喫煙者の手で運ばれることもある。

同様に、商業的なトマトのハウスでも、そしてどんな増殖環境でも、剪定や増殖のときに、感染した植物から健全な植物へ汁液がナイフを介して、さらには指で直接運ばれれば、伝播が起こる。比較的少数だが、種子伝染が可能なウイルスもある。

もっとも一般的な媒介者は昆虫で、とくにアブラムシ、ヨコバイ、アザミウマ、コナジラミのような吸汁昆虫がよく媒介する。タバコモザイクウイルスが、葉を食べる昆虫の顎について移動するのが観察されたことがある。このウイルスは非常に感染力が強く、葉の毛が1本折れさえすれば最終的に株全体が感染する。土壌中に生息する線虫は感染した根を餌にしていればウイルスを運ぶ可能性があり、病原菌類もウイルスを伝えることがある。

ウイルスの宿主外での生存能力はさまざまである。多くが広範囲の温度に耐えることができるが、宿主の外で長くは生きられないと考えられる。多くは熱や日光にさらされることにより死ぬが、剪定道具を介

Cucumis sativus
キュウリ

一般的なウイルス病

ウイルス名	宿主	媒介者
カリフラワーモザイクウイルス（CaMV）	アブラナ科植物。ナス科の植物を侵す系統もある	アブラムシ
キュウリモザイクウイルス（CMV）	キュウリとそのほかのウリ科植物のほか、セロリ、レタス、ホウレンソウ、ジンチョウゲ、デルフィニウム、ユリ、スイセン、プリムラ	アブラムシと感染種子
レタスモザイクウイルス（LMV）	ホウレンソウとナシのほか、観賞植物、とくにオステオスペルマム	アブラムシと感染種子
タバコモザイクウイルス（TMV）	ジャガイモ、トマト、トウガラシ、キュウリ、さまざまな観賞植物	アザミウマ、道具や指で機械的にも、たまに感染種子
トマト黄化えそウイルス（TSWV）	トマトのほか、ベゴニア、キク、シネラリア、シクラメン、ダリア、グロキシニア、インパチェンス、テンジクアオイなどさまざまな植物	アザミウマ、とくにミカンキイロアザミウマ
ペピーノモザイクウイルス（PepMV）	トマト	機械的に伝染するが、種子伝染も可能
カンナ黄色斑紋ウイルス（CaYMV）	カンナ	不明だが、増殖の道具などで機械的に伝染すると考えられている
インゲンマメ黄斑モザイクウイルス（BYMV）	インゲンマメ	数種のアブラムシ

して伝染するほど丈夫なものもいる。少数だが、堆肥にしても生き残れるものさえいる。

媒介昆虫を殺虫剤で防除あるいは制限することを除いて、植物ウイルスに対する化学的防除法はない。非化学的防除法には、感染した植物をただちに処分して、それがさらなる感染源にならないようにすることなどがある。観賞植物と雑草が同じウイルスに侵される場合があるため、雑草の生育を最小限に抑えておくこと。感染した植物に接触した手や道具は洗って消毒する。ウイルスに感染した植物からはけっして増殖しないこと。

生きている植物学

チューリップの色の「ブレーキング」

ウイルスは生育不良の重要な原因であるが、ときにはウイルスが植物の健康におよぼす有害な影響が装飾的な効果をもたらすことがある。チューリップの花に筋状の斑が入る「ブレーキング」がチューリップブレーキングウイルスによって起こることがあり、この病気はアブラムシによって広がる。このウイルスには穏やかな系統と激しい系統があるが、どの種類も鱗茎を小さくする。今日では斑入りの花をつける多種多様なチューリップが手に入るが、それらは選抜育種で生まれたもので、病的状態ではなく遺伝的な原因によるものである。

さまざまな斑入りを示すチューリップ

細菌病

細菌は微小な単細胞の生物で、二分裂——各細胞がふたつに分かれる——で無性的に増殖する。このプロセスは20分に1回もの頻度で起こることがあり、このため大きなコロニーがすぐにできる。たいていの細菌は運動性で、鞭状の鞭毛があり、これで水の膜のなかを進む。細菌は菌類とともに土壌中の有機物の主要な分解者である。

約170種の細菌が植物に病気を起こす。植物の組織に直接侵入することはできないが、傷口や、葉の気孔のような自然の開口部を通って入る。細菌はたくましく、宿主が見つからなければチャンスが到来するまで休眠することができる。

植物の細胞のなかで「生きる」ウイルスと対照的に、細菌は細胞と細胞のあいだの間隙で生育し、植物細胞をそこない殺す毒素やタンパク質、酵素を生産する。アグロバクテリウム属（*Agrobacterium*）の細菌は細胞を遺伝的に改変し、生産されるオーキシン濃度を変えるため、その結果、ゴールとよばれる腫瘍のようなものができる。そのほか、大きな多糖類の分子を生産し、木部道管をふさいで萎凋をひき起こす細菌もいる。

細菌の蔓延

細菌は通常、植物の表面に存在し、条件がその生育や増殖に好適なときだけ問題をひき起こす。そうした条件には、植物周辺の高湿度、過密、空気循環の不足などがある。

細菌によって起こる病気は、光が弱まり明るい時間が短くなる冬の数カ月間に植物に広がる傾向がある。この時期、植物は活発に成長しておらず、簡単にストレスを受ける。温度の変動、土壌の排水不足、栄養素の欠乏や過剰、まちがった灌水法など、植物にストレスをあたえるどんな条件も植物を感染しやすくさせる。植物に霧をふきかけると、葉に細菌が増殖できる水の膜をはることになる。

細菌病はふつう、雨の飛沫、風、動物によって広がる。人間も、汚染された道具、感染した植物体のまちがった方法での廃棄、冬のあいだの下手な植物管理によって細菌を広げることがある。感染したときの症状は通例、局所的であるが、多くが植物の組織を急速に悪化させるため、その影響はきわめて劇的なこともある。葉先焼け、葉の斑点、葉枯れ、癌腫、腐敗、萎凋、植物組織の完全な崩壊などが起こる。

サクラこぶ病、クレマチスのスライムフラックス、火傷病のように、感染したことが明白な場合もある。そのような病気では多くの場合、結果として植物組織が軟化し、特徴的なにおい、しばしば不快なにおいをともなう。また、それぞれ症状を連想させる名前がついている。

青枯病菌（*Ralstonia solanacearum*）はジャガイモに細菌性の萎凋や褐変をひき起こす細菌である。病原細菌によってひき起こされることがごく初期に証明された病気のひとつである。

サクラこぶ病

サクラこぶ病は、*Pseudomonas syringae*によってひき起こされる、サクラ属（*Prunus*）の茎や葉の病気である。死んだ樹皮のくぼみ、しばしば粘着性の分泌物をともなうこぶ、葉の「ショットホール」とよばれる小さな孔を生じる。枝の全周に感染が広がると枝が枯れる。

根頭癌腫病

根頭癌腫病は、多くの木本あるいは草本植物の茎と根の病気である。感染すると、でこぼこしたふくらみ（ゴール）が茎、枝、根に生じる。この病気は*Agrobacterium tumefaciens*によって起こる。

黒あし病と細菌性軟腐病

これらはジャガイモの塊茎が感染する病気で、*Pectobacterium atrosepticum*と*P. carotovorum*によって起こる。塊茎が軟らかく腐り、しばしば不快なにおいがする。黒あし病菌は茎の基部にも軟腐をひき起こし、葉の黄化としおれにつながる。

クレマチスのスライムフラックス

クレマチスのスライムフラックスはさまざまな細菌によって起こり、クレマチス属の大部分の種を侵す。萎凋、枯れこみ、茎からの白、ピンク、オレンジの悪臭のする滲出物が生じる。この病気は致命的なこともあるが、侵された部分を剪定することで植物を救える場合もある。この病気は、センネンボク属（*Cordyline*）をふくめ、さまざまな高木や低木の茎でも発生する。

火傷病

火傷病は*Erwinia amylovora*という細菌によってひき起こされる。リンゴ、ナシ、コトネアスター、サンザシ（*Crataegus*）、カナメモチ、ピラカンサ、ナナカマド（*Sorbus*）など、バラ科（*Rosaceae*）のリンゴ亜科（*Maloideae*）の植物だけが感染する。

症状は開花期の花のしおれや枯死などで、感染が広がるとシュートが萎縮して枯死する。枝に潰

Clavibacter michiganensis（syn. *Corynebacterium michiganense*）はトマトのかいよう病をひき起こす。最初の症状は植物体の萎凋で、続いて葉と果実に斑点が生じる。

瘍も認められ、雨天に感染部分から白い粘液がにじみ出ることがある。激しく侵された木は、火にあぶられたように見えることもある。この病気は1957年にイギリスへ北アメリカから偶然にもちこまれた。現在では広く存在しているが、マン島、チャネル諸島、アイルランドのような島嶼部にはまだ定着していない。流行が疑われるときは植物検疫・種子監察局（PHSI）へ報告しなければならない。

細菌病は防除がむずかしい。このため第一に病気を予防することに力をそそがなくてはならない。耕種的防除法として、無菌の種子および増殖材料の使用、剪定用具の消毒、感染の入り口となるので表面が傷つくのを防ぐことなどがある。

有害生物、病気、障害

寄生植物

　一部の植物は、栄養をすべてあるいは一部を自分で生産できないものがあり、ほかの植物に寄生、または部分的に寄生する。寄生する顕花植物は4000種以上存在することが知られている。絶対寄生者——宿主がいなければ生活環を完結できない——もいれば、条件的寄生者もいる。絶対寄生者は葉緑素をまったくもっていない場合が多く、そのため大部分の植物がもつ特徴である緑色を欠く。条件的寄生者は葉緑素をもっていて、宿主に依存しなくても生活環を完結できる。

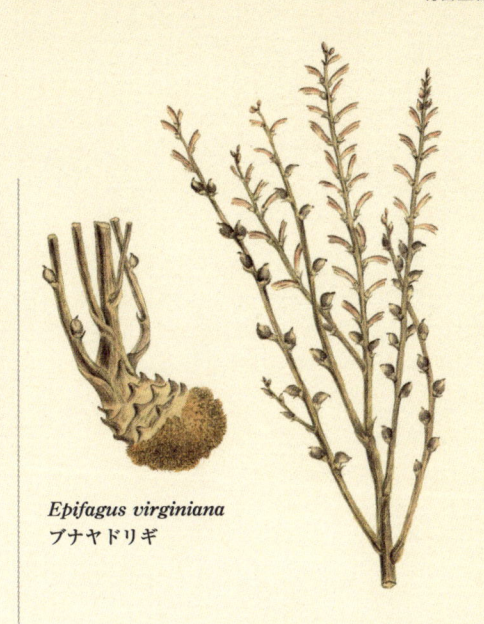

Epifagus virginiana
ブナヤドリギ

Striga coccinea
ウィッチウィード

　ネナシカズラ（*Cuscuta*）や*Odontites vernus*（ゴマノハグサ科オドンティテス属の一年草）など、いくつかの寄生植物はジェネラリストで、多くの植物種に寄生できる。そのほかはスペシャリストで、アメリカブナ（*Fagus grandifolia*）に寄生するブナヤドリギ（*Epifagus virginiana*）のように、少数、さらにはひとつの種にだけ寄生する。
　寄生植物は宿主植物の茎か根に付着する。吸根とよばれる変形した根をもち、これが宿主植物に入り、それから師部か木部、あるいは両方に侵入して栄養を得る。ハマウツボ（*Orobanche*）、ネナシカズラ、ウィッチウィード（*Striga*）はさまざまな作物に大きな経済的損失をもたらしている。ヤドリギ（*Viscum*）は森林や観賞用の樹木に経済的被害をあたえる。

ハマウツボ

　ハマウツボ属（*Orobanche*）は200種以上の絶対寄生者からなる属で、完全に葉緑素を欠き、宿主の根に付着する。黄色または淡黄色の茎をもち、葉は三角形の鱗状に退化し、黄、白、あるいは青のキンギョソウに似た花をつける。花序だけが地表より上に見える。苗は根状のものを出し、それが近くの宿主の根に付着する。

ネナシカズラ

ネナシカズラ属（*Cuscuta*）は約150種の絶対寄生者からなる属で、黄、オレンジ、あるいは赤い茎をもち、葉はごく小さな鱗状に退化している。もっている葉緑素は非常に少ないが、*C. reflexa*のようないくつかの種はわずかに光合成ができる。ネナシカズラの種子は土壌の表面または表面近くで発芽し、それから苗はすぐに宿主植物を見つけなければならない。苗は化学的な感覚を使って宿主を検知し、そっちへ向かって成長する（第8章参照）。ネナシカズラの苗は10日以内に宿主にたどりつかなければ枯れてしまう。

ウィッチウィード

ウィッチウィード（*Striga*）は一年生で、種子で越冬し、風、水、土壌、媒介動物によって簡単に広がる。いくつかの種は、とくにサハラ砂漠より南のアフリカで、穀物やマメ類の重大な病原である。アメリカでは、ウィッチウィードは重大な有害植物とみなされて、1950年代に議会がその根絶のために予算をつけた。これにより研究がなされ、その後、アメリカの農家は自分の土地からウィッチウィードをほぼ根絶できた。その種子は、宿主の根が生産する滲出物が存在しているときだけ発芽する。発芽後、吸根を伸ばして宿主の根の細胞に侵入し、釣鐘型のふくらみを形成させる。ウィッチウィードは地下にコロニーを形成し、そこで数週間すごしてから地上に現れて開花し種子を作る。

カスティリェヤ

カスティリェヤ属（*Castilleja*）は約200種の一年生および多年生の植物からなる属で、鮮やかな色の花をつける。大多数は北アメリカ原産で、一般にインディアンペイントブラシあるいはプレーリーファイヤーとよばれている。条件的寄生者で、イネ科草本やそのほかの植物の根に寄生する。花が非常に魅力的なため、多くの研究が庭でカスティリェヤ属の植物を栽培すること、あるいは宿主植物なしで温室で栽培することに向けられてきた。試してみるなら、*C. applegatei*、*C. chromosa*、*C. miniata*、*C. pruinosa*といった種がよい。

ラフレシア

ラフレシア属（*Rafflesia*）は、東南アジアで発見されたおよそ28種からなるめずらしい属である。ミツバカズラ属（*Tetrastigma*）のつるに絶対寄生する。宿主の外に見えるこの植物の唯一の部分は巨大な花で、種によっては直径1メートル以上、重さ10キロもある。もっとも小さな種*R. baletei*でさえ、直径12.5センチの花をつける。花のにおい、さらには外見さえ、死んで腐りかけた動物に似ていて、コープスフラワー（死体花）やミートフラワー（肉花）という英名がついた。腐臭に引き寄せられる昆虫、とくにハエが花粉を媒介する。

Rafflesia arnoldii
ラフレシア

ラフレシアは、腐った肉のにおいで花粉媒介昆虫を引き寄せるため、英語でコープスフラワー（死体花）とよばれる。この種は、顕花植物のうちで単一の花としては最大の花を有する。

植物はどのようにして防御しているか

　植物の防御はパッシブ（受動的）なものかアクティブ（能動的）なものかのどちらかである。パッシブ防御はたとえばセイヨウイラクサ（*Urtica dioica*）の刺毛のように植物に常時存在し、これに対してアクティブ防御は化学的応答のように植物が傷ついたときにのみ認められる。アクティブ防御の利点のひとつは、必要なときにだけ生産され、そのため植物がその生産に使うエネルギーが少なくてすむことである。予想されるように、防御メカニズムは植物の構造の変化から毒素の合成まで、多様性が非常に大きい。

機械的防御

　どの植物でも防御の最前線はその表層である。

外側の樹皮とクチクラ

　木本植物では表面を防御しているのはコルク質の樹皮と木質化した細胞壁であり、草本植物の場合はその葉や茎を覆っている厚いクチクラだろう。それらはある程度の物理的攻撃に耐えられなければならない。

表面への化学物質の放出

　いくつかの防御物質が体内で生産され、植物の表面に放出される。たとえば樹脂、リグニン、シリカ、蝋が表皮を覆い、表皮組織の質感を変えている。たとえばセイヨウヒイラギ（*Ilex*）の葉は非常になめらかでつるつるしており、このため食べるのがむずかしい。また、かなり硬くて厚く、多くのものが鋭くとがった鋸歯をもつ。イネ科草本はシリカの含有量が多く、それによって非常に鋭くて食べにくく、消化しにくくなる。反芻動物とよばれる哺乳類（たとえばウシやヒツジ）は、このような植物を食べる能力を進化させてきた。

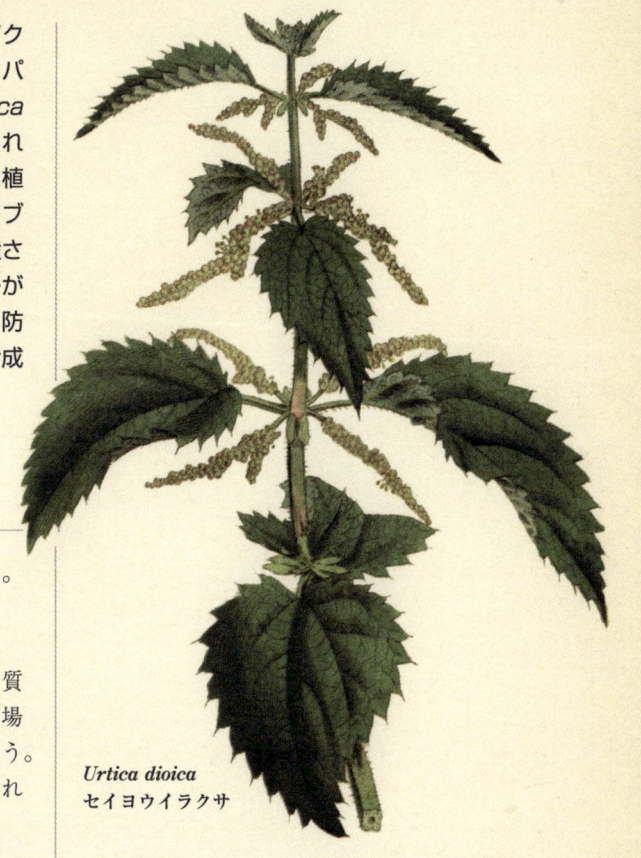

Urtica dioica
セイヨウイラクサ

クチン

　クチクラはクチンとよばれる不溶性の重合体をふくみ、これは微生物に対する非常に効果的な障壁になる。しかし、一部の菌類はクチンを分解できる酵素を生産し、クチクラは気孔や傷口のような開口部を通って突破することもでき、微生物が入ることができる。

外部の毛、毛状突起、針、とげ

　外部の毛、毛状突起、針、とげはすべて、有害動物が植物に近づくのを防ぐために存在している。毛状突起は、昆虫を捕らえる逆とげや、肉食性のモウセンゴケ（*Drosera*）の葉にみられるような粘着性の分泌物を有することもあり、カンナビノ

イドに富むアサ属（*Cannabis*）の場合のように、多くが刺激性の物質や毒物をふくんでいる。

束晶

一部の細胞は束晶、すなわちシュウ酸カルシウムや炭酸カルシウムの針状の結晶をふくみ、食べると痛く、草食動物の口や食道を傷つけ、そうして植物の化学的防御がより効果的になるようにする。ホウレンソウはシュウ酸カルシウムの束晶を豊富にふくむ。このため大量に食べるとあまり体によくないが、幸い、調理すれば破壊される。

化学的防御

植物は攻撃に対する防御に役立つさまざまな化学物質を生産する。アルカロイド、青酸配糖体、グルコシノレート、テルペノイド、フェノールなどがある。これらの物質は成長、発達、生殖といった植物の主要な機能に関与しないため、二次代謝産物とよばれる。

アルカロイド

カフェイン、モルヒネ、ニコチン、キニーネ、ストリキニーネ、コカインなどがある。いずれもそれらを摂取する動物の代謝システムに悪影響をおよぼし、苦味を生じ、まず動物に食べるのを避けさせる。ヨーロッパイチイ（*Taxus baccata*）では、有毒なアルカロイドのタキシンが、種子をとりまく赤い仮種皮以外のあらゆる部分に認められる。

青酸配糖体

かなりの数のものが、ある程度有毒なことが知られている。青酸配糖体は、草食動物が植物を食べて細胞膜を破ると、青酸を放出して有毒になる。

グルコシノレート

グルコシノレートは青酸配糖体とほとんど同じようにして活性化され、腹部の激しい症状や口の炎症をひき起こす。

テルペノイド

テルペノイドにはシトロネラ、リモネン、メントール、カンフル、ピネンのような揮発性の精油にくわえ、乳液や樹脂などがあり、動物に有毒なこともある。シャクナゲの葉を有毒にしている物質や、ジギタリス（*Digitalis*）に存在するジギタリンのような物質もテルペノイドである。

フェノール

フェノールにはタンニン、リグニン、カンナビノイドなどがある。植物を消化しにくくし、消化プロセスを妨害する。テンジクアオイは花弁で一種のアミノ酸を生産してその重要害虫であるマメコガネを防ぎ、花弁を食べたマメコガネは麻痺する。毒性アルブミンは有毒な植物タンパク質で、マメ科とトウダイグサ科（*Euphorbiaceae*）の植物に存在する。

そのほかの二次代謝産物

二次代謝産物は毒物としての役割をもつだけではない。フラボノイドはオーキシンの輸送、根とシュートの発達、受粉において重要な役割を果たすだけでなく、植物を感染から守るのに役立つ抗細菌性、抗真菌性、抗ウイルス性も有する。

植物によって生産される二次代謝産物には殺虫剤として使用されるものもある。たとえばタバコ（*Nicotiana*）のニコチン、ある種のキクの花から抽出されるピレトリン、インドセンダン（*Azadirachta indica*）のアザジラクチン、ミカン属（*Citrus*）の植物のd-リモネン、ドクフジ属（*Derris*）の植物のロテノン、トウガラシのカプサイシンである。

アレロケミカル（他感物質）は、近くの植物の発生に影響をあたえることが知られている二次代謝産物である。クルミ属の*Juglans nigra*やニワウルシ（*Ailanthus altissima*）はどちらも、樹冠の下の植物の生育を抑制するアレロケミカルを根から分泌することが知られている。いくつかの高木や低木の落ち葉も同じような作用をもつことが知られている。第4章で触れたタンポポもアレロパシー（他感作用）をもつことで知られている。

有害生物、病気、障害

植物の味

　多くの二次代謝産物は独特のにおいや味をもっている。それらはあきらかに草食動物に対する方策として進化したものだが、人間の立場からいうと、多くの食用植物がもっているそれぞれ特有の性質はそのおかげである。関与する化学物質の相互作用はときには非常に複雑で、たとえばトマトの場合、土臭いあるいはかび臭いにおいからフルーティあるいは甘い香りまで、その風味はさまざまに表現される。さらに、こうした風味は果実が熟すにつれて変化し、それは揮発性の芳香性化学物質の複雑な混合物によるものだが、果糖やブドウ糖など果実の糖との相互作用もかかわっている。トマトの風味には16〜40種類の化学物質が関与している。

　西アフリカの低木 *Synsepalum dulcificum* の果実は、酸っぱい食べ物の味を甘くするというめずらしい性質をもっているため、ミラクルフルーツとよばれる。ミラクリンとよばれる糖タンパクをふくみ、これが舌の味蕾と結合して、そのあとに食べたものをなんでも、たとえ酸っぱいものでも甘くする。同じ地域原産のアフリカンセレンディピティベリー（*Thaumatococcus daniellii*）も、タウマチンとよばれる非常に甘いタンパク質を生産する。それは砂糖の3000倍の甘味があるのにほとんどカロリーがないため、糖尿病患者のための天然甘味料として有用である。

　多くのアブラナ属の作物、とくに芽キャベツには苦味がある。近年、多くの栽培品種が作られ、この苦味が減らされたり除かれたりして、より甘い新芽が生産されている。この苦味を出している化学物質はグルコシノレート類で、草食昆虫や哺乳類に食べるのを思いとどまらせるためのものである。このため、芽キャベツが甘くなればなるほど、害虫の被害にあいやすくなるかもしれない。

　キュウリもかつてはかなり苦いことで知られていて、人によってはひどい消化不良やそのほかの消化管のトラブルを起こしたものである。それはククルビタシンという化学物質のせいである。キュウリの「げっぷの出ない」栽培品種が育成され

Capsicum annuum
トウガラシ

て、生産されるククルビタシンが少なくなったが、ストレス条件下でククルビタシンの生産量が増えることが証明されている。たとえば灌水が不十分または不規則、あるいは気温が極端で栄養不足のような好ましくない条件下で栽培すると、栽培品種に関係なく苦くなる可能性がある。

　大部分のマメ科植物、とりわけダイズ、レンズマメ、アオイマメ、インゲンマメは生で食べるときわめて有毒で、それはレクチンとよばれる化学物質をふくんでいるからである。したがって、食べても安全にするため、煮るか、水に浸すか、発酵させるか、発芽させるかしなければならない。比較的大量に食べなければ中毒反応が起こらないマメ科植物もあるが、生のインゲンマメを4粒から5粒食べただけでひどい腹痛や下痢、嘔吐が起こることもある。

植物のさらなる防御

擬態とカムフラージュ

植物はさらに多くのトリックを使って食べられるのを防いでおり、アクティブ防御でもパッシブ防御でもないものもある。たとえば擬態とカムフラージュが大きな役割を果たしている。接触に反応して起こる傾触性運動は、オジギソウ（*Mimosa pudica*）の葉で見られ、触ったり振動したりするとすぐに閉じる。この反応は株全体に広がり、このため攻撃にさらされた部分は突然、縮まる。それは、小さな昆虫を物理的に追いはらうことにもなるだろう。

葉の上にチョウの卵があるように擬態している植物があり、これには雌のチョウが本物の卵を産むのを阻止する効果がある。トケイソウ属（*Passiflora*）のいくつかの種は、葉にドクチョウ属（*Heliconius*）のチョウの黄色い卵に似た構造を作る。デッドネトル（*Lamium*、オドリコソウ属）は、植食者がだまされて去ってしまうように、本物のネトル（*Urtica dioica*、セイヨウイラクサ）の外観をまねている。

植物の場合、うまくカムフラージュするのは動物の場合ほど簡単ではない。植物は多くの場合、「隠れる」必要性と花粉媒介者を引きつけて種子を散布する必要性とのバランスをとらなければならないからである。アフリカの砂漠の生きた石、リトープス（*Lithops*）は非常にうまくカムフラージュしており、小石そっくりで、小石のあいだに隠れている。

相利共生

相利共生も一種の防御で、植物が動物を引き寄せて攻撃から身を守る。すでにブルホーンアカシア（191ページ参照）について述べたように、植物はときには動物の助けを借りて競争上の優位性を得ることもある。そのために単純にヘルパーへあたえる食料として蜜やそのほかの甘い物質を生産する場合もあり、花外蜜腺（花の外にある蜜腺で、受粉には利用されない）がこの目的を果たす。いくつかのトケイソウ（*Passiflora*）で花外蜜腺でアリを引き寄せるのが観察され、そうやってチョウの産卵を防いでいるのである。

さらには「ヘルパー」に保護や棲みかまであたえる植物もいる。たとえばアカシア属（*Acacia*）のいくつかの種は、基部のふくらんだ大きなとげを発達させ、アリを棲ませる空洞を形成する。また、アリの餌として葉の花外蜜腺で蜜の生産もする。オオバギ属（*Macaranga*）の高木は、アリの唯一の食料源となるだけでなく、中空の茎がアリの棲みかとして使われる。

相利共生は化学レベルでも起こっているようである。植物を食べる者にとって有害な毒物を菌類が生産する、菌類との共生関係が発達することがあり、このようなメカニズムはウシノケグサ属（*Festuca*）やドクムギ属（*Lolium*）のようなイネ科草本で観察されている。そのおかげで植物は自分で二次代謝産物を生産しなくてすむのである。二次代謝産物はしばしば昆虫の攻撃に反応して生産され、毒物としての役割だけでなく、ほかの植物への警告シグナルとして作用するものもあるし、さらには攻撃してくる生物の天敵を引き寄せることのできるものもある。

Mimosa pudica
オジギソウ

有害生物、病気、障害

二次代謝産物に対する昆虫の反応

　くりかえし攻撃者を毒殺しようと試みていれば、いずれは植物を食べる者がすべて二次代謝産物に対してある程度の適応や耐性を示しはじめるだけだろう。適応には、毒物の急速な代謝や即座の排泄などがある。多くの哺乳類はさまざまなものを食べていれば軽い被毒は克服でき、ニコチンをふくまない師管の液のみを吸うことにより、ニコチンを生産する植物を餌にできる昆虫もいる。

　驚いたことに、多くの昆虫が植物の毒を自分の体内に集めてそれを自分の捕食者に対する防御手段として使うことができる。ハバチはマツを餌にし、松葉から樹脂を集めて消化管にためる。この樹脂は鳥、アリ、クモだけでなくいくつかの寄生虫からハバチを守る。ベニモンヒトリ（*Tyria jacobaeae*）の幼虫はヤコブボロギク（*Senecio jacobaea*）を餌にし、その有毒なアルカロイドをとりこんで自分を捕食者にとってまずいものにする。そして、成虫のガの鮮やかな赤い色は警告として働く。

生物的防除

　植物の害虫の天敵を、化学的防除に代わるものとしてガーデナーが使ったり助けたりすることがある。これは生物的防除とよばれる。開放的な庭では、テントウムシ、クサカゲロウ、アブなどの昆虫が、多数のアブラムシやそのほかの体の軟らかい昆虫を食べ、害虫の個体数をある限度以下に保つうえで（ほとんど注目されていないとしても）重要な役割をはたしている。

　ガーデナーは害虫の個体群制御のために、捕食性のダニ、寄生バチ、病原性線虫のような多くの自然の捕食者をよく使い、しだいに成功するようになってきた。こうした生物的防除法の大半はかなり安定した条件を必要とし、温度と湿度の点で特殊な要件があるため、おもに温室で用いられる。ナメクジの防除に使われる線虫（*Phasmarhabditis hermaphrodita*）やキンケクチブトゾウムシの幼虫の防除に使われる線虫（*Steinernema kraussei* および *Heterorhabditis megidis*）は土壌温度が5℃以上のときに活発で、野外でも使える。ガガンボの幼虫、コガネムシの幼虫、クロバネキノコバエ、キャロットルートフライ、タマネギバエ、キャベツハナバエとイモムシの防除に使われる線虫は、土壌温度がもっと上の12℃以上である必要がある。

ベニモンヒトリ（*Tyria jacobaeae*）の幼虫はヤコブボロギクを餌にし、その有毒なアルカロイドをとりこむ。

抵抗性育種

多くの植物育種家が、有害生物や病気に対する抵抗性を新しい栽培品種に導入して攻撃から守り、そうして防除のための殺虫剤使用量の低減に寄与することをめざしている。時間と費用がかかるため、研究の大部分は経済的に重要な食用作物に集中している。

植物の有害生物や病気に対する抵抗性の育種では、たいてい野生種か既存の栽培品種に適当な抵抗性の遺伝子材料を見つけて、それを別の栽培品種に組みこむ。たとえばリンゴについては、火傷病（*Erwinia amylovora*）、うどんこ病（*Podosphaera leucotricha*）、黒星病（*Venturia inaequalis*）、リンゴワタムシ（*Eriosoma lanigerum*）に対する抵抗性の開発にかんする研究が実施されている。育種プログラムで使用される抵抗性の材料はおもに、*Malus floribunda*、*M. pumila*、*M. × micromalus* などクラブアップルの種に由来する。

有害生物や病気に対する抵抗性の育種の手順は、観賞植物の育種（119ページ参照）とさほど違わない。それは以下のステップからなる。

同定

野生の近縁種や古い栽培品種はしばしば有用な抵抗性の形質をもっているため、育種材料としてよく使われる。そのため、さまざまな種や古い栽培品種の遺伝子材料をジーンバンクや種子バンクに保存する努力がなされている。

交配

味や収量など望ましい形質をもつ栽培品種を、抵抗性をもつ植物と交配する。

栽培

交配で作られた新しい植物の個体群を、ふつうは温室で有害生物や病気が発生しやすい環境にして栽培する。このとき病原を人工的に接種する必要がある場合もあり、同じ種の病原でも系統が違えば抵抗性の効力がかなり異なることがあるため、慎重に病原を選ばなければならない。

選抜

抵抗性をもつ植物を選抜する。植物育種家はおもに収量と品質に関係する植物のほかの形質の改良もしようとするため、こうした抵抗性以外の特徴が失われないように慎重に選抜することが肝要である。

大多数の果樹とジャガイモをふくむ多くの多年生作物は、栄養生殖によって増殖される。この場合、そしてそのほかの場合も、病気への抵抗性はもっと進んだ方法で改良することができる。抵抗性の種または栽培品種から得た遺伝子材料を、直接、植物の細胞へ導入するのである。場合によっては、まったく無関係の生物から遺伝子が導入されることもある。この科学領域は遺伝子組換えとよばれ、多くの人々がそのような作業が環境におよぼす影響について懸念しているが、それがこれからの植物育種であるのは明白である。

抵抗性は、何年にもわたって広く栽培されても効力がありつづけるなら、永続性があるといわれる。残念ながら、病原体の個体群が抵抗性に打ち勝ったりまぬがれたりするように進化して抵抗性がすぐになくなる場合もあるため、ひき続きさらに研究と育種をする必要がある。

Malus floribunda
カイドウズミ

生理障害

植物に生じる多くの問題は有害生物や病気とは無関係で、弱すぎる光や強すぎる光、気象による被害、湛水状態、養分欠乏などの環境条件や栽培条件によってひき起こされている。これらは、植物の営みやシステムの働きに直接的な影響をおよぼす。

生理障害かどうかを判断するには、まずその植物が生育している環境条件や土壌条件がよいかチェックし、大雨、干天続き、晩霜や早霜、強風といった極端な気象パターンが最近なかったか確認する。土壌分析も有効である。環境要因とその植物への影響については、第6章で述べた。

気象による被害

嵐、雪、霜

寒さや霜で枯れた植物が、何カ月もあとの春に、葉を出しはじめても突然、死んでしまうことがある。その理由は、葉は正常に出ても根が死んでいるため、葉によって失われた水を補うための水が摂取できないからである。霜と低温が非耐寒性植物の損傷のおもな原因であるが、とくに一定期間暖かい天候が続いたあとに若い部分がひどい霜にさらされれば、耐寒性の植物でも被害をこうむることがある。上記のような例もあるが、症状はたいてい一夜にして現れ、地上部がしおれ、茎が枯れこみ、芽が変色する。霜にあたった花はしばしば発育せず、果実ができない。

非耐寒性の植物は春に霜の危険がすぎてから植えつけること、そして適度に硬化させて野外の条件に順応させれば、霜と寒さの被害を防ぐことができる。被害を受けやすい植物は、霜が予想される場合は不織布で保護するとよい。冷たくて乾いた風も、実際に霜がなくても春の成長をひどくさまたげるため、適切に保護したり風よけを建てることが重要である。

Arisaema triphyllum f. zebrinum
ジャック・イン・ザ・パルピット
(テンナンショウ属の多年草)

この風変わりな植物は、耐寒性だが、花が春の晩霜の被害を受けることがあり、保護してやる必要がある。

干ばつ、大雨、湛水状態

干ばつは植物に水ストレスをあたえてしおれさせる。いったん植物が干ばつの被害を受けると、根が受けた損傷の程度によっては回復しないかもしれない。暑く乾燥した期間が長引くときは、適切な灌水をする必要がある。根の周辺の土壌に水をやって、週に2度、土壌を十分に濡らすようにすれば、毎日、少しずつ水をやるよりずっとよい。

ハナショウブ（Iris ensata）は、乾燥しない湿り気のある土壌で栽培するとよい。

マルチも土壌水分の保持に有効で、根を低温に保つ。

　とくに乾燥が続いたあとの大雨により、根菜類やトマトが割れたり、ジャガイモが変形したり空洞になったりすることがある。土壌中に有機物を多く入れたりマルチを使用したりすると有効で、条件が突然変化した場合に緩衝物として働く。

　水はけの悪い粘土質土壌では、とくに大雨のあとで湛水状態になることがある。植物は黄化して発育が止まり、その後の干ばつだけでなく病気の被害も受けやすくなる。土壌と排水を改善することが、この問題の軽減に有効である。雹は皮の軟らかい果実に傷をつけ、褐色腐敗病やそのほかの病気への感染につながる。リンゴの片側に生じた褐色の斑点や筋は、春に降雹があったことを示している。

　嵐、雪、霜など、単一の短期的な気象現象も植物に被害をあたえるが、もっとも大きな被害をもたらすのはふつう長期にわたる気象現象で、場合によっては症状が現れるのに数週間あるいは数カ月かかることもある。葉の褐変、しおれ、枯れこみ、そのほかの症状を見たら、有害生物や病気の徴候を探すだけでなく、つねに過去12カ月にわたる気象について検討すること。

養分欠乏

　生育不良や葉の変色のような多数の問題が、土壌中の栄養素の欠乏が原因で起こっていることがある。これは、必要な栄養素の不足、さらには過剰によるのかもしれないが、栄養素は存在するが土壌pHがよくないために「ロックされて」植物が利用できなくて起こっているのかもしれない。養分欠乏を避ける鍵は、土壌が健康でよく分解した有機物を豊富にふくむようにすることである（第6章参照）。

　養分欠乏のおもな症状は91-93ページで説明したが、いくつかの植物にはそれぞれ特有の症状がある。たとえばリンゴの苦とう病はカルシウム不足によって起こる。果皮にくぼみと褐点ができ、苦い味がする。トマトとトウガラシのカルシウム欠乏も尻腐れ病――果実の尻、つまり茎からもっとも離れた側にくぼんで乾いた腐敗部分ができる――をひき起こす。

葉の斑点

　多くの菌類や細菌による病気で葉に斑点が生じるが、生理障害でも斑点は生じる。これはとくに常緑樹や完全には耐寒性でない植物種で問題になる。斑点はたいてい葉に紫褐色のしみとして現れ、これはストレス下にある植物の特徴である。寒く雨の多い冬、冷たい風、霜の降りるような条件はみな、単独であるいは複数が組みあわさって、葉の斑点をひき起こす。とりわけ植えられたばかりの植物、とくに成熟したものや半成熟のものは被害を受けやすい。

グリーンバック

　トマトの果実にある硬い緑の部分はグリーンバックとよばれ、熟すとしみのようなものが現れ内部に白や黄色っぽい組織があるのはホワイトウォールとよばれる。どちらも過剰な光、高温、肥料不足によってひき起こされる。気温の変動が大きいとたいていの植物にストレスがくわわる可能性があり、とくにカリフラワーは、個々の小花が発達して長くなって米粒が集まったように見えるライシーを示しはじめる。

浮腫

　浮腫は葉にできた盛り上がったコルク状の斑点や斑紋である。病気の一種のように聞こえ、そう見えるが、ほんとうは水の過剰な蓄積が原因で、植物が葉からすぐに放出できる量より多くの水を根をとおして吸収し、細胞の破裂につながるときに生じる。たいてい水のやりすぎや湛水、あるいは湿度の高すぎる温室やポリトンネルで栽培するせいである。これはツバキ、フクシア、テンジクアオイ、サボテン、多肉多汁植物でよくみられる。

障害としての突然変異

　一般に枝変わり、斑入り、キメラとよばれる植物の突然変異は自然に起きる遺伝子の突然変異で、植物の器官の外見が変わる。変わった色の花、八重の花、葉の筋や斑点すなわち斑入り葉など、さまざまな形で現れる。

　大部分の突然変異はランダムに起こり、細胞内の変化の結果であるが、寒い気象条件、気温の変動、虫による損傷によって誘発されることもある。多くの場合、植物は翌年にはもとの姿に戻るが、その突然変異が安定していて毎年、世代から世代へと受け継がれるなら、それは新しい、もしかしたら商業的に価値のある栽培品種になる可能性をもっている。

　帯化は、顕花植物においてシュートや花序が扁平でしばしば細長くなって多数の茎が圧縮されて融合したように見える状態である。これは植物の成長点の異常な活動によって生じ、もしかしたら遺伝子のランダムな突然変異の結果かもしれないが、細菌やウイルスの感染、霜や動物による損傷、さらには植物の周囲を耕したりかき起こしたりしたときの機械的な傷が原因のこともある。

　帯化の発生は予想できず、たいてい1本の茎にかぎられている。よく発生する植物は、デルフィニウム、ジギタリス（*Digitalis*）、トウダイグサ、レンギョウ、ユリ、プリムラ、ヤナギ（*Salix*）、クガイソウなどである。帯化が安定した植物がいくつか増殖されてその姿が維持され、栽培植物になっている。そうしたものにケイトウ（*Celosia argentea* var. *cristata*）とオノエヤナギの帯化品種（*Salix udensis* 'Sekka'）がある。庭で帯化が生じ、それが望むものでない場合は、清潔なはさみを使ってとりのぞけばよい。

Crassula coccinea
クレナイロケア

これは多肉質の多年草なので水をやりすぎないように注意し、とくに開花していないときは培土を乾燥気味に保つ。

ヴェラ・スカース＝ジョンソン
1912-1999

ヴェラ・スカース＝ジョンソンは著名な植物学者でボタニカル・イラストレーター、そして環境保護論者である。オーストラリア、クイーンズランド州クックタウン周辺の植物の豊かな地域、とくにケープヨーク半島のエンデヴァー河畔の独特の植物相を愛したことでよく記憶されている。オーストラリアの国の宝とみなされ、多くの人々に多大な影響をあたえ、オーストラリアのこの地域の植物と環境を大切にするよううながす活動に力をつくした。

ヴェラはイギリスのリーズ近郊で生まれ、ジェームズ・クック——オーストラリアの東の海岸線を訪れた記録のある最初のヨーロッパ人探検家——の生誕の地の近くにある学校へ行った。パリの学校を卒業したが、そこには庭園以外興味を引くものはほとんどなく、その後、イギリスでふたつの美術学校で絵画を勉強した。

子どものころから熱心なガーデナーで植物に興味があった彼女は、園芸関係の仕事をしたかったが、女性の見習いを快く引き受けてくれる雇い主を見つけることができなかった。くじけずに5年間さまざまな仕事をして十分な金を貯め、ハートフォードシャー農業研究所の園芸コースを修了した。その後、市場向けの菜園で働いていたが、裕福な羊毛製造業者の祖父から資金援助を受けて自分の菜園をはじめることができた。

第2次世界大戦ののち、30代なかばになっていたヴェラはオーストラリアへ移住し、おそらくジェームズ・クックの影響で最初にヴィクトリアに住んだのち、クイーンズランド州に定住した。

ヴェラ・スカース＝ジョンソンは大いに尊敬される植物学者でボタニカル・イラストレーターであるだけでなく、活発な環境保護論者であった。

ここで野菜、タバコ、サトウキビを栽培し、女性で砂糖の割りあてを受けたのはふたりめにすぎなかった。ヴェラはじつによく働く実践的な農場主であった。

ヴェラは暇さえあれば地元の植物の花をスケッチして彩色し、多くの作品をためた。1960年代なかばに、キュー王立植物園の園長がラジオのインタビューで、植物園が無償の支援、とくに世界中のコレクターの支援を大いに頼りにしていると述べているのを耳にした。ヴェラは、園長に支援を申し出る手紙を書き、自分の素描を何枚か同封し、こうしてキューの植物標本室との長く熱心な関係がはじまった。

ヴェラはすべて個人で費用を出してオーストラリアや太平洋の島々を何度も旅行して、オーストラリア国内、キュー王立植物園、そのほかヨーロッパや北アメリカの植物標本室(ハーバリウム)のために植物標本を収集した。これらの標本室はどこも、彼女が対象にそそぐ情熱と熱心な調査から多大な恩恵をこうむり、クイーンズランド・ハーバリウムは結果的に1700点以上の植物標本を受けとった。

エンデヴァー川の渓谷の美しさに圧倒されたヴェラは、60歳のときにクックタウンにおちつき、この地方に自生する植物を集めはじめた。地元のグーグ・イミディル族のアボリジニーとともに何度も広く旅して、植物種を発見し、それらの利用法にかんする情報を記録した。おそらく、ジェー

ムズ・クックの最初の発見の大航海に参加したジョーゼフ・バンクスと、大学教育を受けた科学者としては最初にオーストラリアの地に足をふみ入れたダニエル・ソランダーの植物学の仕事に触発されて、ヴェラはこの地域の植物を描き、記録しはじめた。しかし、残念ながらパーキンソン病を発病したため、160枚の図版しか完成できなかった。

ヴェラは外交的かつカリスマ的な人物で、彼女が「わたしの川」とよぶものに悪影響をおよぼす可能性のあるどんな開発に対しても、信念をもって活発に運動した。エンデヴァー川の北岸に珪砂の鉱山を開発する提案があったときには、ヴェラが人々にその脅威について警告し、その後、エンデヴァー川国立公園が設立された。

ヴェラの非常に貴重なボタニカル・イラストレーションのコレクションは、クックタウン植物園のネイチャーズ・パワーハウスの建物に展示され

Vappodes phalaenopsis
クックタウンオーキッド

クックタウンオーキッドはクイーンズランド州の州花である。このヴェラ・スカース＝ジョンソンによる挿絵は、それがアカソケイの樹上に生育しているところを示している

Nicotiana tabacum
タバコ

ている。彼女が望んだのは、コレクションとネイチャーズ・パワーハウスにより、人々が自然環境の価値を認識して守るようになることである。ヴェラ・スカース＝ジョンソン・ワイルドフラワー保護区は、キンクナ国立公園に近いバンダバーグ南東の自然保護区である。

『クックタウンとオーストラリア北部の顕花植物（National Treasures: Flowering Plants of Cooktown and Northern Australia）』は、ヴェラの挿絵、それについての彼女の注釈、そのほか豊富な情報を集めたものである。著書にはほかに、『温暖な東海岸のワイルドフラワー（Wildflowers of the Warm East Coast）』と『ニューサウスウェールズ州のワイルドフラワー（Wildflowers of New South Wales）』がある。

ヴェラは、芸術と環境への貢献によりオーストラリア勲章を授与された。

参考文献

Attenborough, D. *The Private Life of Plants*. BBC Books, 1995. (デービッド・アッテンボロー『植物の私生活』、門田裕一監訳、手塚勲・小堀民惠訳、山と渓谷社)

Bagust, H. *The Gardener's Dictionary of Horticultural Terms*. Cassell, 1996.

Brady, N. & Weil, R. *The Nature and Properties of Soils*. Prentice Hall, 2007.

Brickell, C. (Editor). *International Code of Nomenclature for Cultivated Plants*. Leuven, 2009. (国際園芸学会『国際栽培植物命名規約』、アボック社)

Buczaki, S. & Harris, K. *Pests, Diseases and Disorders of Garden Plants*. Harper Collins, 2005.

Cubey, J. (Editor-in-Chief). *RHS Plant Finder 2013*. Royal Horticultural Society, 2013.

Cutler, D.F., Botha, T. & Stevenson, D.W. *Plant Anatomy: An Applied Approach*. Wiley-Blackwell, 2008.

Halstead, A. & Greenwood, P. *RHS Pests & Diseases*. Dorling Kindersley, 2009.

Harris, J.G. & Harris, M.W. *Plant Identification Terminology: An Illustrated Glossary*. Spring Lake, 2001.

Harrison, L. *RHS Latin for Gardeners*. Mitchell Beazley, 2012. (ロレイン・ハリソン『ヴィジュアル版植物ラテン語事典』、上原ゆうこ訳、原書房)

Heywood, V.H. *Current Concepts in Plant Taxonomy*. Academic Press, 1984.

Hickey, M & King, C. *Common Families of Flowering Plants*. Cambridge University Press, 1997.

Hickey, M & King, C. *The Cambridge Illustrated Glossary of Botanical Terms*. Cambridge University Press, 2000.

Hodge, G. *RHS Propagation Techniques*. Mitchell Beazley, 2011.

Hodge, G. *RHS Pruning & Training*. Mitchell Beazley, 2013.

Huxley, A. (Editor-in-Chief). *The New RHS Dictionary of Gardening*. MacMillan, 1999.

Kratz, R.F. *Botany For Dummies*. John Wiley & Sons, 2011.

Leopold, A.C. & Kriedemann, P.E. *Plant Growth and Development*. McGraw-Hill, 1975.

Mauseth, J.D. *Botany: An Introduction to Plant Biology*. Jones and Bartlett, 2008.

Pollock, M. & Griffiths, M. *RHS Illustrated Dictionary of Gardening*. Dorling Kindersley, 2005.

Rice, G. *RHS Encyclopedia of Perennials*. Dorling Kindersley, 2006.

Sivarajan, V.V. *Introduction to the Principles of Plant Taxonomy*. Cambridge University Press, 1991.

Strasburger E. *Strasburger's Textbook of Botany*. Longman, 1976.

英文ウェブサイト

アメリカ植物学会
www.botany.org/outreach/weblinks.php

アメリカ農務省植物データベース
www.plants.usda.gov

王立園芸協会
www.rhs.org.uk

オーストラリア国立植物園および
オーストラリア国立ハーバリウム
www.anbg.gov.au

オックスフォード大学植物園
www.botanic-garden.ox.ac.uk

キュー王立植物園
www.kew.org

ケンブリッジ大学植物学科
www.plantsci.cam.ac.uk

国際植物名インデックス（IPNI）
www.ipni.org

スミソニアン国立自然史博物館植物部
www.botany.si.edu

チェルシー薬草園、ロンドン
www.chelseaphysicgarden.co.uk

デイヴズ・ガーデン
www.davesgarden.com

庭園史博物館
www.gardenmuseum.org.uk

ニューヨーク植物園
www.nybg.org

ハーヴァード大学アーノルド樹木園
www.arboretum.harvard.edu

バックヤード・ガーデナー
www.backyardgardener.com

ボタニー・コム
www.botany.com

索引

A

Agaricus lobatus 197
Alyogyne hakeifolia 9
Ascophyllum nodosum 12
Cistus salviifolius 160
Clianthus puniceus 141
Dillhoffia cachensis 25
Epidendrum vitellinum 73
Erica massonii 117
Geranium argenteum 154
Penstemon gracilis 172
Rhododendron calendulaceum 155
Salix × smithiana 67
Selaginella kraussiana 21
Sorbus intermedia 115
Thapsia garganica 117
Veronicastrum virginicum 157
Viola riviniana 112

ア

アカウキクサ 20–21
アカバナムシヨケギク 26, 195
アケボノスギ 23
アサガオ 179
アジサイ 106
亜種 38
アブラムシ 192
アマトウガラシ 78
雨水 148–149
アメリカノウゼンカズラ 153
アメリカヒノキ 23
アルピーニ、プロスペロ 60–61
アロエ 5
アンゼリカ 72
育成者権 41
池の藻類 13
イタドリ 104
イチイ 23, 39
イチゴ 27, 104, 201
一年生植物 37
一倍体 14–15

イチョウ 22, 24, 34
萎凋病 201
イトスギ 23–24
イヌガヤ 23
イヌカラマツ 23
イネ科草本 27
イラクサ 209
色に対する反応 180
ウィッチウィード 207–208
ウイルス病 203–204
ウツボカズラ 35
うどんこ病 200
栄養生殖 102–107
栄養素 96–97, 152, 216
疫病菌 202
エゾスカシユリ 10
枝変わり 121
枝の襟 164
F1雑種 40, 120–121
エンドウ 17, 99
オウシュウナラ 44
オオユキノハナ 107
オーク 70, 132, 175
オジギソウ 212
オーストラリアンオーク 53
オダマキ 29, 133
音 186–187
オートムギ 98
オフセット 103
温度 127–128, 154

カ

塊茎 50, 82–83
カエデ 63, 79, 91, 161
香り 184–185
化学的防御 210
カキオドシ 90
果実 78–81, 92–93, 172–173
果樹の収量 144
火傷病 206
カスティリェヤ 208
風 110–111, 181

カタツムリ 194
カーティス、ジョン 151
株分け 103
花粉 190
カムフラージュ 212
科名 30
カメラリウス、ルドルフ・ヤーコブ 101
カラマツ 23
カルペパー、ニコラス 8
癌腫病 201, 206
環状除皮 65, 164
環状剥皮 65
観賞用ケール 147
乾生植物 149
カンボク 193
機械的防御 209–210
器官離脱 161
キク亜綱 26
気候 153–157
気象 153–157, 215–216
傷付処理 126
傷の治癒 165–166
寄生植物 207–208
擬態 212
キヅタ 57
キニーネ 76
キノア 134
機能 43
球茎 50, 82
休眠（種子の） 125–126
キュウリ 203
キングサリ 138
キンポウゲ 83, 111
菌類 196, 198–202
茎 62–65, 105, 174
クックタウンオーキッド 219
屈光性 178
屈触性 180–181
屈地性 181
クリスマスローズ 133
グループ名 40

グレックス名　40
クレナイロケア　217
クレマチスのスライムフラックス　206
黒あし病　206
クロッカス　28
クロマメノキ　144
珪藻類　12
ケシ　27
顕花植物　22, 25–28, 74
減数分裂　32, 88
光合成　89–90
光周性　179
呼吸　90
国際栽培植物命名規約（ICNCP）　29
国際藻類・菌類・植物命名規約（ICN）　29, 31
黒星病　200
コケ植物類　14–15, 77
ココヤシ　75, 79
コドリンガ　190
コーヒーノキ　61
コムギ　121, 124
コルクガシ　65
根茎　50, 82–83, 102
昆虫　190–193, 213
根頭癌腫病　206

サ
細菌病　205–206
栽培　118–121
栽培品種　39
細胞と細胞分裂　86–88
サクラ　65, 163
ザクロ　75
サージェント、チャールズ・スプレイグ　94–95
挿し木　105–107
雑種　39–40
雑種形成　36, 120–121
さび病　199–200
サラシナショウマ　40
サワビー、ジェームズ　196–197
酸素　127
散発的な発芽　126

しおれ点　148–149
自家受粉　112–113
ジギタリス　71, 111, 113, 127–128
自然選択　118
自然播種　133
シダ植物類　19–21
シダ類とその近縁植物　19–21, 74
湿潤低温処理　126
シデ　198
シトカトウヒ　95
シナフジ　165
師部の組織　97
シベナガムラサキ　72
ジャガイモ　142, 205
シャクナゲ　55, 95, 131, 144
ジャック・イン・ザ・パルピット　215
シャムソテツ　7
種　30, 36–38
熟枝挿し　105, 107
樹形を整えるための剪定　171
種子　74–75, 78–79, 124–135, 190
種子植物　22, 25, 74
種子の保存　134–135
種子バンク　74, 134–135
受粉における自家不和合性　114
受粉の和合性　114
子葉　124
蒸散　96–97
常緑樹　23, 70, 171
植物検疫・種子監察局（PHSI）　206
植物の育種　118–121
植物の栄養　91–93
植物の学名　29–30
植物の選択　118–119
植物ホルモン　98–99
シラタマミズキ　174
浸種　127
振動　186–187
針葉樹　22–24
スイカズラ　8, 185
スイショウ　23
水生植物　50
スイセン　57, 176
スイートコーン　57, 118

スイートピー　125
水分　148–149
スカース＝ジョンソン、ヴェラ　218–219
スギナ　21
スズカケノキ　36
ストラングマン、エリザベス　120
ストロン　83
スプルース、リチャード　76–77
スプレケリア　183
スミス、マチルダ　130–131
生育条件の改善　157
生殖　101–121
成長　43–50
成長輪　65
セイナンカバ　110
生物的防除　213
セイヨウオモダカ　68
セイヨウスモモ　42, 109, 166
セイヨウヌカボ　156
セイヨウヒイラギ　113, 161
生理障害　215–217
石灰　146–147
接触に対する感受性　180
施肥　152, 167
線虫類　194–195
剪定　159–167, 170–175
センネンボク属の植物　103
セン類　14–15, 77
双子葉植物　28, 64, 75, 124
草本　26
相利共生　212
藻類　12–13
属　30, 34–35
ソテツ　7, 24
ソテツ類　22–24

タ
耐寒性　154
耐乾燥性　149
台伐り萌芽　175
第二宿主（害虫の）　192–193
タイ類　14–15, 77
ダーウィン、チャールズ　9, 168, 178, 181
他家受粉　112–113

索引

タニウツギ属 140
多年生植物 37
タバコ 219
タマサボテン属 149
ダリア 4
多量要素 91–93
単子葉植物 26, 28, 64, 124
タンポポ 58, 74, 115
地衣類 18
地中植物 50
窒素 92, 146
着生植物 50
チャノキ 55
チャボリンドウ 86
チューリップ 37, 50, 136
頂芽優勢 162
チランジア 50
チリマツ 24, 38
接ぎ木 104–105
ツバキ 59, 91
ツメゴケ 18
ディオスコリデス、ペダニウス 8
テオプラストス 8, 30
摘芽 166
摘心 166
テマリカタヒバ 21
デルフィニウム 200
テロペア 197
トウゴマ 124
トウヒ 24
動物 110–111, 147, 195
トウモロコシ 33, 121, 186
トゥルヌフォール、ジョゼフ・ピトン・ド 133
トクサ類 19, 21, 104
トケイソウ 35, 181
土壌 138–149, 143
土壌の肥沃度 145–147
徒長枝 173
突然変異 121, 217
トマト 121, 152, 206
ドラゴンアルム 112
鳥 195

ナ

ナメクジ 194
ナラタケ 202
軟枝挿し 106
軟腐病 206
ナンヨウソテツ 24
二次代謝産物 210–213
二年生植物 37
二倍体 15
二名法 9, 30
ニラのさび病 199
人間の感覚 186–187
ヌマスギ 23
根 56–59, 106–107, 166
ネナシカズラ 184, 208
ノース、マリアン 168–170

ハ

葉 66–70, 107, 147, 201
胚 115, 128
灰色かび病 199
配偶体 14, 19–20
胚珠の発達 115
パイナップル 81
バウアー、フェルディナント・ルーカス 116–117
バウアー、フランツ・アンドレアス 116
ハエジゴク 34, 66
ハシバミ 175
播種 132–133
バースルート 145
ハダニ 194
ハチによる花粉媒介 111, 113
発芽 126–129
ハッカ 63
花 71–73, 172
花がら摘み 167
ハナショウブ 100, 216
バナナ 60, 99
バーバンク、ルーサー 108–109
ハマウツボ 207
バラ 31, 53, 102, 120, 151, 158, 183
半熟枝挿し 107
販売名 41
ビーオーキッド 127
ヒカゲノカズラ類 19, 21

光 128, 157, 178–181
光形態形成 178, 180
微気候 153
被子植物 22, 25–28, 74
ヒナギク 71
ヒノキ 24
ヒマラヤスギ 24
ヒマラヤタコノキ 131
ピーマン 78
ビャクシン 23–24
病害抵抗性 214
病原菌類 198
微量要素 93
フサフジウツギ 170
腐植 145
普通名 29
ブドウ 119
ブナ 70
ブナヤドリギ 207
ブラジルナッツノキ 80
ブルーベリー 144
プルモナリア 180
フレンチラベンダー 102
分類学 11, 29–30
ペグノキ 126
べと病 200
ベニスズメ 191
ベニモンヒトリ 213
pH（土壌） 144
変種 38
萌芽更新 174
防御機構 209–213
胞子 19–20
胞子体 14
胞子嚢 19
飽和土壌 148
哺乳類 195

マ

マクリントック、バーバラ 32–33
マツ 24
マツバハルシャギク 167
マムシアルム 67
マルメロ 31
マンサク 41
水 96–97, 127, 148

ミズキ 174
蜜 190
ミトコンドリア 90
民族植物学 134
無性生殖 102
無配偶生殖 115
ムラサキギボウシ 143
ムラサキツメクサ 69
芽 51–53, 162–163
メンデル、グレゴール・ヨハン 16–17, 120
木生シダ 20–21
木部の道管 96–97
モクレン 26, 64
モチノキ属 27
モミ 24, 52
モミジバスズカケノキ 36
モミジバフウ 63
モモ 6
モントレーイトスギ 23

ヤ
野菜 92
ヤドリギ 35
ヤナギラン 191
有害生物 190–195, 214
有機物 145, 147
有糸分裂 88, 124
有性生殖 110–115
ヨウシュハクセン 185
養分貯蔵器官 82–83
ヨーロッパキイチゴ 78

ラ
ライラック 122
落葉性 23, 70
裸子植物 22–24, 74
ラフレシア 208
ランナー 83, 102, 104
緑枝挿し 107
鱗茎 50, 82
リンゴ 34, 173, 190, 214

リンドリー、ジョン 150–151
リンネ、カール 9, 30
ルドゥーテ、ピエール＝ジョゼフ 182–183
レイランドヒノキ 23
レガリスゼンマイ 20
歴史 7–9
ロイルツリフネソウ 80
老化 161
ローズマリー 171
ロバート、フォーチュン 54–55

ワ
ワシントン条約（絶滅のおそれのある野生動植物の国際取引に関する条約） 24
ワラビ 20
ワリンワリン 151

図版出典

表表紙：Huffcap Pear © RHS, Lindley Library
Digitalis purpurea © RHS, Lindley Library

裏表紙：Rosaceae, Pyrus aria © RHS, Lindley Library

26, 29, 47, 48, 59, 60, 61, 65, 66, 67, 71, 72, 73, 75, 76, 78, 80, 86, 90, 91, 92, 99, 102, 103, 104, 119, 120, 125, 127, 128, 130, 142, 149, 151, 152, 153, 160, 163, 173, 179, 180, 181, 183, 193, 197, 200, 204 & 219 © RHS, Lindley Library

94, 168 & 182 © Alamy

96 © Getty Images

201, 205 & 206 は the Agricultural Scientific Collections Trust（オーストラリア、ニューサウスウェールズ）の許可を得て使用。

本書の画像はとくに断らないかぎりすべて著作権喪失状態にある。

本書で使用した画像の著作権保有者への帰属を明確にすべく、最善をつくした。意図しないもれや誤りについては謝罪し、今後の版ですべての団体または個人に対して適切な謝辞を掲載する。